FAHRZEUGE DER REICHSWEHR

Panzerkampfwagen 1920-1935

Walter J. Spielberger

Motor buch Verlag
spezial

Umschlaggestaltung: Frank Zähringer unter Verwendung einer Abbildung aus dem Bundesarchiv

Bildnachweis:
Daimler-Benz 157, Dürkopp 2, Esser 45, Feist 6, Holzheuer 1, Icken 25, Kasten 16, Krauss-Maffai 38, Landsverk 2, MTU 2, Oswald 1, Rheinmetall 33, Spielberger 456, Wüst 1

ISBN: 978-3-613-03927-8

Spezialausgabe: 1. Auflage 2016

Sie finden uns im Internet unter www.motorbuch-verlag.de

Satz + Reproduktionen: Gold Rose Publishing Ltd., 70190 Stuttgart
Druck und Bindung: Gorenjski Tisk Storitve d.o.o., 4000 Kranj
Printed in Slovenia

INHALT

Die Entwicklung der Panzerung in Deutschland nach dem Versailler Vertrag bis 1935*

Der Versailler Vertrag von 1919 untersagte dem Deutschen Reich und damit der Reichswehr im Artikel 171 u. a. die Entwicklung von Panzerfahrzeugen ebenso wie ihre Verwendung. Die dennoch in geheimer Arbeit entwickelten Panzerfahrzeuge wurden, wie in diesem Buch eingehend erläutert, in Rußland erprobt. Diese »Traktoren« konnten wegen ungenügender Motoren- und Laufwerksleistungen den Forderungen nicht entsprechen, Weiterentwicklungen führten zu den in den Jahren 1935/36 in Auftrag gegebenen Versuchswagen für die späteren Panzerkampfwagen III und IV. Da deren Einführung auf sich warten ließ, entschloß sich die Heeresleitung, zunächst die schon ab 1932/33 bei Krupp entwickelten »Landwirtschaftlichen Schlepper« LaS, später Panzerkampfwagen I, und den von MAN ab 1934 entwickelten LaS 100, den späteren Panzerkampfwagen II, ab 1935 bzw. 1936 der Truppe zuzuführen.

Wie bei allen Versuchsfahrzeugen erhielten auch diese Prototypen keine echten Panzergehäuse, sondern solche aus Baustahl St 42, weil sich erforderliche Änderungen leichter als in Panzerstahl ausführen ließen.

Schon vor 1933 wurden Radfahrzeuge mit gepanzerten Aufbauten entwickelt, die ab 1932 als Kfz. 13 und 14 auf dem 4-Rad-Fahrgestell des Adler-Kübelwagens 12 N-RW eingeführt wurden und bereits Panzerungen leichter Art aus »echtem« Panzerstahl aufwiesen.

Allerdings bildete die Panzerung noch kein Gehäuse, sondern setzte sich aus mehreren untereinander zusammengeschweißten Panzerteilen, wie Vorder-, Mittel-, Hinterteil sowie Turm oder Rundum-Schild zusammen, die untereinander mit Baustahl-Leisten und Schrauben verbunden wurden, die innen lagen.

Einen Fortschritt erreichte man bei den folgenden 6-Rad-Typen, den sogenannten gepanzerten Kraftwagen der Firmen Büssing-NAG, Daimler-Benz und Magirus, deren »sargförmig« geformte Panzerung bereits aus nur zwei Hauptteilen, einem Vorder- und einem Hinterteil, bestanden, die beide auf dem Fahrgestell mit Schrauben befestigt waren, und zwar in Dreipunktlagerung wegen der unvermeidlichen Rahmenverwindungen. Beide Gehäuseteile waren innen mit einer laufenden Schraubenreihe über angeschweißte Leisten miteinander verbunden. Das Aneinanderfügen hatte mit großer Sorgfalt zu erfolgen, um außen einen fugenlosen, glatten Übergang an der Stoßstelle zu erreichen. Es war diesen Panzerungen ein wesentlicher Mangel eigen, da der Panzerschutz nach unten nur unzureichend auszuführen war. Die Fahrwerksteile der Radfahrzeuge ließen sich aufgrund der Federwege nur mangelhaft schützen, von der fehlenden Wasser- und Gasdichtigkeit schon abgesehen.

Bereits bei den ersten Vollkettenfahrzeugen, LaS und LaS 100, bestand der Hauptteil der Panzerung aus einer Wanne, einem Unterteil also, dessen Verbindungslinie horizontal verlief und dessen große Öffnung nach oben eine fast vollständige Montage der Innenteile zuließ. Auf der Wannenoberkante wurden zwei (später nur ein) Panzerkasten-Oberteile mittels Verbindungsleisten innen und einer Vielzahl von Schrauben aufgesetzt, so daß einigermaßen Wasserdichtigkeit erreicht wurde. Auch diese Konstruktion befriedigte nicht, da nach jeder Öffnung des Gehäuses bei Inspektionen oder Reparaturen die Schraubenlöcher nicht mehr paßten, was schwierige Nacharbeiten erforderte, welche die Truppe nicht immer zu leisten imstande war.

* Freundliche Mitteilung von Oberregierungsbaurat a. D., Dir. i. R. Dipl.-Ing. Walter Rau vom 11.12.1977 (ehemaliger Referent für Panzerungen beim Heereswaffenamt WaPrüf 6).

Erst später wurden Wanne und Oberteil einteilig hergestellt. Da die ersten 4- und 6-Rad-Panzerfahrzeuge sowie der LaS nur gegen Infanteriebewaffnung geschützt werden sollten, brauchten sie gemäß »militärischer Forderung« nur eine Beschußsicherheit gegen Gewehr und MG, ringsum auf 30 m Entfernung und unter Berücksichtigung eines zu bewältigenden »Geländewinkels« von 30° in Fahrtrichtung und 15° quer dazu, die + oder - der gezeichneten Neigung einer Panzerplatte zuzuschlagen waren. (In Deutschland werden Angaben über Neigungswinkel bei Panzerungen stets von der Horizontalen aus gerechnet, im Gegensatz zu angelsächsischen und französischen Normen.) Zur Bemessung der Panzerdicken wurden vom Heereswaffenamt »Sicherheitskurven« (auch Sollkurven genannt), die im scharfen Schuß mit Pz-Granaten für jedes eingeführte Kaliber ermittelt werden mußten, dem Konstrukteur vorgeschrieben. Sie waren zugleich der Maßstab für die Mindestgüte, die der Lieferant von Panzerblechen bei der amtlichen Güteprüfung durch gleichen scharfen Beschuß nachzuweisen hatte, bevor das Material in die weitere Fertigung ging. Für die Erstellung der Sollkurve war als Maßstab eine optimale Munition, die in engen Grenzen aus der Massenmunition ausgewählt wurde, und eine entsprechend genaue Waffe Voraussetzung. (Bei der Entwicklung von optimalen Geschoßarten wurde als Maßstab ein gleichbleibendes Panzermaterial benötigt. Die damit ermittelten »Durchschlagkurven« waren daher mit den »Sicherheitskurven« nicht identisch.) Da Panzerstahlbleche sich je nach Zusammensetzung (Analyse) und Zugfestigkeit (auch in analoger Härte gemessen) bei Beschuß abweichend verhalten, wurde für jede vorgeschlagene Stahlsorte zunächst eine Serie von Prüfblechen (Größe 1000 x 1000 mm) mit 5 bis 15 mm Dicke, um je 1 mm steigend, pro Blech mit jeweils 10 Treffern belegt, bis der jeweils um 2,5° geänderte Neigungswinkel kein einziges »unzulässiges« Treffergebnis mehr aufwies. Die optimale Kurve aus mehreren wurde zur Sollkurve, nachdem eine zweite Serie das gute Ergebnis bestätigt hatte. Waren alle Prüfbleche für eine Stahlart als »gut« bewertet worden, so schloß sich als letzte Probe noch der Beschuß eines Bleches in der für 90° erforderlichen Dicke an, aber in mindestens 1000 x 3000-mm-Größe, um vor allem die schon an den Blechserien geprüfte »Sprungsicherheit« nachzuweisen. Diese hatte sich sehr bald als ebensowichtig erwiesen wie die Beschußsicherheit, vor allem als außer der Infanterie-Munition auch die 2-cm-Panzergranate als echte Panzerabwehr-Munition aufgetreten war. Beide Komponenten, Beschuß- und Sprungsicherheit, werden seit jener Zeit im Sprachgebrauch mit der »Beschußfestigkeit« zusammengefaßt, auch wenn dieser Begriff sich nicht durch eine bestimmte Maßeinheit ausdrücken läßt.

Panzerstahl ist eine Legierung, dessen Zusammensetzung (Analyse) und Wärmebehandlung bis zum fertigen Stück maßgebend ist für seine Güte, u. a. auch für das Beschußverhalten. Weil für die ersten deutschen Panzerfahrzeuge nur ein international bekannter und gebräuchlicher Panzerstahl herstell- und lieferbar war, begann 1932 die Herstellung mit diesem Chrom-Nickel-Stahl in kleinen Abmessungen für die Radpanzer und ab 1934 auch für Panzer I. Deren Panzerbleche lagen in einem Dickenbereich von 5 bis 13 mm, mit einer Zugfestigkeit von 170-180 kg/mm^2, gemessen in Brinellhärte 10/3000/10 entsprechend 474-504 (f = 0,36). Bei den kleineren Blechen für die Kfz. 13 und 14 ließen sich diese noch durch Schleifen und Trennen mit Schleifscheiben in die gewünschte Form bringen, doch war der Werkzeugverschleiß bei dieser Härte erheblich, ebenso wie beim Bohren und Fräsen, das nur durch Einsatz von Widia- oder Titanit-Werkzeugen bewältigt werden konnte. Der von den Deutschen Edelstahlwerken Krefeld (DEW) als Elektrostahl erschmolzene Panzerstahl P IV Cr wurde auf die genannte Härte durch Abschrecken in Öl und Anlassen gebracht. Die bereits 1933 angewendete Verschweißung solcher Bleche miteinander erfolgte mit artgleichen Elektroden von 4 mm Durchmesser, die aber nur als Außendecklage über einer weichen Innenschweißung aufgetragen wurde. Sobald die bis dahin verwendeten V-Nähte sich aber entsprechend den größeren Blechabmessungen für die LaS-Wannen nur schwer vorbereiten ließen, war eine Beschußsicherheit der Nähte nicht mehr zu gewährleisten. Bei Probebeschüssen stellte sich heraus, daß die harte Decklage vom Treffer ausgehend in unzulässiger Länge abplatzte und Durchschüsse möglich wurden oder daß am Rande der Naht entweder in der Wärmeeinflußzone (WEZ) bzw. auch quer zur Naht Risse auftraten, die sich in das Blech hinein fortsetzten. Ebenso wichtig aber war es, den Wurzelspalt der V-Nähte so eng zu halten, daß eine Rißbildung von hier aus mit Sicherheit bereits im weichen Innenschweißgut vermieden wurde. Das aber erforderte bei beiden zu verschweißenden Blechteilen eine völlige Ebenheit, die bei vergüteten Blechen nicht vorhanden war und erst durch enorme Nacharbeit mittels schwerer Richtpressen im Großen und durch viele Hammerschläge zum Recken an kleineren Beulen erzielt werden mußte. Diese Schwierigkeiten verlangten eine Abhilfe, so daß ab 1934 ein neuer Panzerstahl gesucht wurde. Dabei aber mußte die neue Staatsforderung zur Erreichung der Autarkie auch bei Rüstungsmaterial berücksichtigt werden, was bei Panzerstahl bedeutete, daß sogenannte Sparstoffe wie Nickel, Wolfram, Molybdän u. a. möglichst zu vermeiden waren. Erfahrungen in dieser Richtung aber lagen nicht vor. Auch wurde es dringend, beschußsicheres Material nicht nur gegen Infanterie-Munition zu entwickeln, sondern auch gegen die im Ausland eingeführten 2-cm-Maschinenkanonen mit panzerbrechender Munition. Dies erforderte eine Erweiterung des bisher benötigten Dickenbereichs von 5 bis 13 mm bis zu etwa 40 mm. Nachdem das Stammwerk DEW für die Fertigung dünnwandiger Panzergehäuse ein eigenes Werk in Hannover-Linden erstellt hatte, reichte vor allem die in Krefeld verbliebene Forschung nicht mehr aus. Es traten daher die Stahlwerke Harkort-Eicken, Hagen/W. und Wetter, die Eisen- und Hüttenwerke Bochum und Krupp, Essen, in die Entwicklung »Ni-armer«, später »Ni-freier« Panzerstähle mit ein. Von diesen Firmen zeichnete sich besonders Harkort-Eicken durch eine erfolgreiche Entwicklung eines Panzerstahls aus, der kein Ni und kein W und nur einen geringen Gehalt von 0,20 bis 0,40 Mo enthielt. Die Beschußfestigkeit wurde mit einem C-Gehalt von 0,50 erzielt, was selbst bei einer herabgesetzten Zugfestigkeit von 148-158 kg/mm²* (statt 175 bisher) nur eine Wanddickenerhöhung von 13 auf 14,5 mm (bei 90°) erforderte.

Grundsätzlich ergab sich nach Abschluß der Entwicklung eines Panzerfahrzeuges die Aufgliederung der Fertigung in folgende Bereiche:

– Die »Panzerfirmen«, d. h. Werke, die Panzergehäuse fertigten. Sie besaßen als Qualitätszentrum eine »Versuchsanstalt« (Labor), deren Leiter für die Qualität der Erzeugnisse des Werkes dem Heereswaffenamt gegenüber verantwortlich war. Zur Produktion gehörten das Stahlwerk (mit E-Öfen), Walzwerk, Vergüterei, Brennschneiderei, Richterei, Elektroschweißerei und Güteprüfung.
– Die »Montagefirmen«, d. h. Werke, die auf der Panzerung aufbauend das fahrfertige Panzerfahrzeug herstellten und ablieferten, in der Regel an ein wehrmachteigenes Zeugamt, das den Rest an Gefechtsfähigkeit mit Bewaffnung hinzufügte, bevor das Fahrzeug einem Truppenteil zugewiesen wurde.

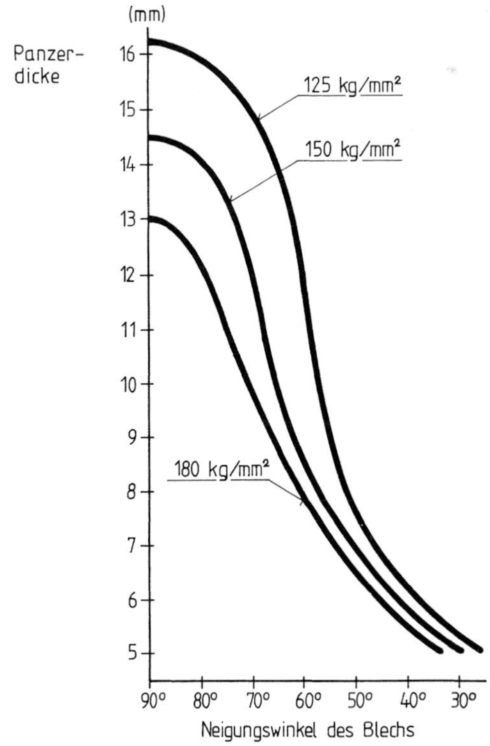

Unterschiede der Dicke von Panzerblechen verschiedener Zugfestigkeiten (Härte) bei Sicherheit gegen SmK (30m Entfernung)

* Heute vorgeschriebene Maßeinheit: 9,81 N/mm² = 1 kg/mm².

1. Gepanzerte Halbkettenfahrzeuge (Panzerjägerfahrzeuge)

Das Heereswaffenamt, WaPrüf 6, ließ, wie bereits in einem vorhergehenden Kapitel eingehend besprochen, eine Reihe hochwertiger Halbkettenfahrzeuge entwickeln, welche in sechs Grundausführungen in größeren Stückzahlen an die Truppe ausgeliefert wurden. Neben dieser Produktion ergaben sich einige Sonderentwicklungen für Panzerfahrzeuge. Im Rahmen der 3-t-Zugkraftwagen-Entwicklung stellte die Firma Hansa-Lloyd-Goliath in Bremen 1935 ein Fahrgestell mit Heckmotor für gepanzerte Aufbauten her. Im Auftrag des Heereswaffenamtes WaPrüf 6 entwickelte Firma Rheinmetall eine »3,7-cm-Selbstfahrlafette L/70« für dieses Fahrgestell als Panzerjäger. Die Fahrgestellbezeichnung lautete »HL kl 3(H)«, ein Halbkettenfahrzeug mit 3,7-cm-Geschütz und zwei leichten MG. Die Panzerung des Aufbaus war am Rahmen abgestützt. Ein Drehturm mit Kanone wurde von der Geschützlafette getragen. Zur Bekämpfung von Luftzielen war auf dem Turm ein Drehring für ein MG angebracht. Die 3,7-cm-Kanone hatte eine Vo von 900 m/s, ein Höhenrichtfeld von -7° bis +20° und ein Seitenrichtfeld von 360°. Das Gefechtsgewicht des Fahrzeuges betrug 6000 kg. Nur ein Prototyp wurde gebaut. Eine verbesserte Ausführung des Fahrgestells wurde 1936 als Typ »HL kl 4(H)« vorgestellt.

Bereits 1934 erhielt Firma Rheinmetall in Zusammen-

3,7-cm-Selbstfahrlafette L/70 auf Fahrgestell HL kl 3 (H)

arbeit mit Büssing-NAG den Auftrag, ein Panzerjäger-Fahrzeug zu entwickeln. Von dieser »7,5-cm-Selbstfahrlafette L/40,8 (Vo = 685 m/s) (Modell I)« wurden drei Versuchsausführungen gebaut, die in Bezug auf Feuerhöhe, Länge und Breite verschieden waren. Der Aufbau der Fahrzeuge hatte für Bug und Seite eine Panzerdicke von 20 mm, während Decke und Boden durch 8-mm-Bleche geschützt waren. Mit vier Mann Besatzung und einem Gefechtsgewicht von 6000 kg betrug die Höchstgeschwindigkeit 60 km/h. Das Höhenrichtfeld betrug -9° bis +20°. Seitlich war der Drehturm 360° schwenkbar. Als Fahrgestell wurden von Büssing-NAG, Berlin-Oberschöneweide, die Zugkraftwagentypen BN 10 H (Fahrgestell Nr. 2006 bis 2008) und BN 11 V (Fahrgestell Nr. 2005) verwendet. Der Typ BN 10 H war mit Heckmotor ausgerüstet.

Diese Fahrgestelle waren Abarten der in Großserie gebauten 5-t-Zugkraftwagen, für deren Entwicklung Büssing-NAG verantwortlich war. Eine weitere »7,5-cm-Selbstfahrlafette L/40,8« wurde 1936 vom Heereswaffenamt in Auftrag gegeben.

Es ist anzunehmen, daß die in beiden Fällen fortschrittliche Bewaffnung, die dem deutschen Heer auf Jahre hinaus eine Sicherheit bezüglich Panzerabwehr garantiert hätte, zu diesem Zeitpunkt nicht eingeführt werden konnte, da man nicht zugleich eine Panzertruppe und eine Selbstfahrlafetten-Panzerabwehr zu schaffen in der Lage war.

3,7-cm-Selbstfahrlafette L/70 Einzelheiten

Heckansicht der gepanzerten Selbstfahrlafette, 153 = Motorraumklappe, 154 = Auswurföffnung für leere Hülsen

Blick in den Motorraum mit Anordnung des Luftfilters

Links: Seitenpanzer geöffnet, als Einstieg für den Fahrer. Fahrersitz und Lenkrad sind zu erkennen 151 = Fahrersichtklappe

Rechts: Der in Fahrzeugmitte aufgeschweißte Geschützsockel (64) mit Richtschützen- (130) und Ladeschützensitz (80)

3,7-cm-Selbstfahrlafette L/70 Einzelheiten

Links:
Anordnung der 3,7-cm-Panzerabwehrkanone, von vorne gesehen

Rechts:
Einzelheiten des Geschützeinbaus

Rechte Seite:

Linke Spalte

3,7-cm-Selbstfahrlafette L/70 Einzelheiten

Zeichnung der Anordnung der Sitze für Richt- und Ladeschützen

Links:
Verschluß der 3,7-cm-Panzerabwehrkanone

Rechts:
Flugabwehr-MG im Drehkranz eingebaut

Gesamtansicht des Fahrgestells, rechts der Fahrersitz, links im Bild Motor mit Kühlanlage

Das Bild zeigt die Unterbringung der Turmbesatzung, links der Richt-, rechts der Ladeschütze

Ansicht der Kanone vom Ladeschützen aus. Links die Munitionsunterbringung (174), in Bildmitte der Hülsensack (136) und der Hülsenabweiser (137)

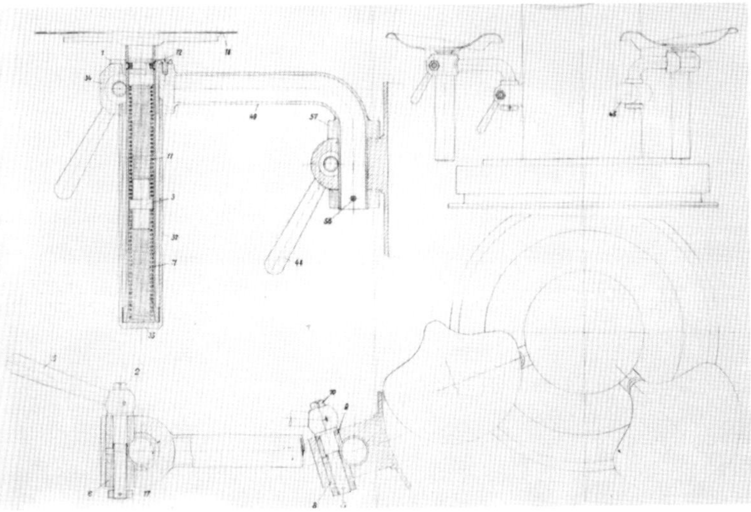

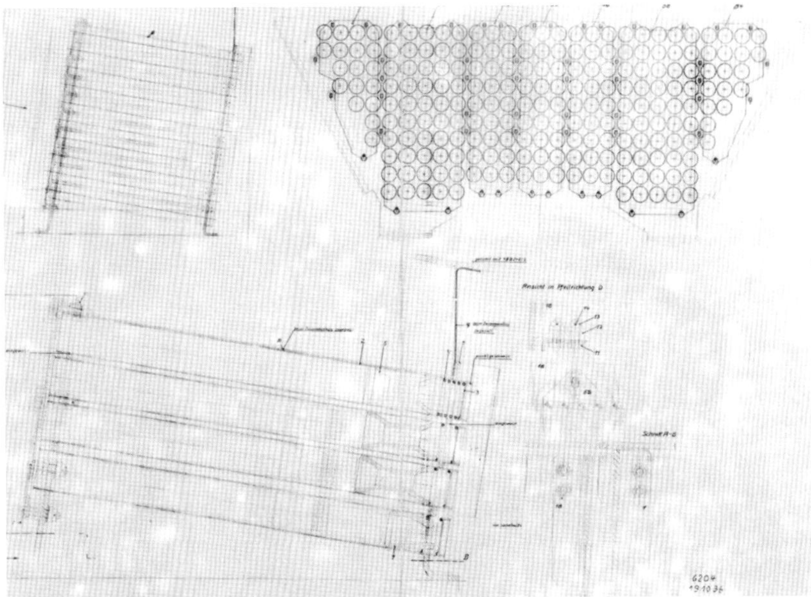

3,7-cm-Selbstfahrlafette L/70 Einzelheiten
Zeichnung der Munitionsunterbringung

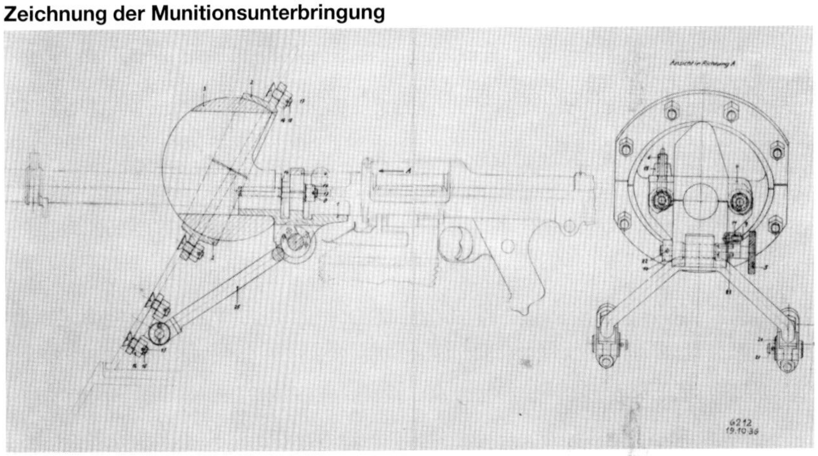

Im Drehturm war rechts von der Kanone ein MG in einer Kugelblende gelagert

Ein Blick in den oben offenen Drehturm zeigt Richtmaschinen und Zielfernrohr. Rechts im Bild der Drehkranz für das Flugabwehr-MG

Im Jahre 1934 wurden von Büssing-NAG in Zusammenarbeit mit Rheinmetall mehrere Prototypen einer 7,5-cm-Selbstfahrlafette L/40,8 gebaut. Die Bilder zeigen verschiedene Ansichten dieser Fahrzeuge

7,5-cm-Selbstfahrlafette L/40,8, Dreiseitenansicht

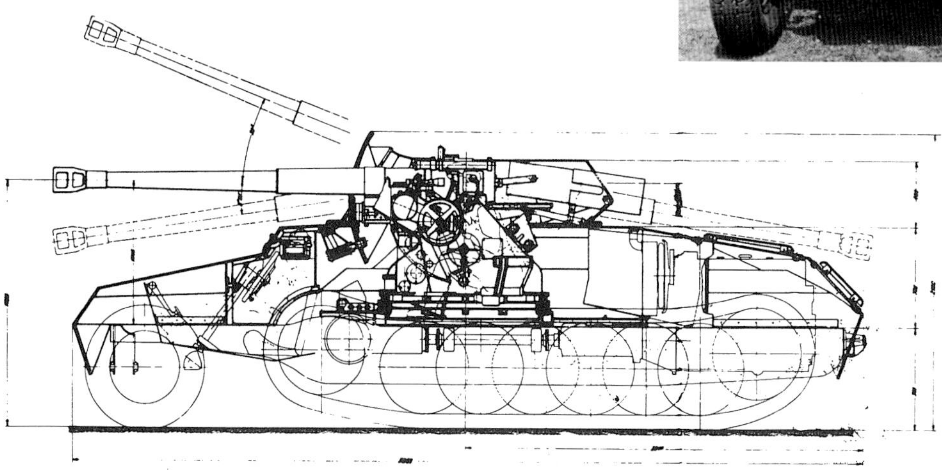

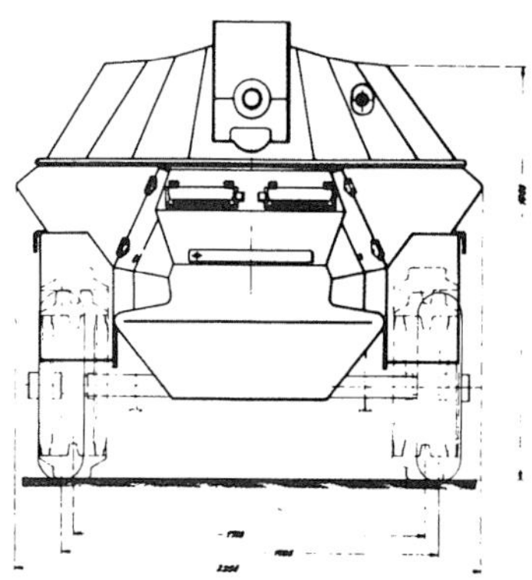

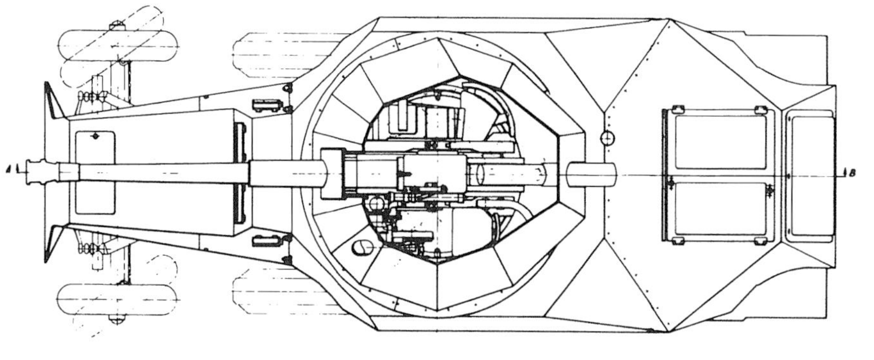

2. Panzer-Ausbildung und -Erprobung in der Sowjetunion

Bereits 1919 hatte Generalmajor a. D. Graf von der Goltz eine Wiederaufnahme des alten Bismarckschen Gedankens einer Politik deutsch-russischer Freundschaft gefordert. Wenn man ursprünglich beabsichtigte, den weißrussischen Kräften im Kampf gegen den Bolschewismus zu helfen, kam der Chef des Truppenamtes General von Seeckt zur Erkenntnis, als »unverrückbares Ziel« deutscher Politik mit der östlichen Macht zu einer politischen und wirtschaftlichen Einigung zu gelangen. Seiner Meinung nach besaß Deutschland nur durch eine feste Bindung an Groß-Rußland die Möglichkeit, die Stellung einer Weltmacht wiederzuerlangen.

Eine militärische Zusammenarbeit zwischen der Sowjetunion und Deutschland bot die Möglichkeit, wichtige Bestimmungen des Versailler Friedensvertrages – wie das Verbot von Flugzeugen, gepanzerten Fahrzeugen, Kampfstoffen usw. – zu umgehen. Man wollte die Kampfkraft der wenigen verfügbaren Verbände nach Möglichkeit steigern und mit der Entwicklung der Waffentechnik einigermaßen Schritt halten. Ohne die politische Führung einzuschalten, wurden bereits 1920 erste Kontakte auf rein militärischer Basis geknüpft, Ende 1921 übernahm Reichskanzler Wirth, von der Entwicklung unterrichtet, die politische Verantwortung und stellte Haushaltsmittel zur Verfügung.

Bei den ersten Verhandlungen über den Rapallo-Vertrag, der am 16.4.1922 zwischen der Sowjetunion und dem Deutschen Reich abgeschlossen wurde, wurden militärische Belange nicht berücksichtigt. Tatsache ist, daß selbst der Reichswehrminister erst in der zweiten Hälfte 1922 von diesen bereits bestehenden Beziehungen unterrichtet wurde.

Die Moskauer Verbindungsstelle des Reichswehrministeriums (Zentrale Moskau) schuf dann auch die Voraussetzung für die Beteiligung deutscher Unternehmen am Ausbau der sowjetischen Rüstungsindustrie, wodurch auch die Voraussetzungen für Ausfuhrmöglichkeiten durch die deutsche Industrie festgelegt wurden. Im Jahre 1924 begann der für den Aufbau der Luftwaffe wichtige Ausbau des Flugplatzes Lipezk bei Woronesch. Außerdem wurde in Petrograd* Munition hergestellt und bei Saratow eine Kampfstoff-Versuchsanstalt eingerichtet. Zwei Jahre später, am 9.12.1926, wurde in Moskau der Vertrag über die Einrichtung einer Kampfwagenschule in der Nähe von Kasan abgeschlossen. Vorausgegangen war hierfür eine Besichtigungsreise des Oberstleutnant a. D. Malbrandt** in den Jahren 1926/27, der im europäischen Teil der Sowjetunion ein entsprechendes Gelände suchte. Seine Wahl fiel auf eine frühere Artillerie-Kaserne mit einem etwa 10 km davon liegenden Schießplatz dicht bei der Stadt Kasan an der Wolga. Zur Tarnung erhielt diese Schule den Namen Kama***.

Die Kampfwagenschule erhielt die Aufgabe, in Deutschland entwickelte Prototypen von Kampfpanzern in der Praxis gründlich zu erproben, was auf Grund der Einschränkungen durch den Versailler Vertrag in Deutschland zu dieser Zeit nicht möglich war. Außerdem waren Ausbildungslehrgänge für Offiziere durchzuführen, in denen die Tätigkeiten der Panzerbesatzung in Fahren, Funken, Schießen, technischer Ausbildung, in Wartung und Instandsetzung sowie taktischer Ausbildung im Gelände in Zug- und Kompanierahmen als Ausbildungsziel gegeben waren. Die Offiziere wurden für die Zeit ihres Aufenthaltes in der Sowjetunion offiziell aus dem Dienstverhältnis entlassen, aber nach Rückkehr im allgemeinen wieder in ihrem früheren Offiziers-Jahrgang eingestuft und ohne

* ab 1924 Leningrad
** Direktoren in Kama: Oberstleutnant a. D. Malbrandt, Major Ritter von Radimaier, Major Harpe

*** Lt. frdl. Mitteilung Oberst a. D. Dipl.-Ing. Esser stammt die Tarnbezeichnung aus der Zusammenziehung der Namen **Ka**san und **Ma**lbrandt (Kama)

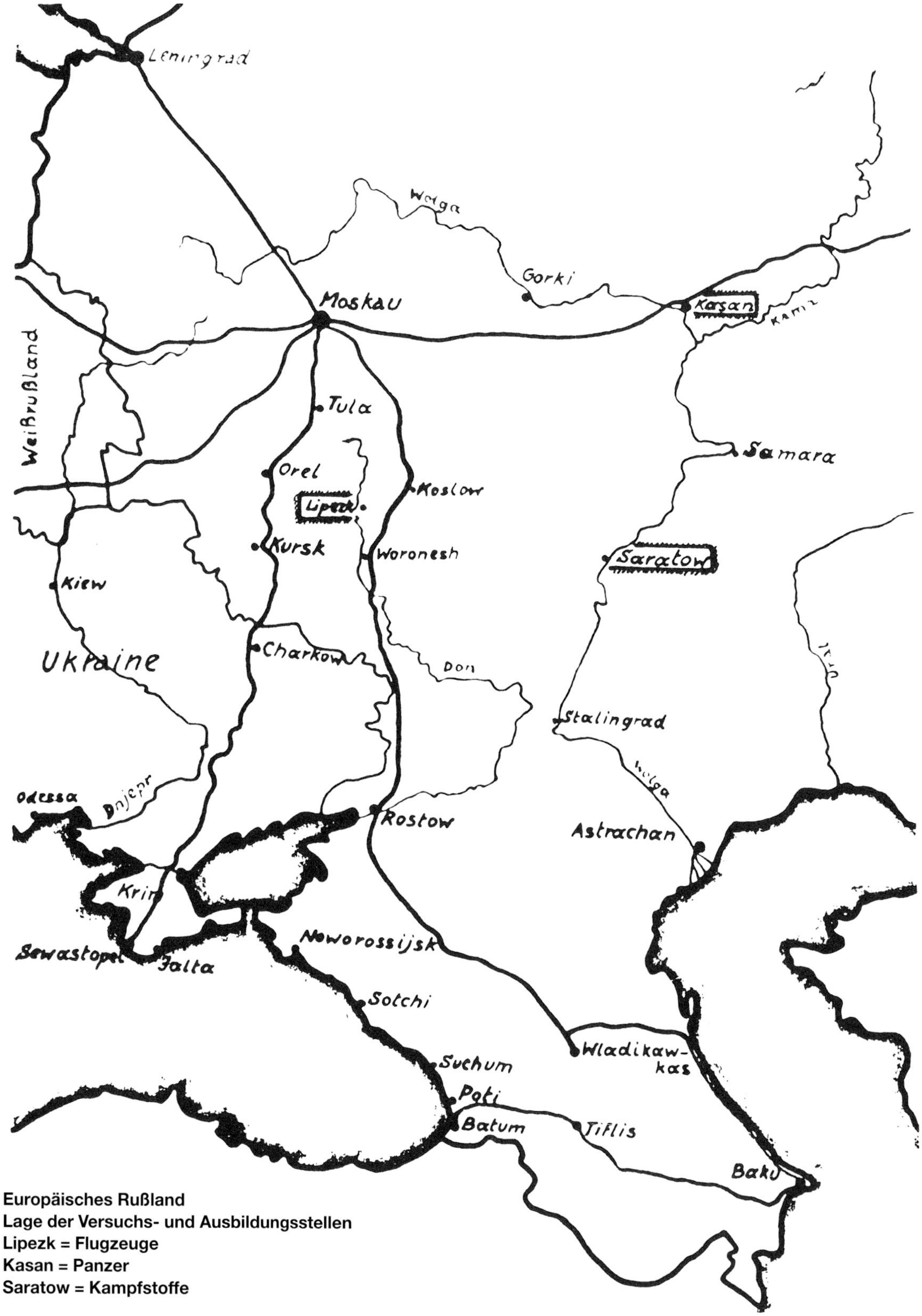

Europäisches Rußland
Lage der Versuchs- und Ausbildungsstellen
Lipezk = Flugzeuge
Kasan = Panzer
Saratow = Kampfstoffe

Dienstzeitverlust wieder eingestellt. Zur Ausstattung der Kampfwagenschule gehörten neben den Panzerfahrzeug-Prototypen auch handelsübliche und geländegängige Personen- und Lastkraftwagen sowie Gleiskettenschlepper.
Um die Jahreswende 1927/28 begannen die Bauarbeiten, wobei die sowjetische Unterstützung als vorbildlich anzusprechen war. Der Dienstbetrieb in Kama wurde im Herbst 1929 aufgenommen, die Verladung der ersten deutschen Panzerfahrzeuge zur Erprobung und Ausbildung in Kama erfolgte Mitte Juni 1929. Das Verhältnis deutscher Dienststellen zu der Ar-

Kasan, die Hauptstadt der Tatarischen Republik der UdSSR, in deren unmittelbarer Nähe die Kampfwagenschule KAMA der Deutschen Reichswehr gelegen war

Im Hintergrund die Stadt Kasan, davor das Lager KAMA. Rechts die deutsche Unterkunft, links davon die russische Unterkunft mit der hohen Kaserne

Eingang zum Lager KAMA

Haus mit Wohnung des Direktors der Panzererprobungsstelle KAMA

Überblick über das Lager KAMA. Bis zum Zaun die deutsche, hinter dem Zaun die russische Unterkunft. Unten im Bild Werkstätten und Fahrzeughallen

Rechte Seite:

Linke Spalte

Kasino in KAMA von außen und innen

Gesamtansicht von Kasan mit Kreml

Rechte Spalte oben:

Die ehemalige Woskressénskaja-Kirche, welche zu dieser Zeit als Getreidespeicher verwendet wurde

Rechte Spalte unten:

Der Ssujumbéka-Turm (77 m hoch) aus dem 15. Jahrhundert, der noch aus der Zeit des Tataren-Reiches stammt, daneben die Schloßkirche

Öffentliche Verkehrsmittel in Kasan

Die ehemalige Kathedrale, welche vom Zaren Iwan IV. (der Schreckliche) nach der Eroberung der Stadt im Jahre 1552 erbaut wurde

Rechte Seite:

Der durch die Schwimmversuche mit dem Großtraktor bekannt gewordene Kaban-See in der Nähe von Kasan. Einer der Rheinmetall-Panzerkampfwagen ist hierin versunken. Linkes Bild zeigt die sogenannte Teufelsecke, die tiefste Stelle des Sees

Die Lehrer Ebert, Conze und der Kursant Mildebrath vor einem der zahlreichen Dixi-Kübelwagen, die in KAMA stationiert waren

Lehrer und Kursanten 1933. Ganz links im Bild einer der zur Erprobung und Ausbildung verwendeten Leichttraktoren

Oben:
Ausflug ins Dorf Butirki, in der Nähe von Kasan. Im Bild ein Adler-Kübelwagen

Mitte:
Einer der ersten Adler-Standard-6-Kübelwagen mit Mildebrath, Thomale (Kursanten) und Conze (Lehrer) in KAMA

Unten:
Ausflug der Kursanten mit Familienangehörigen in die Umgebung von Kasan. Die Dixi-Kübelwagen führen russische Kennzeichen

Bauten auf dem Land ostwärts von Kasan. Auf dem Bild ein Adler- und ein Wanderer-Kübelwagen

beit in der Sowjetunion zeigt sich in einem Brief, den der Leiter der Abteilung WaPrüf 6 des Heereswaffenamtes, Oberst O. Lutz, am 8.9.1928 dem Amtschef des Heereswaffenamtes, GenLt Wurtzbacher, vorlegte. Darin kam es zu einer Reihe von Überlegungen mit anschließenden Vorschlägen über die Entwicklung neuzeitlicher Kampfpanzer: (Auszug des Briefes)
Zweck der Konstruktion und des Baus der »Traktoren« war es, Modelle zu schaffen, aus denen nach eingehender Erprobung ein endgültiges Muster für spätere Einführung und Massenfertigung entstehen sollte. Bei dem Umfang der in viele Teile zerfallenden Aufgabe konnte dieses Ziel nur erreicht werden, wenn die Versuche mit den jetzt in Arbeit befindlichen Modellen in engster Zusammenarbeit aller von WaPrüf beteiligten Personen sowie der Konstrukteure der verschiedenen Firmen vorgenommen wurden. Dies würde durch die beabsichtigte Erprobung in Rußland in keinem Falle möglich sein. Personal des Heereswaffenamtes könnte aus politischen Gründen nicht ununterbrochen so lange oder wiederholt auf kürzere Zeit in Rußland tätig sein wie erforderlich. Abgesehen davon würde eine lange Abwesenheit die Förderung anderer wichtiger Aufgaben in der Motorisierung erheblich hemmen. Auch schien es fraglich, ob sich alle Firmen, und in diesen wieder einzelne Personen, zu einer Erprobung in Rußland bereitfinden würden. Ebenso wäre es fraglich, ob immer Personen gemeinsam in Rußland sein könnten, deren Zusammenarbeit notwendig war. Der Transport der Fahrzeuge nach Rußland dürfte sich nicht einfach gestalten und bringe manche Gefahren innen- sowie außenpolitischer Natur mit sich. Teilversuche, Abänderungen und Neukonstruktionen einzelner Teile würden nur bei den deutschen Herstellerfirmen oder Konstruktionsstellen ausgeführt. Dadurch entstünden häufige Transporte und erhebliche Zeitverluste. Ferner würde Deutschland seine geheimsten und neuesten technischen Errungenschaften Rußland preisgeben, ohne die Gewähr zu besitzen, daß daraus genügend Nutzen entspringen würde. Da die gesamten Reise- und Aufenthaltskosten – auch für das Personal der verschiedenen Firmen – vom Reichswehrministerium getragen werden mußten, verursachte die Erprobung in Rußland ganz außergewöhnlich hohe Kosten. Wie konnte man sich nun aufgrund der innen- und außenpolitischen Zwangslage die besten Ergebnisse aus der bisherigen Arbeit und den eingesetzten hohen Mitteln erhoffen? Von den vielen bei der Entwicklung dieser Fahrzeuge mitspielenden Problemen war eines Grundlage und Hauptsache, nämlich das Laufwerk. Alle anderen Aufgaben – Geschütztürme, MG-Türme, Beobachtungsmittel, FT-Anlage, Gassicherheit, Luftzuführung, Panzerung usw. blieben wertlos, solange das Hauptproblem – Laufwerk – nicht gelöst war. Selbst im Ausland hätte man bis zu dieser Zeit noch keine brauchbare Lösung gefunden, sie wurde als wichtigste Aufgabe allen anderen Problemen gegenüber in den Vordergrund gestellt. Die übrigen genannten Aufgaben waren zwar schwierig, bildeten jedoch nicht Hauptprobleme in dem Sinne wie das Laufwerk. Es würde daher folgender Vorschlag eingebracht: Von den drei Modellen (je zwei Stück) des »Großtraktors« sollte je eines bei Fa. Rheinmetall in Unterlüß fertig montiert werden. Keines sollte die Montagehallen verlassen. Sie sollten lediglich der Erprobung des gesamten Zusammenbaus dienen, soweit dies in den Hallen möglich war. Nachdem der allgemeine Eindruck ge-

wonnen war, sollten die drei zusammengebauten Modelle baldigst wieder auseinandergenommen werden. Einzelne Teile bildeten keine Gefahr, da die Sicherheit in Unterlüß als gut bezeichnet wurde.
Die Montage der drei anderen Fahrzeuge sollte sofort eingestellt werden. Es war alles bis auf das Fahrgestell zu demontieren. Bei jedem dieser Fahrzeuge wäre der Panzeraufbau in Längsrichtung aufzuschneiden. Lediglich das Fahrgestell bliebe übrig, oben offen mit Motor- und Getriebeanlage. So sähe das Fahrzeug Kettenschleppern ähnlich, wie sie zu dieser Zeit beim Ausbildungskommando WaPrüf 6 in Kummersdorf seit längerer Zeit liefen. Mit ihren etwas größeren Ausmaßen sollten die Traktoren dann als schwere Zugmaschinen für den Scheibenzug verwendet werden. Außerdem könnte das Fahrzeug ein Gegenstück zum ortsfesten Gleiskettenprüfstand bilden, indem es als fahrbarer Kettenprüfstand für Schlepperversuche Verwendung finden sollte. Im Kraftfahrversuchsbetrieb der WaPrüf 6 in Kummersdorf fielen die Fahrzeuge weniger auf als in Unterlüß, wo ein solcher Betrieb nicht ständig war.
Alle übrigen Teile sollten in Unterlüß, teilweise auch in Kummersdorf, einzeln abgestellt werden. Die Fahrzeuge selbst sollten verpackt nach Kummersdorf überführt werden. So könnte das Laufwerk am besten, schnellsten und billigsten erprobt werden. Die Weiterentwicklung der übrigen Teile ließe sich unauffällig durch Einzelversuche fördern. Die Schwimmversuche wären zunächst zurückzustellen, was im Vergleich zur Lösung des Gesamtproblems unbedenklich in Kauf genommen werden konnte. In der Zwischenzeit seien die bei der Technischen Versuchsanstalt in Hamburg durchgeführten Kleinmodellversuche (1:10) zu Erprobung derSchwimmfähigkeit abgeschlossen worden. Dabei seien die günstigste Wasserschraubenform festgelegt worden.«

Am Ufer der Wolga in der Nähe der Panzererprobungsstelle KAMA

Obwohl sich das Heereswaffenamt dem Vorschlag, die Fahrzeuge in Deutschland zu belassen, anschloß, wurden aber die ab 1929 zur Verfügung stehenden ersten Prototypen dennoch in die Sowjetunion überführt.
Die Schule für Kampfwagenausbildung und -technik in Kasan unterstand der Inspektion der Verkehrstruppen (In6), ab 1932 Inspektion der Kraftfahrtruppen.
Der letzte Kursanten-Lehrgang in Kama fand 1933 statt, bis bekannt wurde, daß die Schule für Kampfwagenausbildung und -technik bis zum 15.9.1933 aufzulösen sei. Der Rücktransport von Gerät und Ausrüstung ging reibungslos vonstatten. Die handelsüblichen Radfahrzeuge und Gleiskettenschlepper blieben in der Sowjetunion. Der letzte Transport traf – auf einem sowjetischen Frachtschiff verladen – am 21.9.1933 in Stettin ein.

Die »Spartak«, damals einer der schönsten Wolgadampfer, mit dem die deutschen Experten der Panzererprobungsstelle KAMA Ausflüge auf der Wolga unternahmen

3. Kampfpanzer

3.1 Panzerentwicklung der Gutehoffnungshütte (GHH)

3.1.1 Entwicklung in Deutschland

Im Zuge der Entwicklung von Kampfwagen mit Wechsellaufwerk (Räder-Raupen-Fahrzeug), ergaben sich auch in Deutschland Konstruktionen dieser Art. Bereits 1928 entwickelte Dipl.-Ing. O. Merker im Auftrag der Gutehoffnungshütte in Oberhausen-Sterkrade für die schwedische Tochtergesellschaft AB Landsverk in Landskrona einen leichten Kampfwagen mit Wechsellaufwerk. In der damaligen Vorstellung ließ sich die Problematik des Gleiskettenlaufwerkes dadurch am besten lösen, daß man es nur für den Geländebetrieb einsetzte, während man auf ausgebauten Wegen und Straßen das Fahrzeug auf Rädern laufen ließ. Ähnliche Entwicklungen ergaben sich zu dieser Zeit in fast allen panzerbauenden Ländern. Insgesamt wurden von der Gutehoffnungshütte sechs dieser Fahrzeuge gebaut, von denen eins 1930 auch zur Panzer-Erprobungsstelle Kama in die Sowjetunion kam. Das Fahrzeug erwies sich dort als untermotorisiert, das Laufwerk war überbelastet. Erst nach Abnahme des Panzeraufbaus zeigte das Fahrgestell zufriedenstellende Leistungen im Gelände.

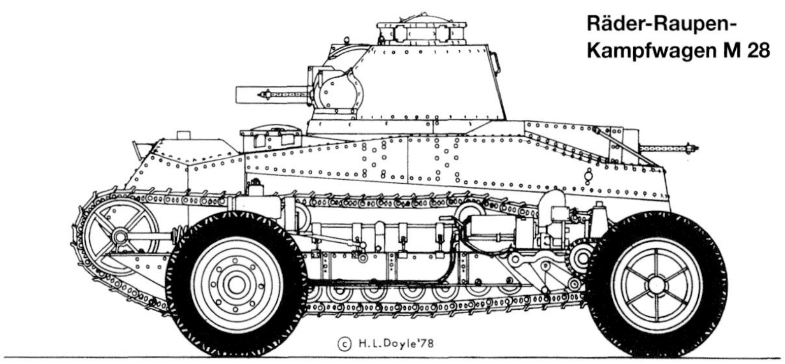

Räder-Raupen-Kampfwagen M 28

Beim leichten Räder-Raupen-Kampfwagen M 28 war der Motor vorne links in einem Rahmen untergebracht, der aus U-Längsträgem zusammengeschweißt war. Der Fahrersitz befand sich unmittelbar neben dem Motor. Das Fahrzeug hatte außerdem einen Hilfsfahrersitz, der am anderen Ende des Fahrgestells angeordnet war; er diente dem Rückwärtsfahrer. Die Versuchsfahrzeuge 1 bis 3 waren mit einem Benz 50-PS-4-Zylinder-Ottomotor, die Versuchsfahrzeuge 4 bis 6 mit einem 70-PS-NAG-D 7 PL-4-Zylinder-Ottomotor ausgerüstet. Der 50-PS-Benz-Motor hatte bei 80 mm Bohrung und 138 mm Hub einen Hubraum von 4160 cm^3, eine Verdichtung von 4,75 und bei n = 1950 U/min eine Höchstleistung von 52 PS. Der Kraftstoffverbrauch betrug 14 kg/h, der Ölverbrauch 0,4 kg/h.

Der NAG-D 7 P-Motor hatte eine Höchstleistung von 77 PS bei 3400 U/min. Die Zylinderbohrung betrug 80 mm, der Hub 120 mm und der Hubraum 3620 cm^3. Die Verdichtung lag bei 5,5. In der Stunde verbrauchte der Motor 18 kg Kraftstoff und 0,6 kg Öl. Beim Benz-Motor wurde eine Lederkonuskupplung eingebaut, das Wechselgetriebe Typ K 45 wurde von der Zahnradfabrik Friedrichshafen geliefert. Ein Zusatzgetriebe und ein Umkehrgetriebe ergaben zweimal zwei Vorwärts- und Rückwärtsgänge. Die Hinterräder wurden mittels Ketten angetrieben, die Hinterachse war als Rohrachse ausgebildet, die Vorderachse als Kurbelachse. Die Federung erfolgte bei Gleiskettenfahrt durch Halbelliptikfedern, bei Radfahrt dagegen durch Auslegerfedern. Außenbandbremsen wirkten auf das Lenkgetriebe und wurden bei Gleiskettenfahrt gleichzeitig als Lenkbremsen verwendet. Die Fuß-

bremse war als Innenbackenbremse, auf alle vier Räder wirkend, ausgelegt. Die Antriebsübersetzung betrug bei Gleiskettenbetrieb 5,4, bei Radbetrieb 4,58. Auf jeder Seite des Gleiskettenlaufwerkes waren je zwei Rollenwagen mit je vier Laufrollen an einer Halbfeder und je ein Rollenwagen mit zwei Laufrollen an einer Auslegerfeder abgestützt. Die Querblattfeder stand in Verbindung mit den Vorderkurbelachsen. Jede Gleiskette hatte 66 Kettenglieder, die Gleiskette war 200 mm breit, die Kettenteilung betrug 120 mm. Bei einem Gefechtsgewicht von etwa 7 t ergab sich ein Bodendruck von 0,85 kg/cm^2.
Die Stahlscheiben-Räder waren mit beschußsicherer Bereifung der Größen 975 x 225 bzw. 36 x 8 ausgerüstet. Der Radstand betrug 2800 mm, das Fahrgestell hatte eine Länge von 4380 mm und eine Höhe (bei Radbetrieb) von 1480 mm, das Fahrgestellgewicht betrug ca. 5,3 t. Bei den Versuchsfahrzeugen 1 bis 4 war eine elektromotorische, bei den Fahrzeugen 5 und 6 eine hydraulische Hubvorrichtung zur Umstellung von Rad- auf Gleiskettenbetrieb eingebaut. Der Gesamthub betrug 360 mm, die Bodenfreiheit 150 mm. Für den elektromotorischen Hub waren vier 12-Volt-Batterien vorgesehen. Beim Versagen des motorischen Antriebes konnten vier Mann in etwa 5 Minuten mechanisch die Umstellung vornehmen. Der Antriebswechsel erfolgte vollautomatisch innerhalb von 50 Sekunden, die Umstellung von Vor-

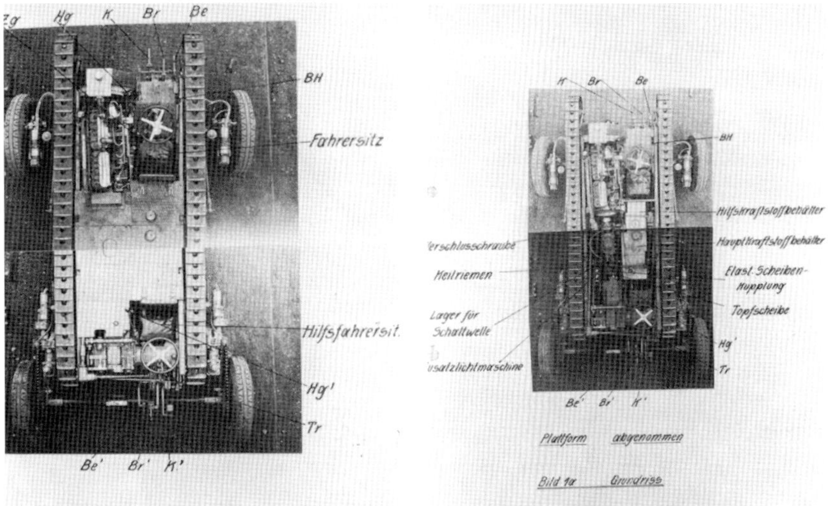

Die Gutehoffnungshütte (GHH) stellte 1928 einen leichten Kampfwagen mit Wechsellaufwerk vor. Die Bilder zeigen eine Draufsicht auf das Fahrgestell mit Angabe der wichtigsten Einzelteile

Die Ansicht des Fahrgestells von rechts. Gut sichtbar das Lenkrad für den Rückwärtsfahrer

Die Ansicht des Fahrgestells von links. Der Kühler befand sich vorne im Fahrzeug

Eine Gegenüberstellung des Fahrgestells, gesehen von hinten bei Räderbetrieb und von vorne bei Gleiskettenbetrieb (rechts)

auf Rückwärtsfahrt dauerte 4 bis 5 Sekunden.
Für die Lenkung bei Gleiskettenbetrieb war ein Planetengetriebe (Kupplungslenkung), für die Radlenkung ein Schneckengetriebe vorgesehen.
Bei eingebautem Benz-Motor faßte der Kraftstoffbehälter 70 l, beim NAG-Motor 85 l, zusätzlich war ein Hilfsbehälter mit 30 l Inhalt vorhanden. Der Fahrbereich betrug bei Radfahrt 180 km, bei Gleiskettenbetrieb 80 km. Der Kraftstoff kam mittels einer elektrischen IMCO-Autopuls-12-V-Pumpe zum Vergaser. Das Fahrgestell hatte Hochdruckschmierung. Bei Radbetrieb wurde eine Geschwindigkeit von 46 km/h, bei Gleiskettenantrieb 23 km/h erreicht. Der Benz-Motor war mit einer 12-V-100-Watt-Bosch-Lichtma-

Die rechte Fahrzeugseite des kompletten Fahrzeuges, im Räder-, und auf der nächsten Seite oben – im Gleiskettenbetrieb

Vorderansicht des GHH-M-28-Räder-Raupenfahrzeuges, links im Räder-, rechts im Gleiskettenbetrieb

schine, zusätzlich aber noch mit einer 225-Watt-Lichtmaschine sowie vier 12-V-Batterien von zusammen 240 Ah versehen.
Der Besatzung stand im Drehturm eine vollautomatische 3,7-cm-Kanone zur Verfügung. Das Höhenrichtfeld erstreckte sich von -10° bis +30°. Für die Kanone wurden 200 Schuß Munition mitgeführt. Im Drehturm war ferner noch ein MG Dreyse (7,9 mm) untergebracht, dessen Höhenrichtbereich von -15° bis +35° betrug. Ferner stand dem Hilfsfahrer ein MG mit je 20° Seitenrichtfeld und einem Höhenrichtfeld von

Das Bild zeigt die Rückansicht des Wechsellaufwerk-Fahrzeuges mit gepanzertem Aufbau

-5° bis +77° (Fliegerabwehr) zur Verfügung. Für beide MG wurden 2000 Schuß Munition mitgeführt.
Die Prototypen liefen auch unter der Bezeichnung »GKF«. Das Prinzip wurde in Deutschland nicht weiterverfolgt.

3.1.2 Weiterentwicklung in Schweden

Die weitere Entwicklung der Räder-Raupen-Fahrzeuge wurde 1929 zur Firma Landsverk in Schweden verlegt, welche ein Konzernbetrieb der Gutehoffnungshütte war. Dr.-Ing. Merker baute dort eine Entwicklungsabteilung für Panzerfahrzeuge auf, die neben dem Versuchstyp Landsverk 5* ab 1931 die Kampfwagen-Typen Landsverk 30 und 80 vorstellte. Diese Fahrzeuge wurden auch international angeboten. Sie kamen in größerer Stückzahl zur Einführung.

Aus den Vorarbeiten mit dem Fahrzeug der Gutehoffnungshütte entstand ab 1931 in Schweden bei Landsverk der Kampwagen-Typ 30, der international angeboten wurde

Landsverk 30

3.2. Panzerentwicklung »Großtraktor«

Bereits im Mai 1925 erteilte die Inspektion für Waffen und Gerät 6 (IWG) des Reichswehrministeriums – das spätere Heereswaffenamt – den Firmen Daimler, Krupp und Rheinmetall Aufträge zur Entwicklung und Fertigung von je zwei Panzerkampfwagen im Gefechtsgewicht von etwa 16 t. Aus Geheimhaltungsgründen wurden 1926 Tarnbezeichnungen für die durch den Versailler Friedensvertrag verbotenen Entwicklungen eingeführt. Gepanzerte Gleiskettenfahrzeuge erhielten den Tarnnamen »Traktor«. Um die Größe der Fahrzeuge anzugeben, bekamen die Projekte die Bezeichnungen »Großtraktor« (bis 23 t) und »Leichttraktor« (10 bis 12 t). Leiter der Abteilung Prüfwesen 6 im Heereswaffenamt war Oberstleutnant Oswald Lutz; der Panzerreferent Hauptmann Pirner.
Für die Entwicklung der Großtraktoren galten nachstehende technische Bedingungen
- Gefechtsgewicht 16 t
- Außenmaße 6500 x 2600 x 2400 mm
- Höchstgeschwindigkeit im höchsten bzw. niedrigsten Gang 40 bzw, 3 km/h
- Steigfähigkeit 45° an kurzen Böschungen**
- Kletterfähigkeit 1000 mm
- Grabenüberschreitfähigkeit 2500 mm
- Watfähigkeit 800 mm
- Schwimmfähigkeit ohne zusätzliche Anbauten mit

* Landsverk 5 war die schwedische Bezeichnung für das GHH-Fahrzeug GKF

** Konnte in Wirklichkeit nur 30° sein.

einer Wassergeschwindigkeit von 4 km/h, der Wasserantrieb erfolgte durch zwei Schrauben, die gleichzeitig zum Lenken dienten

– Aufbau und Bestückung:	ein Hauptturm mit 7,5-cm-Kanone-L/24, Vo 420 m/s und ein MG, ein Nebenturm im Heck mit einem MG, nachträglich wurde noch ein MG im Fahrzeugbug in einer Kugelblende gefordert
– Besatzung:	im Bugraum: Kommandant (in der Mitte), Fahrer (links), Funker (rechts). Der Kommandant war gleichzeitig MG-Schütze im Hauptturm: Richt- und Ladeschütze im MG-Turm: MG-Schütze, dieser bediente gleichzeitig den Schwimmschrauben-Antrieb
– Panzerschutz:	14 mm rundum Bleche, sicher gegen Stahlkerngeschosse (SmK)
– Gassicherheit:	vorgeschrieben
– Antriebsmotor:	Flugmotor (da kein anderer brauchbarer Panzermotor vorhanden) mit etwa 250 PS bei 1400 U/min

An gesonderten Baugruppen wurden den einzelnen Firmen Auflagen gemacht, um sicherzustellen, daß selbst auf der Basis von nur sechs Fahrzeugen ein Optimum an Erfahrung bei der Gestaltung einzelner Aggregate erzielt werden konnte. Dabei ergaben sich folgende Einzelheiten:*

Wechselgetriebe

Daimler-Benz	Planetengetriebe, 3 Gänge und Gruppengetriebe = 6 Vorwärts- und 2 Rückwärtsgänge, mit Bandbremsen, Druckölschaltung
Krupp	Stufengetriebe, 3 Gänge und Gruppengetriebe = 6 Vorwärtsgänge und 1 Rückwärtsgang, mit Federbandkupplungen, Druckluftschaltung
Rheinmetall	Stufengetriebe, 4 Gänge und Gruppengetriebe = 8 Vorwärtsgänge und ein Rückwärtsgang, Vorwählschaltung, elektrische Übertragung

Lenkgetriebe

Daimler-Benz	Prinzip Kupplungslenkung, Planetengetriebe mit Schneckenbremse, Druckölübertragung
Krupp	Prinzip Kupplungslenkung, Planetengetriebe mit Bandbremse, Druckluftübertragung
Rheinmetall	1. Fahrzeug: Differentiallenkung mit stufenloser Steuerung durch P.I.V.-Getriebe. Das P.I.V.-Getriebe war ein Kettengetriebe mit stufenlos veränderlicher Abtriebsdrehzahl. Lamellen- oder Rollenketten 2. Fahrzeug: Prinzip Kupplungslenkung mit Schneckengetriebe

Laufwerk

Daimler-Benz	Vier Gruppen mit hydraulischem Ausgleich, jede Gruppe vier Laufrollen, 4 Aufnahmen für Rollenwagen an der Panzerwanne
Krupp	1. Fahrzeug: Drei Gruppen mit Hebelausgleich und Druckstaffelung zur Lenkerleichterung, 2 x 6 Laufrollenpaare 2. Fahrzeug: Drei Gruppen mit Hebelausgleich, 3 x 4 Laufrollenpaare beide Fahrzeuge mit zwei Aufnahmen für Rollenwagen an der Panzerwanne
Rheinmetall	1. Fahrzeug: Sechs Laufrollenpaare ohne Druckausgleich, sechs Aufnahmen für Rollenwagen an der Panzerwanne 2. Fahrzeug: Zwei Gruppen mit je 2 x 4 Laufrollenpaare; in jeder Gruppe je 2 x 4 Laufrollenpaare mit hydraulischem Ausgleich, vier Aufnahmen für Rollenwagen an der Panzerwanne

* Freundliche Mitteilung von Oberst a.D. Dipl.-Ing. Willi Esser, Leiter Verskraft Kummersdorf Januar 1938 bis Mai 1945, technischer Leiter Karma (Wolga) 1932-1933 und der Schießlehrgänge 1934-1937 in Wustrow und Putlos.

Sämtliche Fahrzeuge (mit Ausnahme des Daimler-Benz-Fahrzeuges) waren mit Schraubenfeder-Abfederung versehen. Stoßdämpfer der benötigten Größe waren zu diesem Zeitpunkt noch nicht vorhanden.

Gleisketten

Daimler-Benz	Gliederkette, gepreßtes Stahlblech
Krupp	Gummiband mit Drahtseil, Einstegführung
Rheinmetall	Gummiband mit eingelegter Gliederkette, Doppelstegführung

1925 wurden für diese Fahrzeuge von der Inspektion für Waffen und Gerät an die Firmen Rheinmetall und Krupp Entwicklungsaufträge über eine 7,5-cm-Panzerwaffe sowie eine 3,7-cm-panzerbrechende Kanone mit hoher Mündungsgeschwindigkeit vergeben. Stellvertretend für alle Großtraktoren sei hier die Gerätebeschreibung des Krupp-Fahrzeuges wiedergegeben, die in Einzelheiten den Panzerkampfwagen beschreibt: Der Großtraktor (Gr. Tr.) war ein Gleiskettenfahrzeug mit einem Gefechtsgewicht von etwa 16,4 t. Ein Motor mit 250 PS gestattete Steigungen von 60% (30°) zu nehmen und Geschwindigkeiten von 3 bis 40 km/h zu erzielen. Zur Aufnahme der Hauptteile diente die Panzerwanne, welche beiderseits mit Gleiskettenkästen versehen war, um welche die Gleisketten herumliefen und an denen Trieb- und Leiträder, Lauf- und Stützrollen mit ihren Aufnahmesystemen angebracht waren. Am vorderen Ende des SmK-sicheren Panzergehäuses saßen drei Mann nebeneinander, und zwar Kommandant, Funker und Fahrer. Der Kommandant hatte ein MG in einer wasserdichten Kugelblende vor sich. Der Geschützturm lag 775 mm vor der mittleren Trennwand. Hinter dieser befand sich der Motor- und Getrieberaum, der gegenüber dem Kampfraum, der unter Unterdruck stand, luftdicht abgeschlossen war. Auf einem hinteren Absatz

Ein Krupp-Großtraktor als Ausstellungsstück in der Kaserne des Panzer-Regiments 5 in Wünsdorf bei Berlin (Aufnahmen 1937)

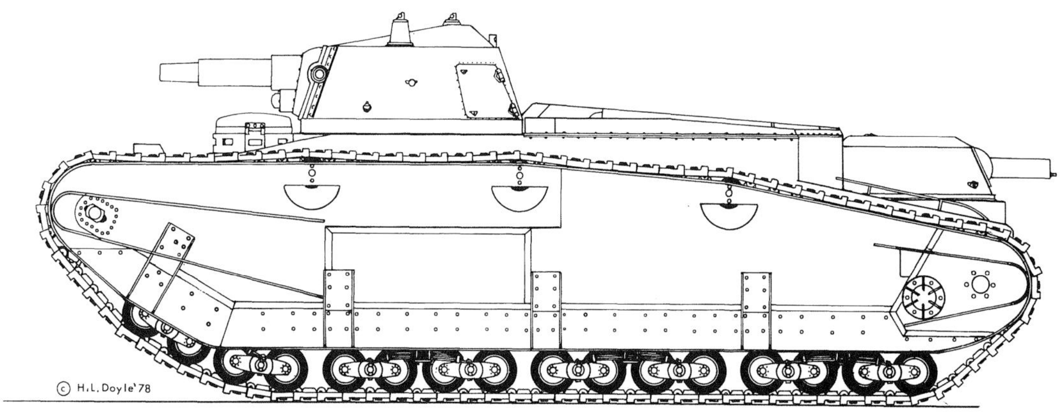

Daimler-Benz Großtraktor

der Panzerwanne ruhte ein drehbarer MG-Turm. Links vom Motorraum war ein Verbindungsgang zwischen Kampfraum und hinterem MG-Raum vorgesehen, von dem aus der Motor überprüft werden konnte.
An dem Motor schlossen Mehrscheibentrockenkupplung, ein Schwingungsdämpfer und ein Vorgelege an, um die Kraft zu dem seitlich angeordneten Wechselgetriebe zu leiten, welches Übersetzungen von 1 bis 12,6 zuließ.
Die weitere Kraftübertragung vom Wechselgetriebe zum hinten liegenden Antriebsgetriebe übernahm ein Kegelradpaar sowie ein Stirnradpaar. Dieses arbeitete auf eine Querwelle, welche die beiden Seitengetriebe über ein doppeltes Kardangelenk verband. Die Seitengetriebe enthielten ein ausschaltbares Planetengetriebe mit der Übersetzung 3,4 und eine Fahrbremse, die beide – mit Druckluft betätigt – zum Lenken des Fahrzeuges dienten. Vom linken Seitengetriebe zweigte außerdem der Schwimmantrieb ab. An die Seitengetriebe schlossen Seitenvorgelege von 1,48 Übersetzung mit Innenverzahnung an, an denen die Triebräder angeflanscht waren. In diese waren zum Feststellen des Fahrzeuges hydraulische Backenbremsen eingebaut. Zum Nachspannen der Gleisketten waren die gefederten Leiträder verstellbar. Da sie 1200 mm über dem Boden angebracht waren, ließen sich 1 m hohe Hindernisse überklettern.
Auf jeder Seite des Laufwerks waren

Daimler-Benz-Großtraktor Einzelheiten

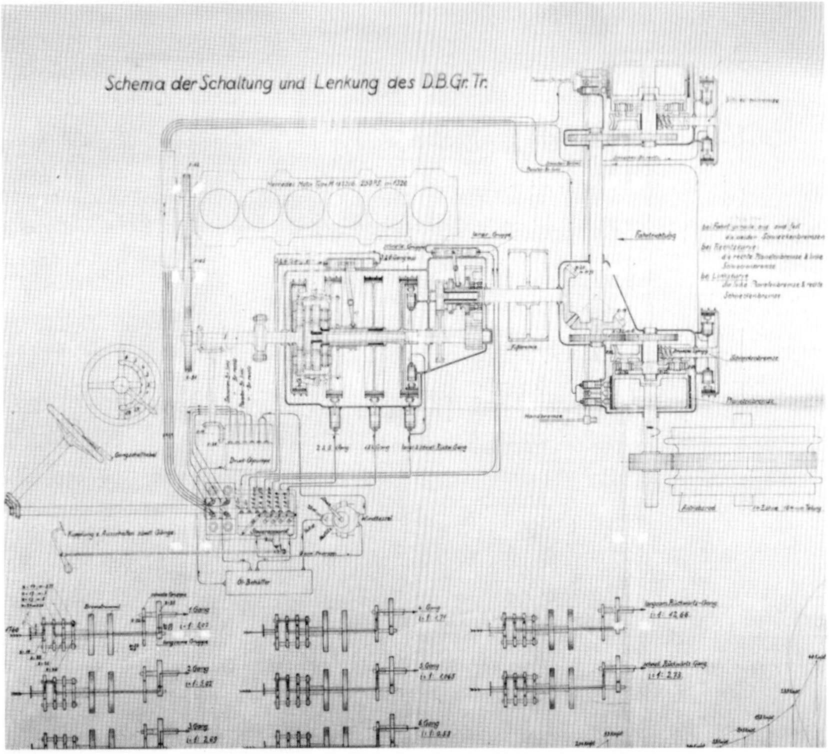

Schema der Schaltung und Lenkung des Daimler-Benz-Großtraktors

Rechte und linke Seite des Mercedes-Benz-Flugmotors Typ 182 206, Gewicht ohne Räderkasten und Hilfsmotor 604 kg

Links:
Daimler-Benz-Großtraktor Einzelheiten

Rechts:
Mercedes-Benz-Motor von vorne

Links:
Anordnung des am Motor angeflanschten DKW-Hilfsaggregates

Rechts:
Motor mit Räderkasten und Hilfsmotor, eingebaut im ersten Daimler-Benz-Großtraktor

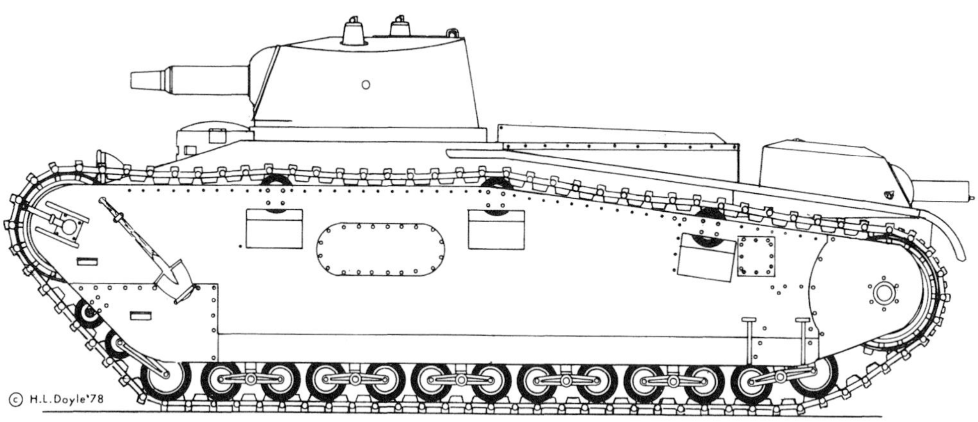

Krupp Großtraktor

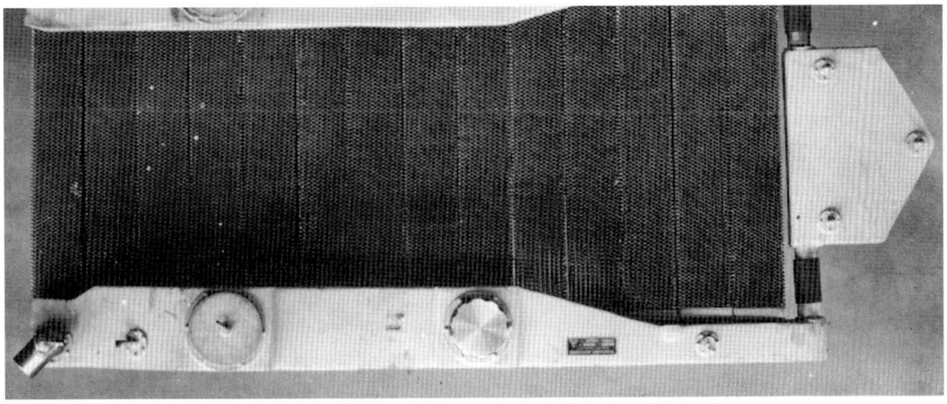

Daimler-Benz-Großtraktor
Einzelheiten

Wasserkühler des Hauptmotors (Hersteller Süddeutsche Kühlerfabrik Behr)

Die Daimler-Benz-Großtraktor-Prototypen waren mit einem Planeten-Wechselgetriebe ausgerüstet. Ansicht des offenen Getriebes von links (d. 3. und 6. Gang, f. 2. und 5. Gang, b. 1. und 4. Gang, c. Rückwärtsgang (schnell und langsam). Das im Bild rechts auskragende Gehäuse mit einem vorstehenden Zahnrad war das Gruppengetriebe für langsame und schnelle Fahrt. Links im Bild der Anschlußflansch zum Quergetriebe. Das Quergetriebe war ein Verbindungsgetriebe zum parallel liegenden Motor

Ansicht des offenen Planeten-Wechselgetriebes von rechts. Links im Bild das Gruppengetriebe

Planeten-Wechselgetriebe des Daimler-Benz-Großtraktors mit Zahnradpaar b - d = schnelle Gruppe, Zahnradpaar c - e = langsame Gruppe

Daimler-Benz-Großtraktor Einzelheiten

Wechselgetriebe in geschlossenem Zustand, Ansichten von links und rechts

Quergetriebe zwischen Motor und Wechselgetriebe von vorne gesehen (links). Rechts im Hintergrund der Anschlußflansch für das Wechselgetriebe. Rechts das Getriebe von hinten. Der Anschlußflansch ist links zu sehen

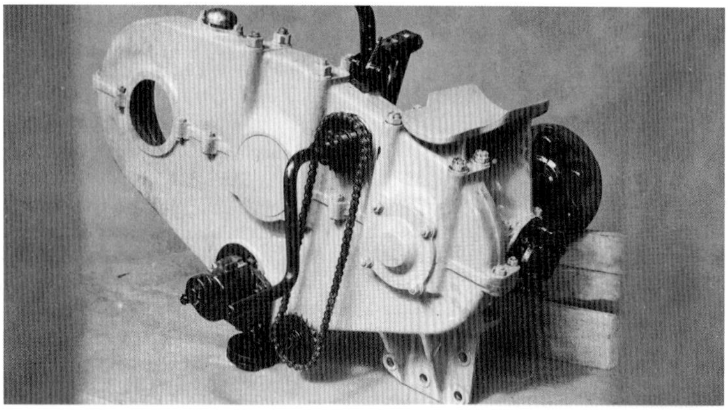

Die drei Aufnahmen zeigen das rechte Schneckenlenkgetriebe des Daimler-Benz-Großtraktors.
Links Ansicht von links.
Mitte schräg von vorne. Daneben schräg von hinten

Zwei Ansichten des linken Schnecken-Lenkgetriebes des Daimler-Benz-Großtraktors,

a. Gehäuse der Schnecke,
b. Schneckenbremse,
e. Fußbremse,
f. Kegelradgehäuse und Anschlußflansch für Antrieb rechts

Daimler-Benz-Großtraktor Einzelheiten

Oben Links: Druckölpumpe zur Bedienung der Schnecken- und Planetenbremsen

Oben Mitte/Rechts Aufnahmen des Windkessels für den Steuerapparat der Gangschaltung des Wechselgetriebes

Antriebsaggregate des Daimler-Benz-Großtraktors

a. Antriebsverbindungswelle,
b. Antriebskegelrad,
c. Übertragungszahnräder,
d. Schneckenbremse,
e. Planetenbremse (Unteres Bild zum Fahrzeugheck gesehen)

Daimler-Benz-Großtraktor Einzelheiten

Das Kühlluftgebläse für den Hauptmotor

Mitte und Rechts: Abschaltbarer Schwimmantrieb für den Daimler-Benz-Großtraktor. Ansicht von beiden Seiten

Fahrzeuglängsträger zur Aufnahme des Triebwerks

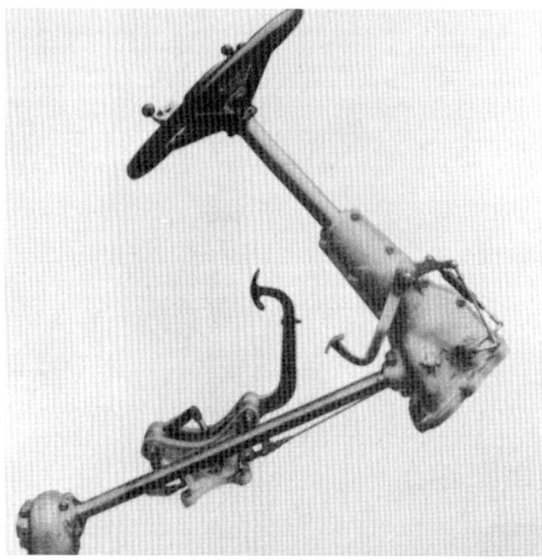

Das Lenkrad des Daimler-Benz-Großtraktors. Rechts am Lenkrad der Gangschalthebel. Das Fußpedal diente als Kupplung zum Ausschalten sämtlicher Gänge

drei Stützrollen für das obere Kettentrumm und 16 Laufrollen angeordnet, von denen 12 auf einer Länge von 4000 mm auflagen. Diese Länge ermöglichte das Überschreiten von 2 m breiten Gräben. Je zwei Laufrollen waren kugelig an Schwinghebeln aufgehängt und stützten sich mit einer Führung an einer Feder ab. Diese leitete die Kräfte über Hülsen auf das Schwinghebelsystem weiter. Wasser und Luftkühlung waren getrennt. Zur Abführung der Kühlwasserwärme des Motors diente ein zweiteiliger Kühler mit dazwischen liegendem Ventilator, während zur Abführung der Strahlungswärme des Motors eine besondere Entlüftung vorgesehen war, die Frischluft über den Motor saugte.

Für den Wasserantrieb waren zwei Propeller eingebaut, welche vorwärts und rückwärts laufen konnten und bei einer Trimmlage von etwa 7,5° eine Schwimmgeschwindigkeit von etwa 5 km/h ermöglichten.

Für den Ein- und Ausstieg war eine Klappe rechts vorne an der Panzerwanne sowie Öffnungen in den Stroboskopen, im Geschützturm, am Boden des hinteren Raumes und in der Decke des hinteren MG-Turmes angebracht.

Für die Erzeugung der Druckluft zum Schalten, Lenken und Bremsen war ein Kompressor eingebaut, der beim Anlassen durch einen Hilfsmotor, im übrigen durch den Hauptmotor angetrieben wurde. Die Kraftstoffbehälter für etwa 370 l ermöglichten sechs Stunden Fahrt mit einer Durchschnittsgeschwindigkeit von 25 km/h.

Der Geschützturm war mit seiner Kugelbahn, auf der

er seitlich um 360° geschwenkt werden konnte, etwa im mittleren Drittel des Fahrzeuges auf der versteiften Fahrzeugdecke angeordnet. Die Bewaffnung im Geschützturm bestand aus einem 7,5-cm-Rohrrücklaufgeschütz L/24 und einem normalen sMG. Übrigens hatte die 7,5-cm-Kampfwagenkanone der Firma Krupp Fallblockverschluß, die der Firma Rheinmetall öffnete nach der Seite. Das Geschütz verfeuerte Geschosse von 6,65 kg Gewicht mit Vo 400 m/s auf 8000 m Entfernung. Das Rohr und das parallel zu ihm angeordnete sMG waren in einer walzenförmigen Wiege gelagert, deren Schildzapfen in einem Rahmen der Panzerkuppel befestigt waren, so daß die Walze die Öffnung in der Kuppel bei allen Erhöhungen abdeckte. Die Erhöhung betrug -12 bis +60°, die Senkung nach hinten nur -6°. Das sMG hatte gegenüber dem Rohr einen Sonderschwenkbereich nach der Höhe von ±5°.

An Richt- und Beobachtungsmitteln waren vorhanden: ein durch die Turmdecke tretendes Periskop und ein an der Seitenwand gelagertes Notvisier für den Richtschützen (zu dieser Zeit noch Richtwart genannt), ferner ein gleiches Periskop zum Beobachten durch die Ladenummer (Ladeschützen) bzw. den Richtschützen. Beide Periskope waren völlig gleich, hatten feststehenden Einblick und beweglichen Ausblick, der unabhängig vom Rohr nach der Höhe bis 90° und nach der Seite um 360° geschwenkt werden konnte. Die aus der Turmdecke

Daimler-Benz-Großtraktor Einzelheiten

Links: Holzmodell für Raumstudien am Daimler-Benz-Großtraktor

Rechts: Oben eine Stützrolle für das Gleiskettenlaufwerk (Gewicht 12,4 kg), unten ein hydraulischer Ausgleicher für das Laufwerk (Gewicht 76,2 kg)

Links ein äußerer Kettenspanner (Gewicht 18,3 kg), Mitte eine Antriebs-Ritzelwelle (Gewicht 40,5 kg), rechts ein innerer Kettenspanner (Gewicht 25,2 kg)

Links Leitrad (Gewicht 183,5 kg) und rechts Triebrad (Gewicht 219 kg) des Daimler-Benz-Großtraktors

herausragenden Periskopköpfe konnten durch kleine Öffnungen in der Decke bequem ausgewechselt werden. Der Ausblick des Notvisiers in der Seitenwand war nur mit dem Rohr beweglich. Aufsatz- und Vorhaltewinkel wurden durch Verstellen der Visiermarken eingestellt. Für Geschütz und sMG waren zwei getrennte Aufsatzteilungen vorgesehen.
Die Höhenrichtmaschine wurde von Hand, die Seitenrichtmaschine von Hand oder elektrisch bewegt. Der elektrische Antrieb der Seitenrichtmaschine hatte 12 Geschwindigkeitsstufen und wurde mit zwei Fußpedalen gesteuert. Differenzen in der Seitenrichtgeschwindigkeit wurden, falls notwendig, durch gleichzeitiges Zu- oder Gegendrehen an einem Handrad ausgeglichen. Die Abfeuerung des Geschützes wurde elektrisch durch einen Kontaktgeber am Handrad der Höhenrichtmaschine oder von Hand am feststehenden Abzug betätigt. Das sMG wurde ebenfalls vom Richtschützen durch einen am Höhenrichthebel des sMG angeordneten Bowdenzug abgefeuert. Die vom Verschluß automatisch ausgeworfene Patronenhülse glitt in einem Hülsenfang zu der im Boden des Fahrzeuges angeordneten Hülsenschleuse, deren beide Klappen elektrisch angetrieben wurden, so daß die Hülsen ohne größeren Luftverlust sofort aus dem Wagen entfernt wurden.
Die Seitenwände des Drehturmes waren 78° gegen die Horizontale geneigt und 10 mm dick; die Turmdecke war 8 mm dick gepanzert. Ausstiegöffnungen waren in der Turmdecke und links und rechts in der Seitenwand angebracht. Außerdem waren mehrere abblendbare Ausblicköffnungen in der Turmwand und an der höchsten Stelle des Turmes war eine Blinklampe vorgesehen. Sämtliche Öffnungen im Turm wie Wiege, Periskope, Ausstiegsöffnungen und Kugelbahn waren durch besondere Dichtungen gasdicht abgeschlossen.
Das Gewicht des Drehturmes mit Geschütz, einschließlich Hülsenschleuse, Schwenkmotor, Schwenkgetriebe, Zieleinrichtung, MG, betrug etwa 1900 kg. 102 Schuß 7,5-cm-Munition lagen im Kampfraum links und rechts in Einzelverpackung, während 6000 Schuß MG-Munition auf Kampf- und hinteren MG-Raum verteilt waren. Für die 7,5-cm-Kanone standen in Patronenrahmen 61 bzw. 42 Schuß zur Verfügung, während die MG-Munition in 30 Trommeln mit je 100 Schuß befördert wurde. Das Funkgerät war stoßgedämpft vor dem Funker aufgehängt, ein Nebelapparat lag rechts vom Kommandanten. Bordtelefon, Signaltafel, Blinkgerät, Verbandskasten, Feuerlöscher, Werkzeug und Zubehör waren handgerecht eingebaut.

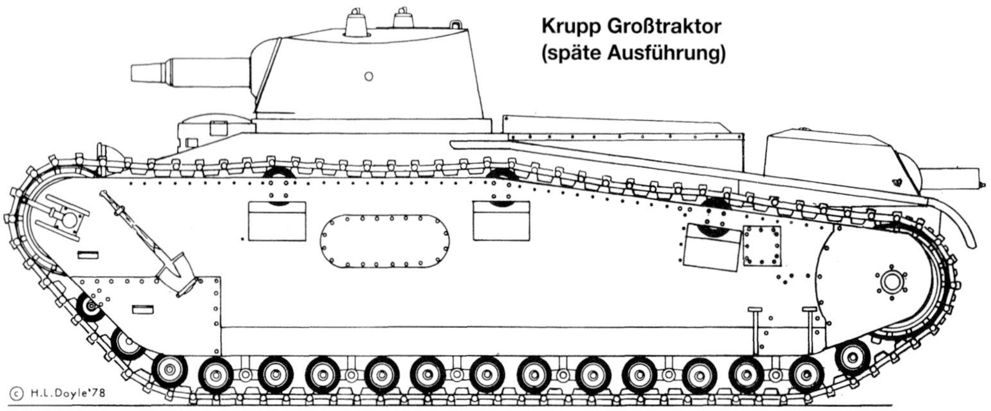

Krupp Großtraktor (späte Ausführung)

Das Fahrgestell wies eine Zentralschmierung auf. Neben der Fahrzeugbatterie (24 V, 110 Ah) stand eine 100-Ah-Batterie für die Funkanlage zur Verfügung. Als Anlaßmotor war ein 5 PS flüssigkeitsgekühlter Böhme-Zweitaktmotor vorhanden, der jedoch nur 1 PS bei 1500 U/min benötigte, um die Druckluftversorgung sicherzustellen. Drei Kraftstoffbehälter faßten zusammen 360 l, davon einer 150 l, die beiden anderen zusammen 210 l. Für den Vortrieb beim Schwimmen standen dem hinteren MG-Schützen ein Kupplungspedal und drei Schalthebel zur Verfügung.
Krupp und Rheinmetall bauten den vorgeschriebenen BMW-Va-Ottomotor ein, der bei 1400 U/min 250 PS leistete. Es handelte sich um eine Weiterentwicklung des Flugmotors BMW 185. Daimler-Benz baute einen ehemaligen Daimler-Flugmotor (Typ F 182 206, Bau-

Daimler-Benz-Großtraktor Einzelheiten

Einer der Laufrollenwagen des Daimler-Benz-Großtraktor-Laufwerkes. Laufrollen-Durchmesser 300 mm

jahr 1918) ein, der als Typ D IV bei 1450 U/min eine Höchstleistung von 300 PS aufwies. Dieser 6-Zylinder-Ottomotor mit stehenden Einzelzylindern hatte einen Hubraum von 31,2 l und wog naß 604 kg. Ein DKW-2-Zylinder-Zweitaktmotor mit 10 PS war als Anlaßaggregat vorgesehen.

Die selbsttragende Wanne des Daimler-Benz-Fahrzeuges wog 4193 kg. An jeder Seite der Wanne waren vier durch Blattfedern abgestützte Laufrollenaggregate (Laufrollengröße [300] 90-203, Gewicht eines Laufrollenwagens 179 kg) und hydraulische Abstützzylinder angebracht. Die Gleisketten (Typ MK 6/380/160) hatten bei einer Breite von 380 mm 160 mm Teilung, das Gewicht pro laufenden Meter Gleiskette betrug 61,3 kg. Bei der Gesamtkonzeption dieser Fahrzeuge muß berücksichtigt werden, daß bei fast allen Aggregaten technisches sowie taktisches Neuland betreten wurde. Durch die Unterbringung

Gleiskette des Daimler-Benz-Großtraktors, Kettentyp Mk 6/380/160 (Breite 380 mm, Teilung 160 mm) mit einschiebbaren Gummipolstern. Pro lfd. Meter wog die Gleiskette 61,3 kg

Daimler-Benz-Großtraktor Einzelheiten

Einzelheiten des Zusammenbaus der Daimler-Benz-Großtraktoren in Unterlüß bei Celle im Jahr 1928/29. Der Panzeraufbau wog 4193 kg

Montage des ersten Rollenwagens im Dezember 1928 des Daimler-Benz-Großtraktors auf dem Gelände der Fa. Rheinmetall in Unterlüß bei Celle

Fertig eingebaute Rollenwagen (Stand Januar 1929)

des Kommandanten im Bug des Fahrzeuges konnte er nach rückwärts überhaupt nicht sehen und war auch sonst wegen des vorspringenden Kettentrumms und des tiefliegenden Sitzes unvorteilhaft platziert. Dennoch waren die technisch-taktischen Forderungen nach dem Stand um 1926 im internationalen Vergleich als fortschrittlich anzusehen.

Laut Nachtragrechnung der Daimler-Benz AG vom 18.3.1928 wurde die Ausstattung mit Funkgeräten und Bug-MG noch während der Entwicklung und Fertigung der Prototypen angeordnet. Eine Besprechung im Truppenamt (Generalstab) am 14.3.1928 über das Kraftfahr-Rüstungsprogramm ergab bei den Großtraktoren folgende Situation: Die Lieferung von sechs Großtraktor-Prototypen (15 t) sollte im Sommer 1928 erfolgen. Die Erprobung wurde von 1929 bis 1930 geplant. Die Beschaffung der Serie sollte 1931 beginnen. Zunächst war die Ausrüstung für eine Kompanie (17 Wagen) vorgesehen, weitere nach Freigabe vorhandener Mittel. Der Beschaffungspreis für eine Kompanie war mit etwa 2,5 Millionen Mark angesetzt.

Das 7,5-cm-Geschützprogramm war in der Zwischenzeit angelaufen; und zwar waren 34 der Rohre für die Bestückung der Großtraktoren vorgesehen, während sechs Versuchsstücke für die Kampfwagenabwehr beschafft wurden. Schwere MG wurden wie folgt bereitgestellt: 138 Stück für Tak auf Schleppern

und je drei für die Großtraktoren. Im Beschaffungsprogramm vom 25.3.1929 Nr. 1105/29 gKdos war für den Großtraktor folgender Kostenansatz vorgesehen:
17 Stück RM 3 400 000.–
(6 Prototypen vorhanden)
Während Krupp die Großtraktoren auf seinem Schießplatz in Meppen montierte, wurden die Rheinmetall-Fahrzeuge auf dem Schießplatz in Unterlüß zusammengebaut. Dort wurden auch die von Daimler-Benz in Stuttgart-Untertürkheim gefertigten Einzelteile zusammengebaut. Aus Geheimhaltungsgründen konnte eine fahrtechnische Erprobung nicht erfolgen, lediglich die Kanonen wurden angeschossen.
Mitte Juni 1929 wurden die Fahrzeuge in seefeste Kisten verpackt und zur Erprobung und Ausbildung auf dem Seewege über Stettin und Leningrad nach Kasan in der Sowjetunion (Hauptstadt der Tatarischen Republik) überführt, wo sie im Juli 1929 eintrafen. Dort wurden sie vom Bahnhof Kasan zur 6 km entfernten Unterkunft »Kama« geschleppt. Zur Unterscheidung erhielten sie die Nummerierung 41 und 42 (Daimler- Benz), 43 und 44 (Krupp) und 45 und 46 (Rheinmetall). Die erste Funktionsprüfung der Antriebsaggregate wurde in aufgebocktem Zustand vorgenommen, die Drehtürme wurden abgenommen und auf besondere Anschießgestelle zum Einschießen und Justieren der Kanonen gesetzt.
Wegen eines Konstruktionsfehlers in den Planeten-Wechselgetrieben,

Daimler-Benz-Großtraktor Einzelheiten

Ausschlagbegrenzung der Rollenwagen

Das fertig montierte Fahrgestell des Daimler-Benz-Großtraktors. Am Fahrzeugbug ein gegen Beschuß geschützter Scheinwerfer

Daimler-Benz-Großtraktor von hinten mit angebauten Triebrädern und der Öffnung für den hinteren MG-Turm

Stand der Montage des Daimler-Benz-Großtraktors Mitte Januar 1929 in Unterlüß bei Celle

Ansicht von vorne auf den Daimler-Benz-Großtraktor. Es ist offensichtlich, daß das Bug-MG erst nachträglich eingebaut wurde

der kurzfristig nicht behoben werden konnte, mußten beide Daimler-Benz-Fahrzeuge stillgelegt werden. Bei den Krupp-Großtraktoren zeigten sich starke Verschleißerscheinungen an den Federband-Kupplungen der Wechselgetriebe. Dazu kam, daß der Druckluftverbrauch für die Schaltung der Wechselgetriebe und für die Lenkung erheblich größer war als erwartet. Zunächst wurde behelfsmäßig ein zusätzliches Druckluftaggregat eingebaut, welches zwar eine bessere, aber nicht ausreichende Druckluftversorgung erbrachte. Die Fahrleistung des Fahrzeuges war daher nicht ausreichend.

Die Decke des Motorraumes mit dem danebenliegendem Seitengang von vorne nach rückwärts gesehen

Das in einem Rheinmetall-Großtraktor dem Differential-Lenkgetriebe zugeordnete P.I.V.-Getriebe war den auftretenden Beanspruchungen nicht gewachsen und mußte ausgebaut werden. Es verblieb die Differentiallenkung einfacher Art, mit allen ihren Nachteilen. Jedoch war die Fahrmöglichkeit gewährleistet. Das P.I.V.-Getriebe sollte eine stufenlose Regelung

Daimler-Benz-Großtraktoren GT I und GT II nach Beendigung der Montage in Unterlüß, unmittelbar vor ihrer Verschickung nach Rußland. Beim zweiten Fahrzeug ist nunmehr das Bug-MG eingebaut

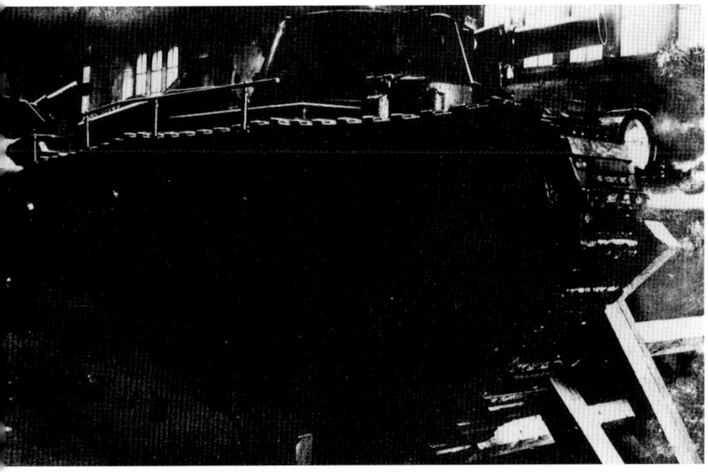

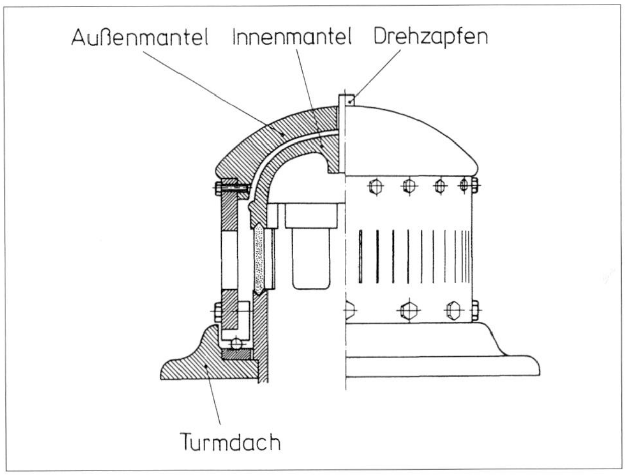

Schnitt durch ein Stroboskop, verwendet zur geschützten Beobachtung des Kommandanten

der Abtriebsdrehzahlen des Differentials bewirken, stellte also ein Überlagerungsgetriebe zum Differential dar. Die von den Krupp- und Rheinmetall-Großtraktoren verwendeten Gummibandgleisketten erwiesen sich als ungeeignet, weil sie beim Lenken zum Aufklettern an den Triebrädern und zum Entgleisen neigten. Sie wurden später durch Stahlgliederketten ersetzt.

Ein erster Schwimmversuch am 30.10.1929 mit einem Rheinmetall-Großtraktor auf dem in der Nähe von Kasan gelegenen Kaban-See schlug fehl. Das Fahrzeug kam bei Rückwärtsfahrt in eine ungünstige Trimmlage, lief voll Wasser und ging unter. Der den Schwimm-

Eine einmalige Aufnahme – August 1935 – zeigt eine Paradeaufstellung der jungen deutschen Panzertruppe auf dem Truppenübungsplatz Munster-Lager in Anwesenheit von Reichskriegsminister Generaloberst von Blomberg und Oberbefehlshaber des Heeres Generaloberst Freiherr von Fritsch. Im Hintergrund vier Großtraktoren, ganz rechts ein Neubaufahrzeug

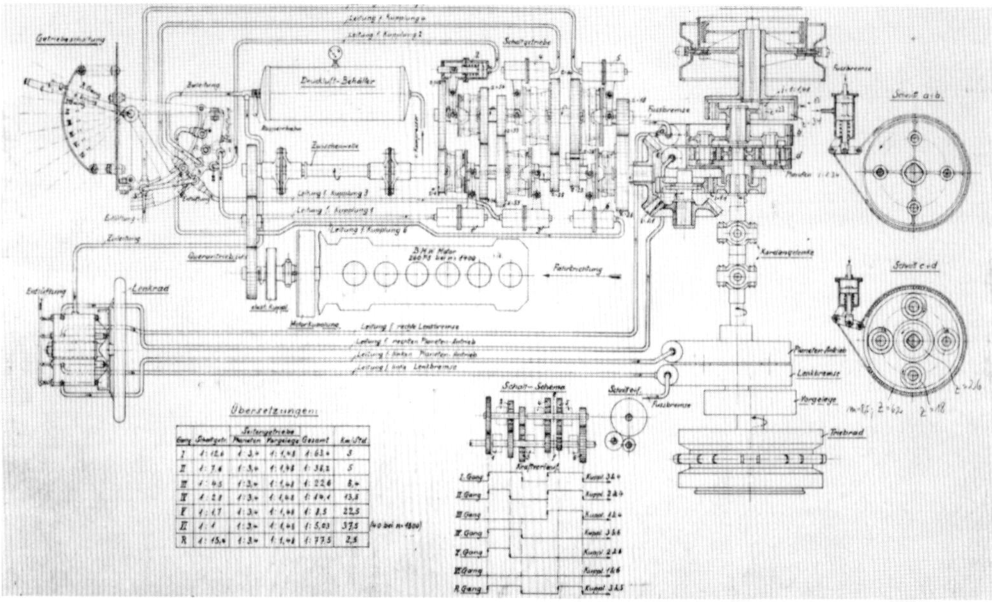

Schema der Lenkung des Krupp-Großtraktors

Krupp-Großtraktor

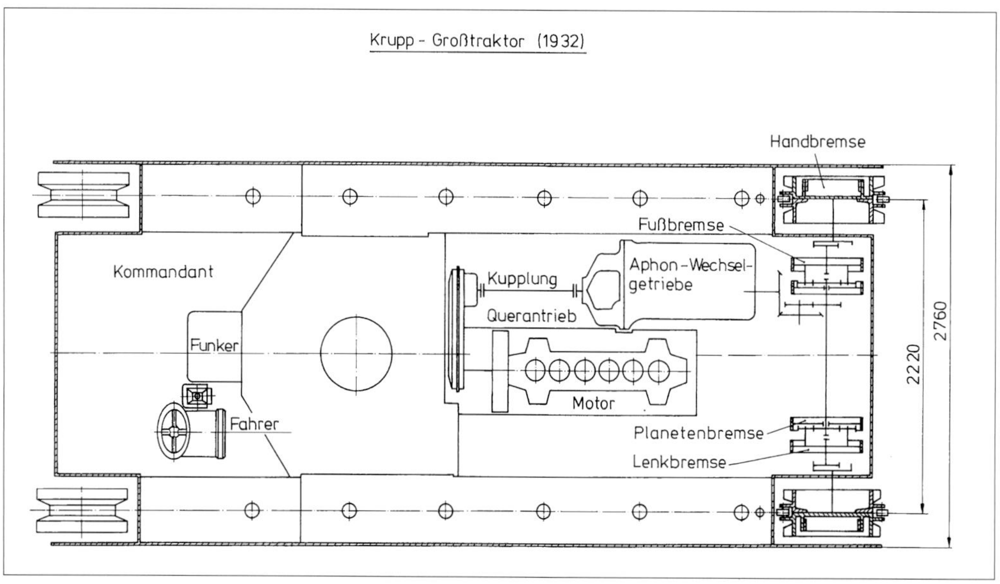

Auslegung der Antriebsaggregate im Krupp-Großtraktor

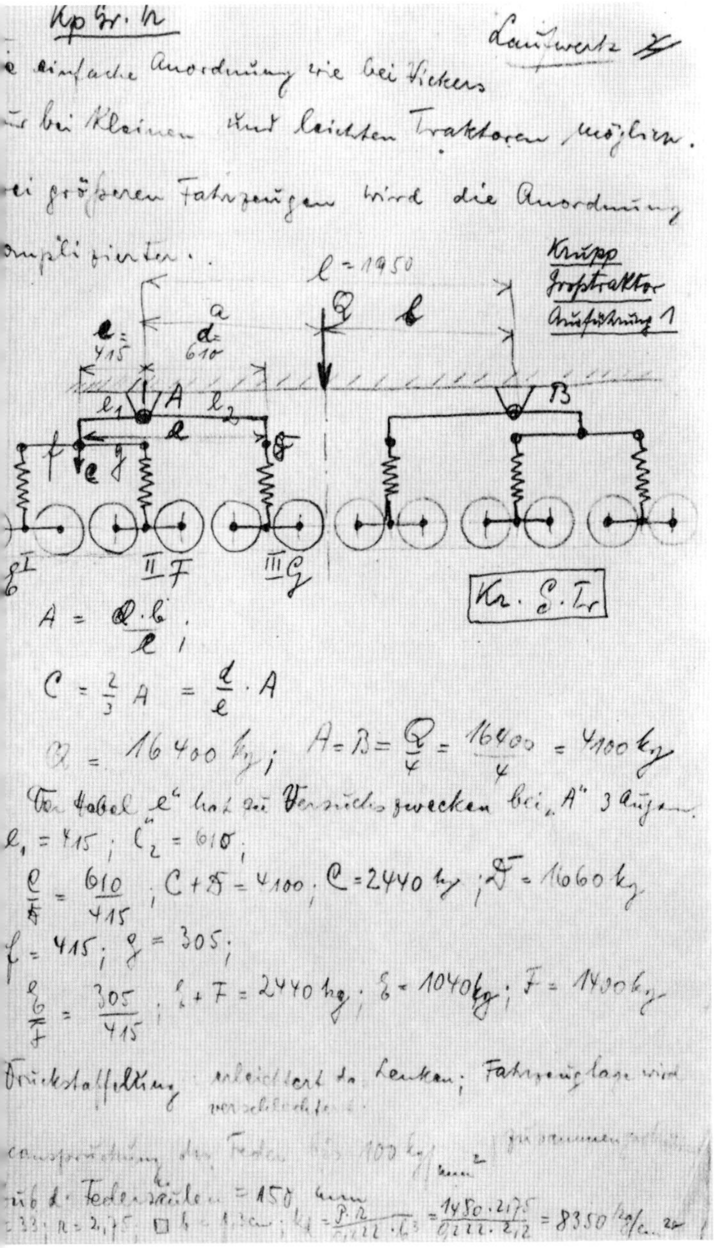

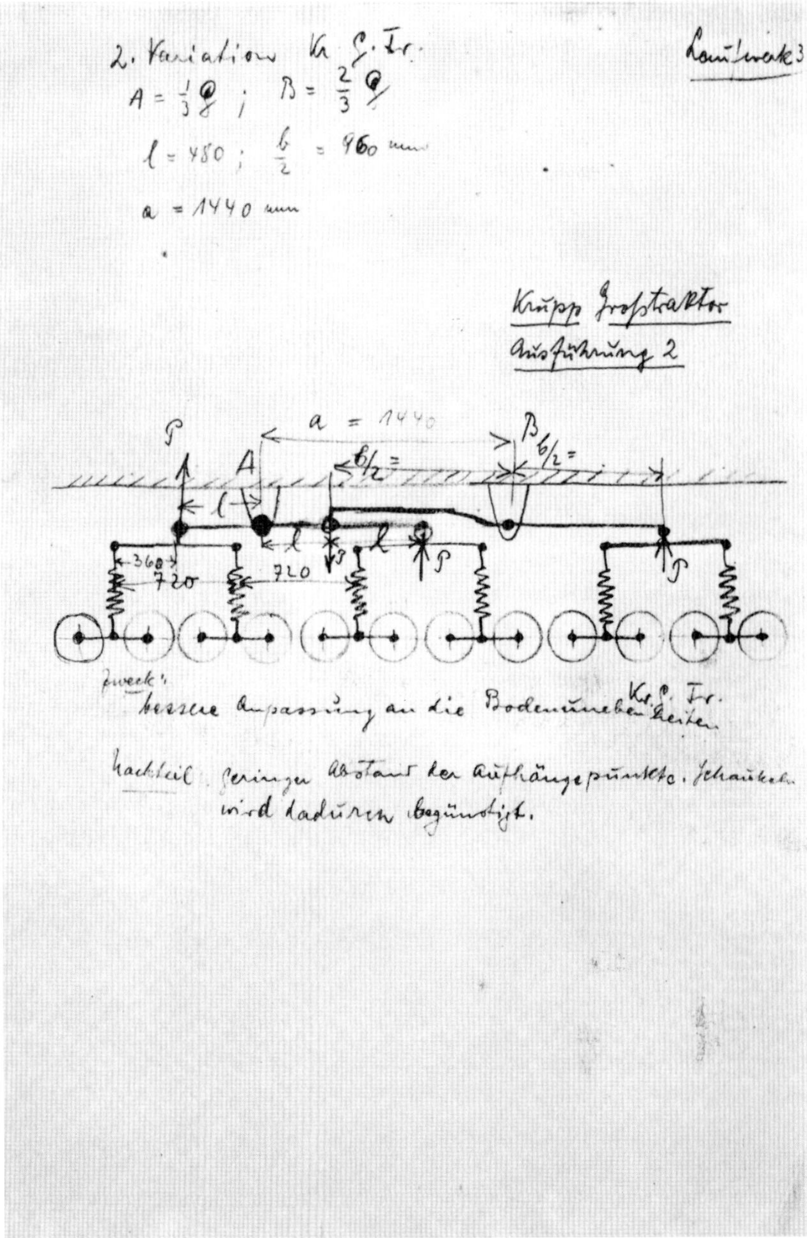

Laufwerks-Vergleich der ersten mit der zweiten Ausführung des Krupp-Großtraktors. Persönliche Aufzeichnung Dipl.-Ing. W. Esser aus dem Jahr 1932 (Kama)

Schwerpunkt-Festlegung beim Krupp-Großtraktor

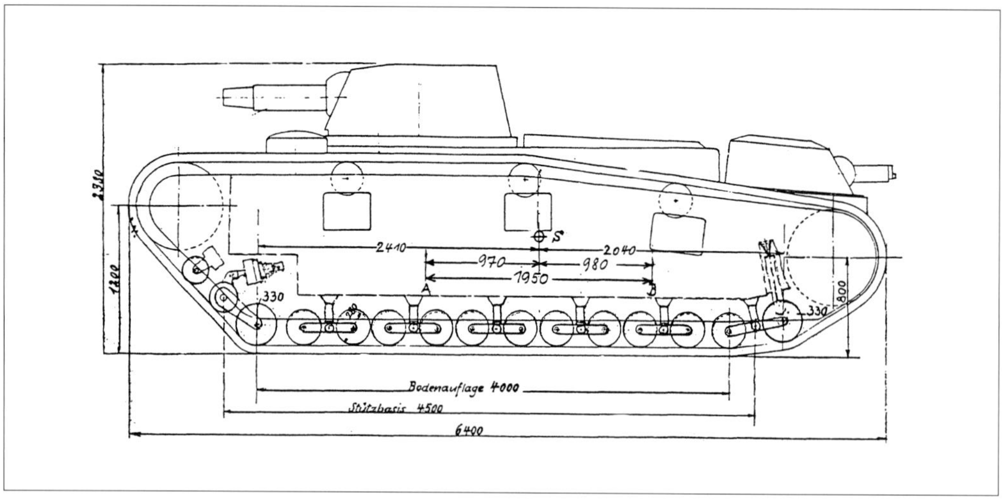

Wirkungsweise des Planeten-Lenkgetriebes im Krupp-Großtraktor

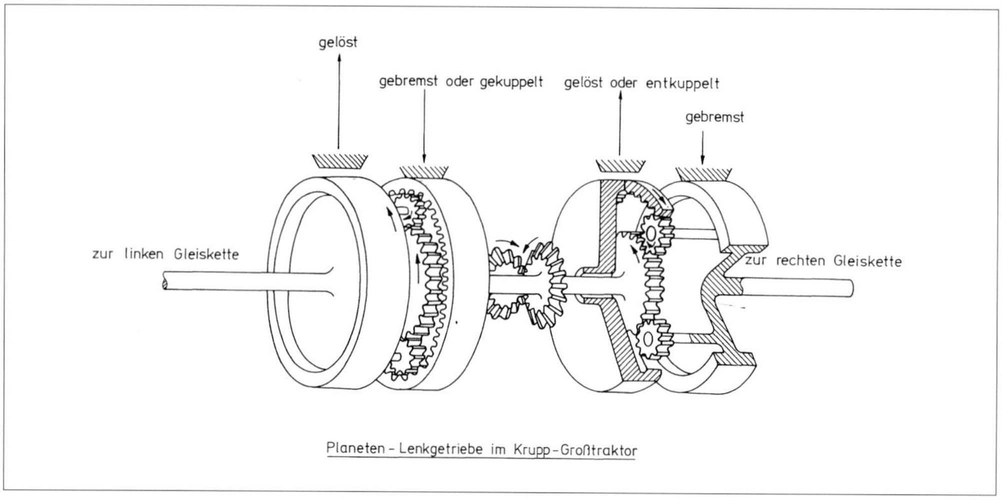

Einzelheiten der Gleiskette der Großtraktoren Krupp und Rheinmetall

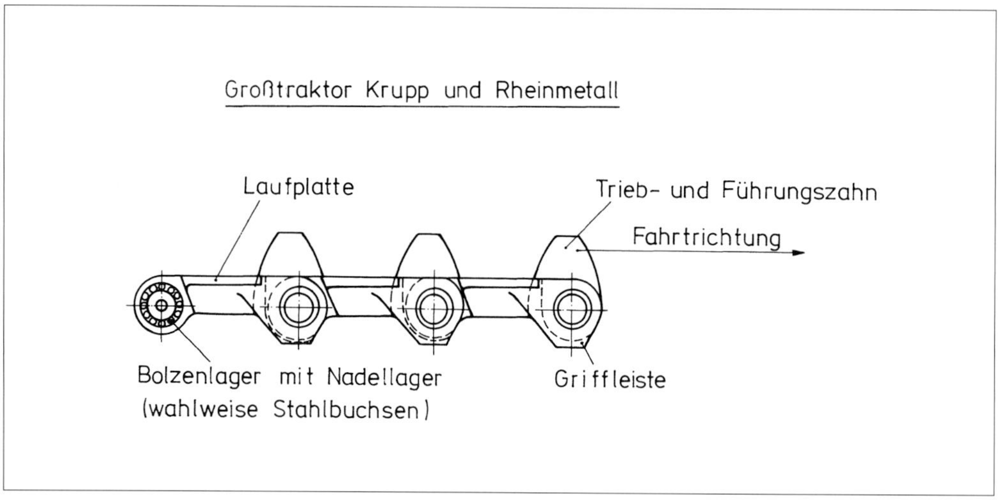

Rechte Seite:

Krupp-Großtraktor Ausf. 1

Krupp-Großtraktor Ausf. 2

Anbringung des vorne liegenden Leitrades und dessen Nachstellung bei den Großtraktoren Krupp und Rheinmetall

Einzelheiten der Triebradauslegung der Krupp- und Rheinmetall-Großtraktoren

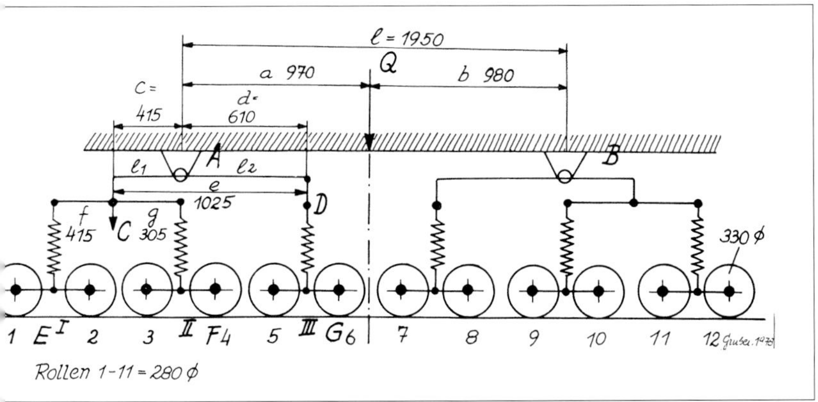

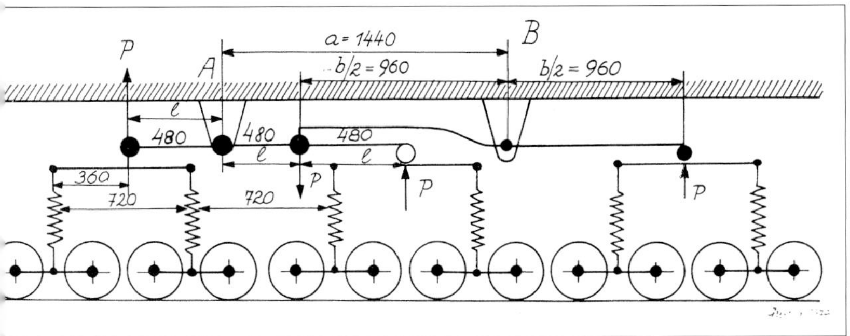

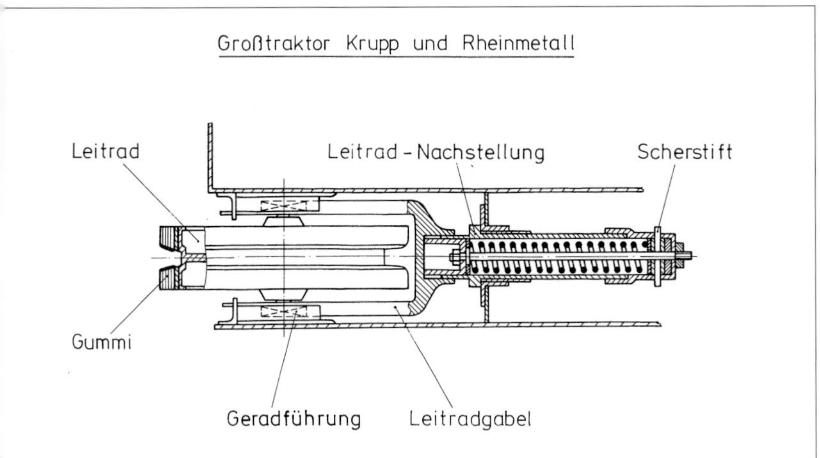

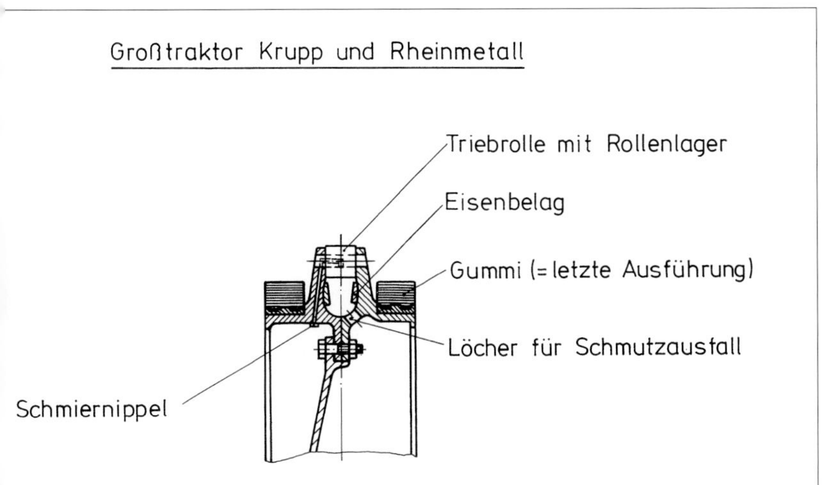

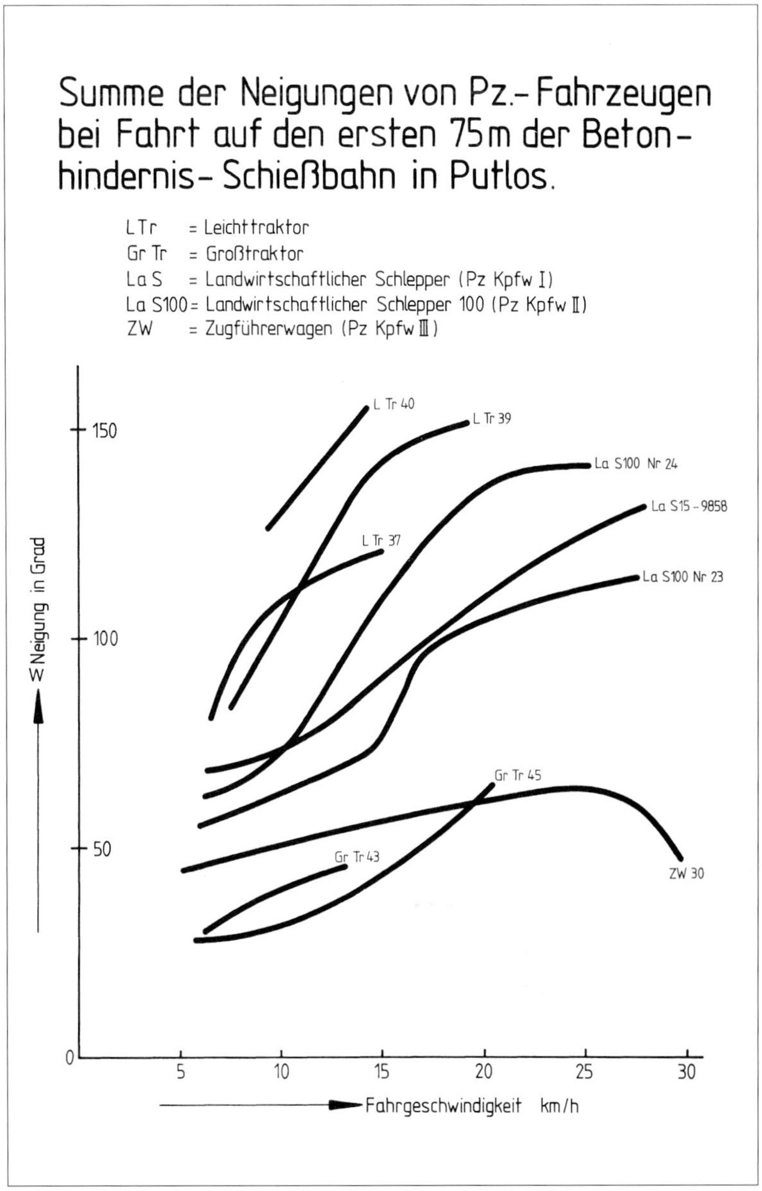

Gegenüberstellung der Laufwerk-Leistungen verschiedener Panzerfahrzeuge in Abhängigkeit von Fahrzeugbewegung und Geschwindigkeit

antrieb bedienende Werkmeister Kerres der Firma Rheinmetall kam dabei ums Leben, obwohl das Fahrzeug nach kurzer Zeit geborgen werden konnte.
Die 1929 erreichten Fahr-Kilometer (Krupp 63 km, Rheinmetall 133 km) waren in Anbetracht der bis dahin nicht erprobten Fahrzeuge eine den Umständen angepaßte beachtenswerte Leistung. Die Laufleistung der beiden Daimler-Benz-Großtraktoren war auch in den darauffolgenden Jahren unbedeutend. 1930 wurden 25 km und 1931 31 km gefahren. Es ist heute unverständlich, warum sich Daimler-Benz nicht mehr einsetzte, die offensichtlichen Konstruktionsfehler mit Nachdruck zu beheben. Die Fahrzeuge wurden nach 1931 nicht mehr in Betrieb genommen.

In den Jahren 1931/1932 wurden an den Krupp-Fahrzeugen grundsätzliche Änderungen vorgenommen. Die Wechselgetriebe mit Federbandkupplungen wurden durch ZF-Synchron-(Aphon-) Getriebe, die eigens für die Großtraktoren Krupp und Rheinmetall einheitlich entwikkelt wurden, ersetzt. Sie liefen ohne Beanstandung. Sie waren als 5-Gang-Getriebe ausgelegt und hatten eine Übersetzung von 8,64. Die Geschwindigkeit betrug im ersten Gang 4,5 km/h und im direkten Gang 39 km/h. Die Schaltung erfolgte über ein Gestänge.
Die neuerdings verwendeten Stahlgliedergleisketten waren geschmiert und hatten Mittelzahnführung. Die Triebrollen der Triebräder konnten bei Verschleiß

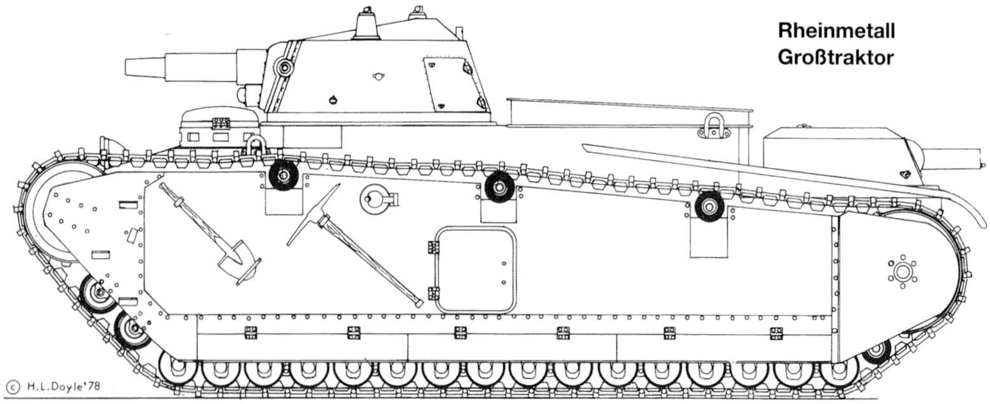

Rheinmetall Großtraktor

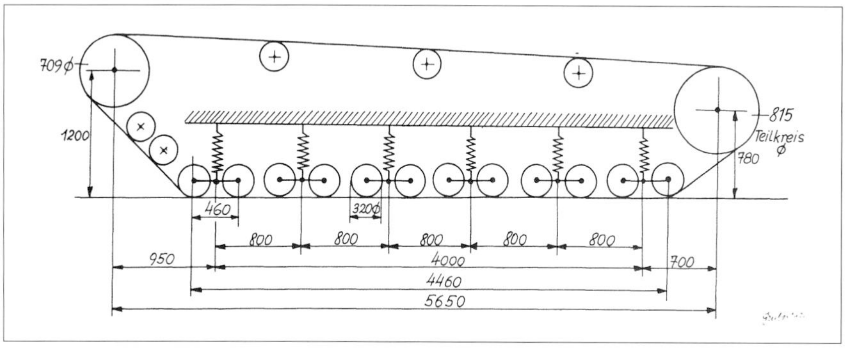

Rheinmetall-Großtraktor Ausf. 1

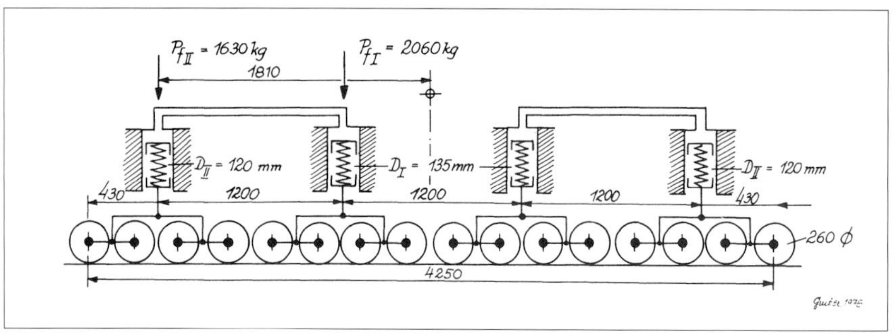

Rheinmetall-Großtraktor Ausf. 2

Rechte Spalte

oben und Mitte
Schwerpunkt-Festlegung bei den Rheinmetall-Großtraktoren

Unten:
Auslegung der Antriebsaggregate im Rheinmetall-Großtraktor

Linke Spalte

oben:
Getriebeanlage des Rheinmetall-Großtraktors

Mitte und unten:
Rheinmetall-Großtraktor: Laufwerkauslegung Ausführung 1 und 2. Persönliche Aufzeichnung Dipl.-Ing. W. Esser aus dem Jahr 1932 (Kama)

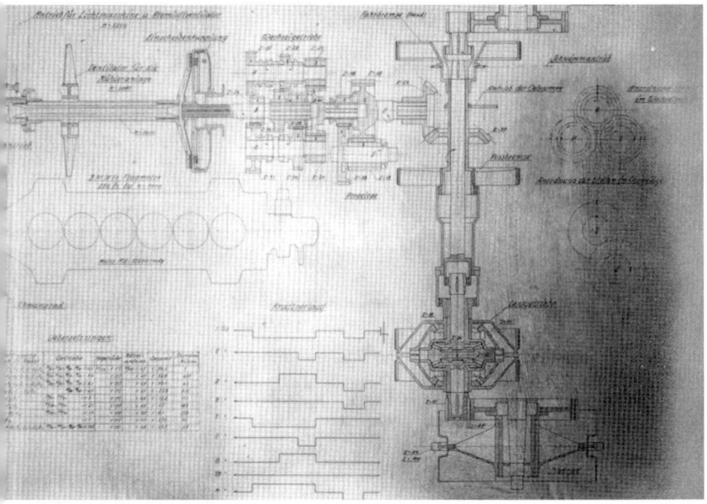

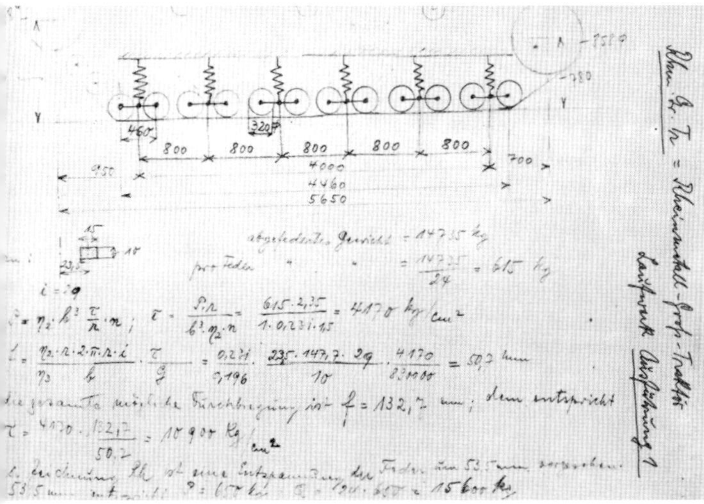

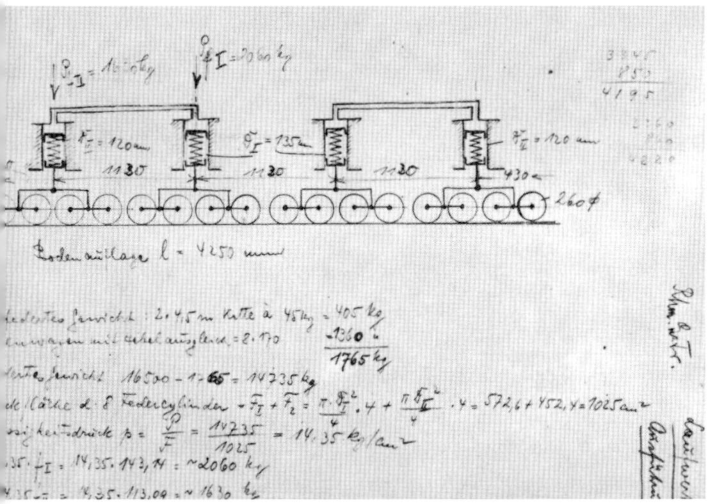

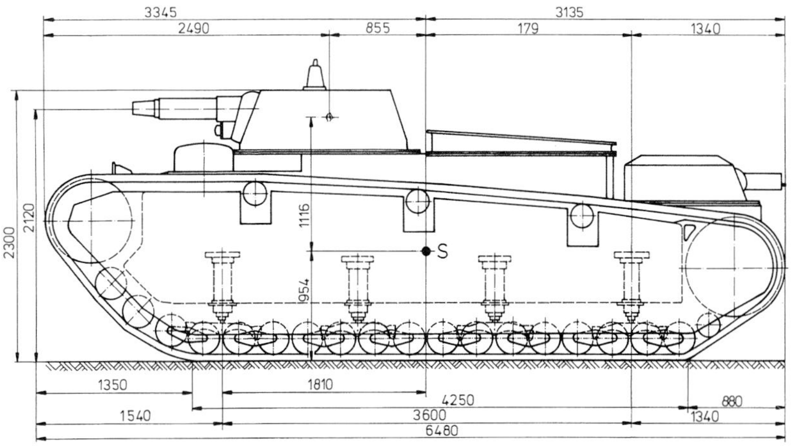

Schwerpunktlage des Rheinmetall-Großtraktors

Gefechtsgewicht = 16500 kg

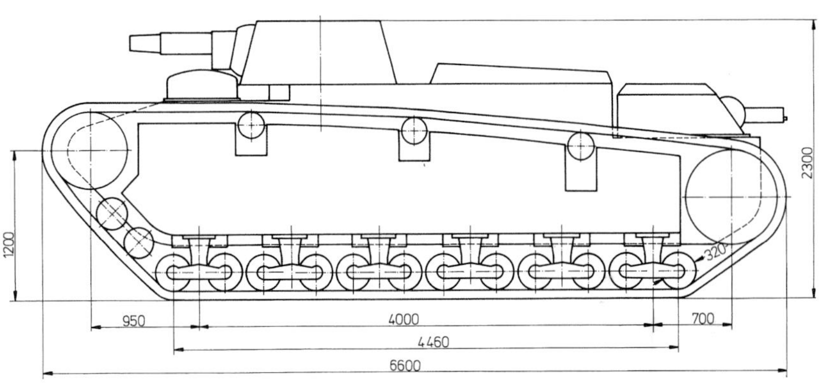

Rheinmetall - Großtraktor
(1932)

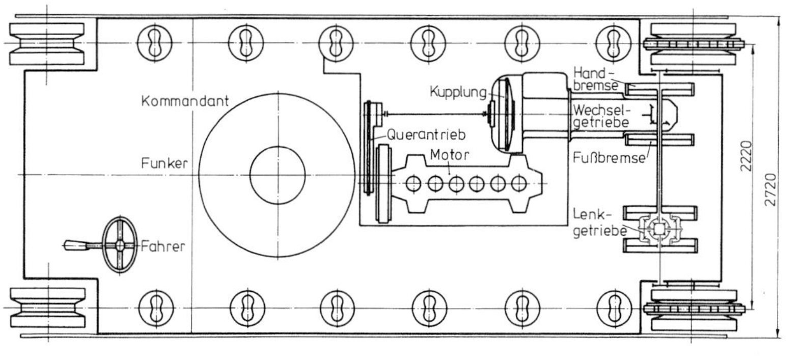

Rheinmetall - Großtraktor

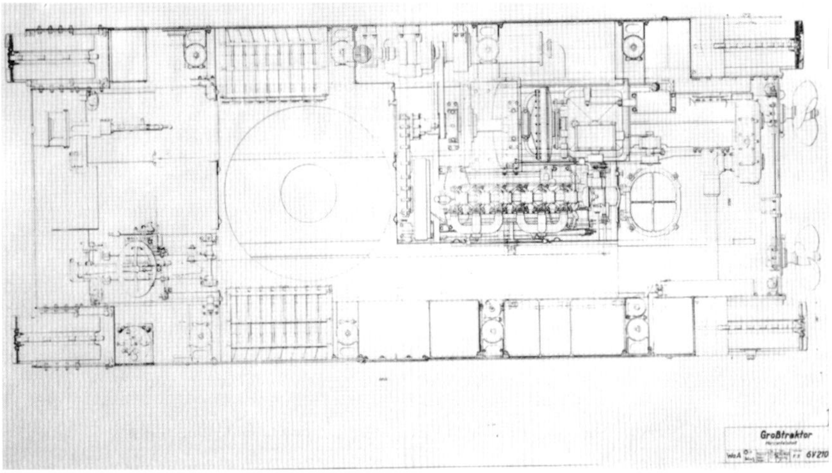

Rheinmetall-Großtraktor Längsschnitt

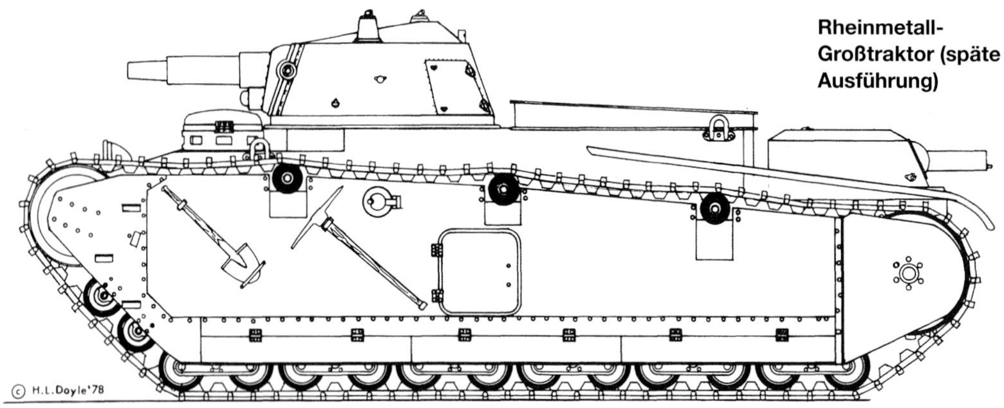

Rheinmetall-Großtraktor (späte Ausführung)

ausgewechselt werden. Leit- und Triebräder waren für die Kettenauflage mit Gummibandagen versehen. Die Abdichtung der geschmierten Gleisketten, die teils in Nadeln, teils in Buchsen gelagert waren, bereitete erhebliche Schwierigkeiten. Der Verschleiß lag sehr hoch. Zu einem in Aussicht genommenen Übergang auf trockene Gleisketten ist es nicht mehr gekommen.

Der geringe Durchmesser der Laufrollen von 280 mm führte bei zügiger Fahrt zu einer Erwärmung über 120° C im Innern der Bandagen. Die Wichtigkeit von Laufrollen größeren Durchmessers wurde erkannt und für spätere Konstruktionen vorgesehen.

Die bis 1932 registrierten Fahr-Kilometer der Krupp-Großtraktoren betrugen:

	1929	1930	1931	1932	Gesamt
Nr. 43	3	–	33	154	190 km
Nr. 44	60	10	39	–	109 km

Das in einem Rheinmetall-Großtraktor eingebaute Differential-Lenkgetriebe wurde 1930, nachdem das P.I.V.-Getriebe 1929 ausgefallen war, durch ein Original-Cletrac-Lenkgetriebe in Kegelradausführung ersetzt, welches sich bewährte. Nach Rückführung der Fahrzeuge von Kama nach Deutschland wurde 1933/34 auch das zweite Rheinmetall-Fahrzeug damit ausgerüstet. Die Cletrac-Lenkgetriebe haben sich bis zur Stillegung der Fahrzeuge bewährt. Wie bei den Krupp-Fahrzeugen wurden 1931 ZF-Aphon-Wechselgetriebe eingebaut. Ähnlich wie bei den Krupp-Fahrzeugen wurden die bisherigen profilierten Gummibandgleisketten mit einmontierten Rollenketten durch geschmierte Stahlgliedergleisketten ersetzt. Auf den hydraulischen Druckausgleich der je zwei Laufrollengruppen mit je acht Laufrollen wurde verzichtet. Sie wurden 1931/32 durch neue Laufwerke mit 12 größeren Laufrollen von 320 mm Durchmesser ersetzt. Die Wanne wurde dadurch an sechs Punkten abgestützt.

Die bis 1932 registrierten Fahr-Kilometer der Rheinmetall-Großtraktoren betrugen:

	1929	1930	1931	1932	Gesamt
Nr. 45	52	–	215	230	497 km
Nr. 46	81	215	181	290	767 km

Die MG-Türme im Heck der Großtraktoren wurden Ende 1929 ausgebaut, um die Zugänglichkeit zu den Triebwerkteilen zu erleichtern.

1930 ergab sich folgender Stand der Versuche: Beim Großtraktor war die System-Erprobung aller Bauteile abgeschlossen, die Fahrzeug-Erprobung war eingeleitet. 1930/31 waren dafür RM 450 000,– und 1931/32 RM 1 000 000,– haushaltsmäßig eingeplant.

Falls die Serienfertigung des Großtraktors entfallen würde, sollten Mittel in ausreichender Höhe für die

Entwicklung eines Kleintraktors zur Verfügung gestellt werden. In welchem Umfang die Weiterentwicklung aller Traktoren durch konstruktive Maßnahmen oder in weiterer Zukunft durch neue Versuchsbauten vorzusehen war, sollte in einer Besprechung auf Grund der Sommererfahrungen in Kama und bei der Kraftfahrversuchsstelle in Kummersdorf festgesetzt werden. Wenn auch die Inspektion 6 die Wünsche des Heereswaffenamtes über die Rückführung des Großtraktors Krupp und weiterer Aggregate aus dem Großtraktor Daimler-Benz durchaus anerkannte, ließen sie sich aus politischen Gründen zu dieser Zeit nicht verwirklichen.

Nachdem der Chef des Stabes der In6, Oberstleutnant Heinz Guderian, sich über die Panzerfahrzeuge in Kama ein Urteil gebildet hatte, ordnete 1932 der Inspekteur der Kraftfahrtruppen General Lutz an, daß die Großtraktoren mit Hochdruck weiterzuentwickeln seien.

Im August 1932 fand in Kama eine Besprechung mit einer russischen Delegation über die Weiterentwicklung der Großtraktoren statt. Die Ergebnisse dieser Besprechung flossen dann in die Entwicklung der Großtraktor-Neubaufahrzeuge ein.

In einer Besprechung in Kama am 12.10.1932 berichtete General Lutz, daß der Rheinmetall-Großtraktor das Rennen gemacht habe und Fa. Rheinmetall die Bestellung über weitere Fahrzeuge erhalten würde. Lutz wollte auch alle Drehtürme bei Rheinmetall bestellen, um

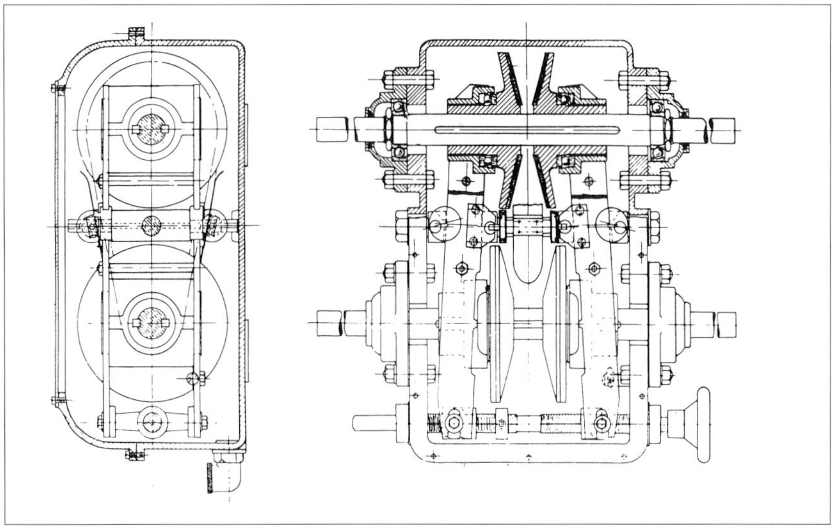

Schematischer Aufbau des für den Rheinmetall-Großtraktor in Erwägung gezogenen P.I.V-Getriebes für stufenlose Lenkung. Das Bild darunter ergänzt die Zeichnung.

Gesamtansicht des Rheinmetall-Großtraktors

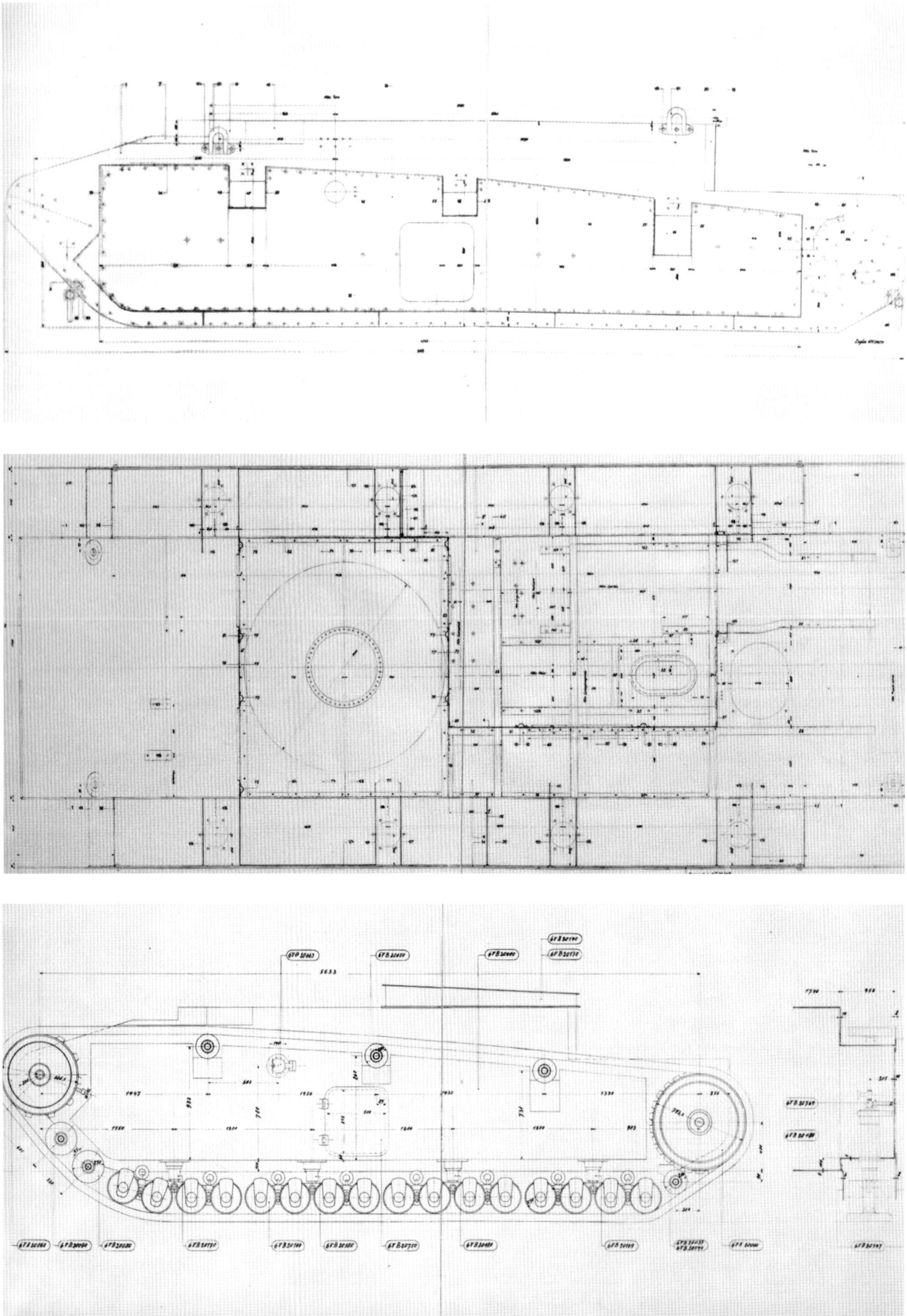

Konstruktionszeichnungen der Wanne des Rheinmetall-Großtraktors, seitlich und von oben

bei Reklamationen nur einen Hersteller verantwortlich machen zu können. Der Einbau einer 3,7-cm-Kanone im Drehturm war zu diesem Zeitpunkt noch nicht vorgesehen, auch war die Turmgestaltung noch nicht festgelegt. Die Vorzüge einer 5-cm-Bewaffnung wurden von Krupp herausgestellt. Krupp hatte die Möglichkeit, dem General Lutz einen fahrbereiten Großtraktor vorzuführen. Das Fahrzeug zeigte eine ausreichende Beschleunigung, war gut abgefedert und machte gute Lenkbewegungen. Die Frage von Lutz über die Kosten der Änderungen, um auch die Krupp-Fahrzeuge wieder für die Erprobung verwenden zu können, wurde für den Umbau, ohne Gleiskette, mit RM 70 000,– angegeben.

Die Entwicklung der politischen Ereignisse des Jahres 1933 in Deutschland schienen zunächst keinen Einfluß auf die Arbeit in Kama zu haben. Die Arbeit an den verschiedenen Panzerfahrzeugen konnte ungestört fortgesetzt werden. Lediglich die sowjetischen Lehrgangsteilnehmer blieben aus. Klarheit schuf im Juli 1933 die Anweisung, daß die Panzererprobung Kama bis zum 15.9.1933 aufzulösen sei. Im Laufe des Monats August 1933 wurden die sechs Großtraktoren und die vier Leichttraktoren im Bahnhof Kasan seefest verladen. In zwei Gruppen mit je der Hälfte der Fahrzeuge wurde der Transport nach Leningrad geleitet. Von dort wurden sie auf je einem russischen Frachtdampfer nach Stettin gebracht, wo der letzte Transport am 21.9.1933 einlief.

General der Panzertruppe *Walther K. Nehring* zog das Fazit aus Kama in seinem Buch »Geschichte der deutschen Panzerwaffe 1916 bis 1945« wie folgt: »Durch die riesige Entfernung von >Kama< nach Deutschland und den dadurch bedingten Zeitverlust, durch die mangelnde Aussprache mit den technischen Führungskräften in Deutschland und durch die strenge Geheimhaltung verzögerte und erschwerte sich die Auswertung der in Kama gemachten Erfahrungen – zumal es ja vor Anfang 1934 auch keine ausreichende Lehrtruppe der Panzerwaffe für die praktische Auswertung und Erprobung im Truppenversuch gab. Immerhin gab es – neben der Ausbildung von taktischem und technischem Personal – wertvolle Erkenntnisse: So zum Beispiel zur Gestaltung von Laufwerk und Ketten, Front- oder Heckantrieb, Fragen der Lenkung, der Motorleistung je Tonne Gewicht, entscheidende Bedeutung einer hohen Mündungsgeschwindigkeit (Vo) der Panzerkanone, Fragen der Abfeuerung, Gestaltung der Optiken, Einflüsse des Fahrgestells auf die Schießleistung der verschiedenen Waffen, die Möglichkeit der Führung durch Funkverbindung und Unmöglichkeit der Schwimmfähigkeit von schweren Kampfwagen. Dadurch wurden vieljährige Vorarbeiten erspart, die in Deutschland vor 1933/34 nicht zu leisten waren.«

Die Großtraktoren wurden zur Firma Daimler-Benz in Berlin-Marienfelde transportiert, wo sie für die weitere Verwendung im folgenden Jahr vorbereitet wurden. Dabei wurde auch der zweite Rheinmetall-Großtraktor mit einem Cletrac-Lenkgetriebe ausgestattet. Die Daimler-Benz-Fahrzeuge gab man in den darauffolgenden Jahren als Denkmalstücke an die Standorte der neuen Panzertruppe ab. So stand eines dieser Fahrzeuge bis zum Jahr 1945 in der Kaserne des Panzer-Regiments 5 in Wünsdorf bei Berlin. Im November 1933 wurden im Rahmen des Kraftfahrlehrstabes Berlin-Moabit u. a. die Schießlehrgänge vorbereitet, die im April 1934 mit den aus Kama zurückgebrachten Groß- und Leichttraktoren und dem entsprechenden Personal als »Kraftfahrsonderlehrgang Wustrow« tätig wurden. Dort wurde die zweite Hälfte des in Kama 1933 begonnenen Lehrganges für die deutschen Kursanten fortgeführt. Die Halbinsel Wustrow in der Nähe des Ostseebades Alt Gaarz in Mecklenburg wurde 1934 als Flak-Schießschule eingerichtet. Bei ihr waren die Schießlehrgänge zu Gast. Der Transport der Fahrzeuge erfolgte unter strenger Geheimhaltung in den Kama-Seekisten per Bahn nach Kröpelin und von dort mit Culemeyer-»Haus-zu-Haus«-Tiefladern der Deutschen Reichsbahn nach Wustrow.

Während des Winterhalbjahrs 1934/35 waren die Traktoren auf dem Truppenübungsplatz Döberitz-Elsgrund zur Vorbereitung des Einsatzes bei der großen Panzerversuchsübung im Sommer 1935 auf dem Truppenübungsplatz Munster-Lager. Nach Abschluß dieser

Übung wurden sie zur neugebildeten Panzerschießschule Putlos bei Oldenburg/Holstein verlegt.
Bei der Panzerschießschule Putlos leisteten die Groß- und Leichttraktoren noch einige Jahre bei der Ausbildung und bei Vergleichsversuchen ausgezeichnete Dienste. Dafür wurde eine Wellenbahn in Beton erstellt, die durch konstante Voraussetzungen Vergleichsmessungen über das Federungsverhalten von Panzerfahrzeugen ermöglichte. Mitte der dreißiger Jahre entwickelte das Heereswaffenamt, WaPrüf 5 (Pionierabteilung), Kampfwagensperren, zu deren Erprobung geeignete Fahrzeuge benötigt wurden. Es wurden zwei der Großtraktoren eingesetzt, die im angemessenen Abstand vom Bodenblech mit einem Schutzboden versehen worden waren, um die Lagerung des Triebwerks nicht zu gefährden. So versahen diese Fahrzeuge bis zu ihrer Ausmusterung wertvolle Dienste im Rahmen der weiteren Entwicklung von Panzerfahrzeugen.

3.3 Panzerentwicklung »Leichttraktor«

Am 19.7.1928 wurden mit Schreiben IV Nr. 560/28 gKdos. Wehramt, In 6 (K), die endgültigen Forderungen für die Entwicklung eines »Leichttraktors« festgelegt. Das Heereswaffenamt, WaPrüf 6 (Leiter Oberstleutnant Oswald Lutz), wurde gebeten, aufgrund dieser Forderungen an die Firmen Daimler-Benz, Krupp und Rheinmetall Aufträge zur Konstruktion und Fertigung von je zwei Kampfpanzer-Prototypen zu erteilen. Die Entwürfe sollten so bald als möglich zur Genehmigung vorgelegt werden. Sollte die Fa. Daimler-Benz den Auftrag nicht übernehmen, wurde angeraten, bei den verbleibenden Firmen ein drittes Fahrgestell in Auftrag zu geben. Eine Firma sollte sich mit einem gepanzerten Nachschubfahrzeug befassen, während die andere eine 3,7-cm-Panzerabwehr-Selbstfahrlafette entwickeln sollte. Die allgemeinen Forderungen besagten, daß der Kleintraktor ein leichter Kampfwagen war, dessen Bezeichnung auf Leichttraktor umgeändert wurde.
Im Rahmen der Heeresmotorisierung sollte das Fahrgestell des Leichttraktors verschiedene Aufgaben erfüllen. Es war vorgesehen als Lastenträger (Selbstfahrlafette für die 3,7-cm-TaK, Munitions- und Verpflegungsnachschubfahrzeug für Verwendung in vorderen Frontlinien mit entsprechend gepanzertem Aufbau), ferner als Schlepper für leichte und möglichst auch mittlere Lasten. Eine Einbürgerungsmöglichkeit (Subvention) des Fahrgestells in der Wirtschaft war anzustreben. Für die Ausführung als Leichttraktor wurde eine Reihe besonderer Forderungen erhoben. Eine vorerst halbautomatische 3,7-cm-Kanone (die Abmessungen für Vollautomatik waren zu berücksichtigen) war

Grundsätzliche Auslegung der Krupp- und Rheinmetall-Leichttraktoren

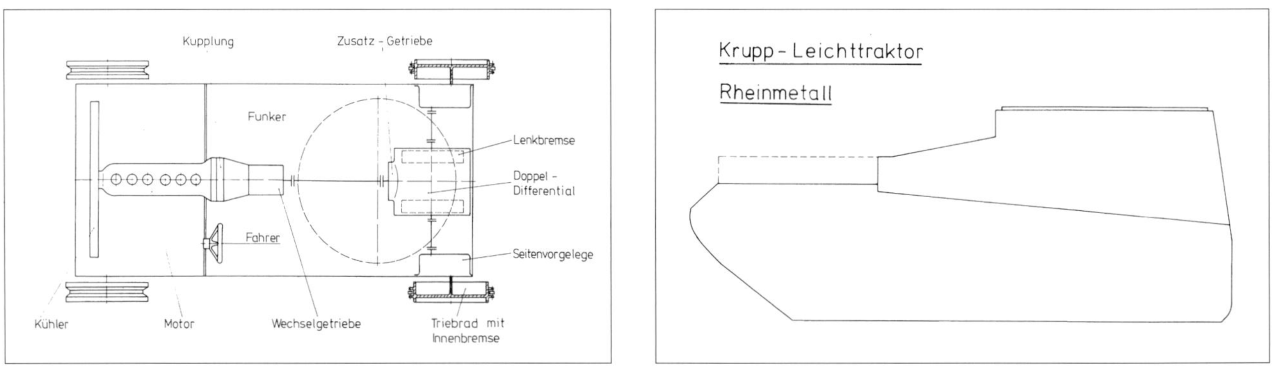

mit einem schweren MG im Drehturm mit 360° Traverse gekuppelt. Ein möglichst großes Höhen- und Tiefenrichtfeld war vorzusehen. An Munitionsmindestmenge waren 150 Schuß für die Kanone und 3000 Schuß für das MG vorgeschrieben. Bei Mehrausstattung hatte die Geschützmunition den Vorrang. Platz für vier Besatzungsmitglieder (Kommandant und Schütze im Turm, Fahrer und Funker in der Wanne) wurde gefordert.

Die Panzerung mußte Smk*-sicher sein, es war angestrebt, alle lebenswichtigen Teile gegen 13-mm-Geschosse zu schützen. Als Leistung wurde eine Durchschnittsstraßengeschwindigkeit von 25 bis 30 km/h und eine Geländegeschwindigkeit von 20 km/h gefordert. Als Dauerleistung wurden 150 km in sechs Stunden erwartet. Die Steigfähigkeit sollte 30° auf einer Strecke von mindestens einem km bei einer Geschwindigkeit von 3 km/h betragen. Kletter- und Watfähigkeit betrugen je 600 mm. Bei einer Bodenfreiheit von mindestens 300 mm wurde eine Grabenüberschreitfähigkeit von wenigstens 1500 mm verlangt. Die Reichweite mit einer Kraftstoffüllung (Straßenfahrt) war auf 150 km festgelegt, 200 km waren erwünscht. Volle Geländefähigkeit in jedem für Infanterie noch gut gangbarem Gelände (spez. Bodendruck 0,5 kg/cm^2) wurde vorgeschrieben. An Nachrichtenmitteln waren ein Funkgerät für Sprechverkehr und Tastfunk vorgesehen. Die Reichweite des Funksprechverkehrs sollte 2 km, die der Telegraphie 7 km betragen. Ein Sammelschutz für Gassicherheit war verlangt. Ein fest eingebautes Nebelgerät für 20 Minuten Vernebelungsdauer war vorzusehen. Schwimmfähigkeit war erwünscht und sollte mit Hilfe von Zusatzschwimmgeräten ermöglicht werden. Das Gefechtsgewicht war so gering wie möglich zu halten und sollte 7,5 t nicht überschreiten.

Am 27.7.1928 teilte das Heereswaffenamt Wa-

* Smk = Gewehr- oder MG-Geschoß mit Stahlkern, gegen schwachgepanzerte Ziele

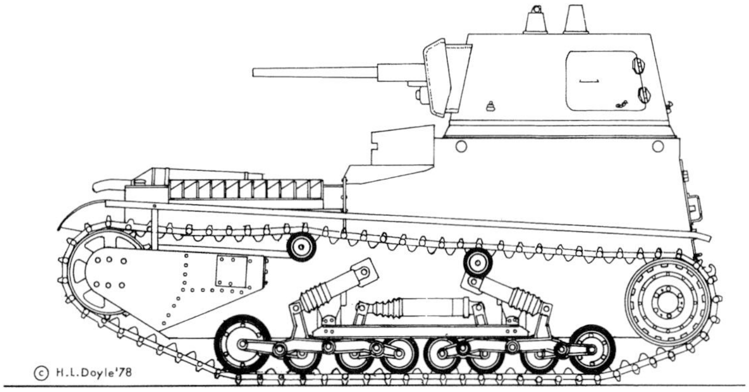

Krupp Leichttraktor

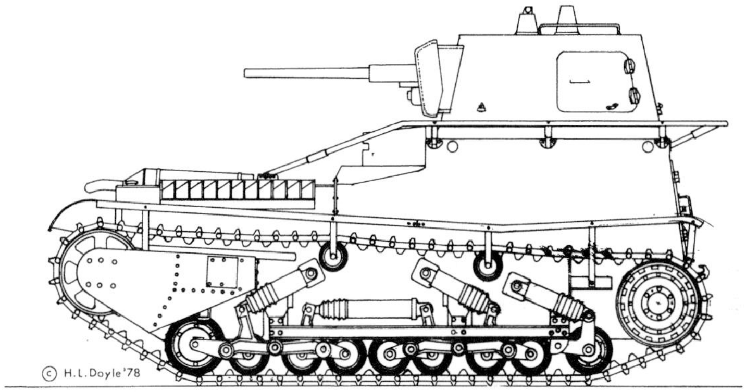

Krupp Leichttraktor (späte Ausführung)

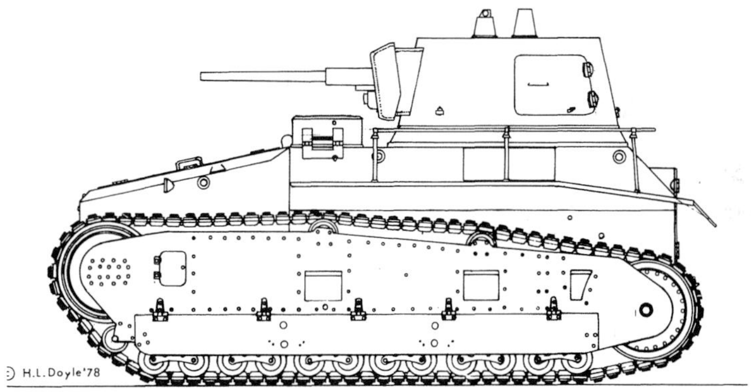

Rheinmetall Leichttraktor

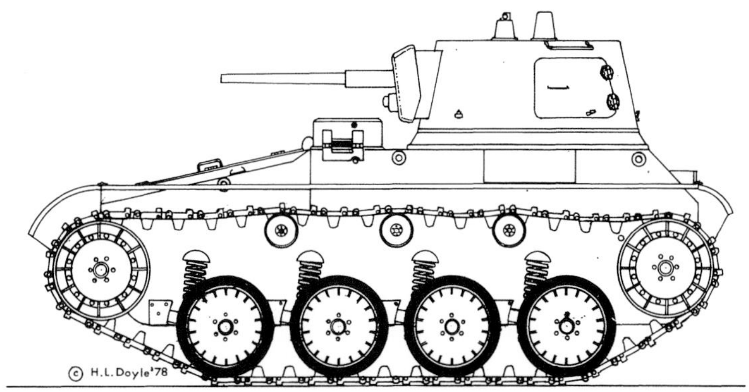

Rheinmetall Leichttraktor (nach Umbau)

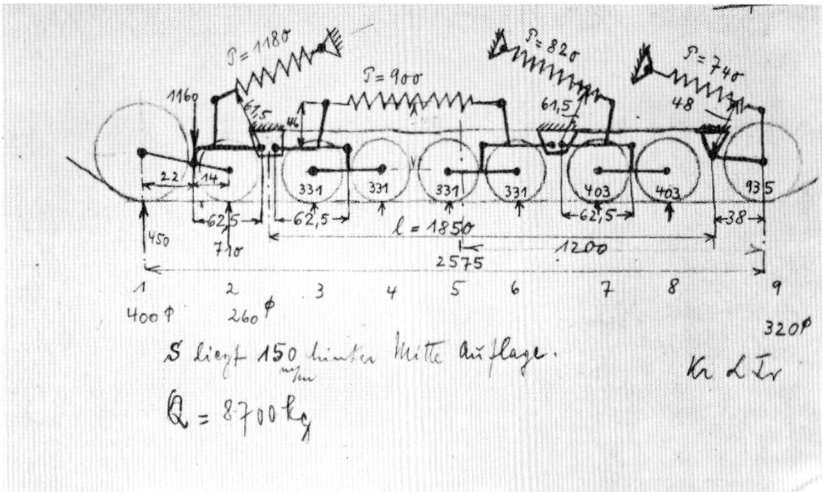

Laufwerksschema des Krupp-Leichttraktors

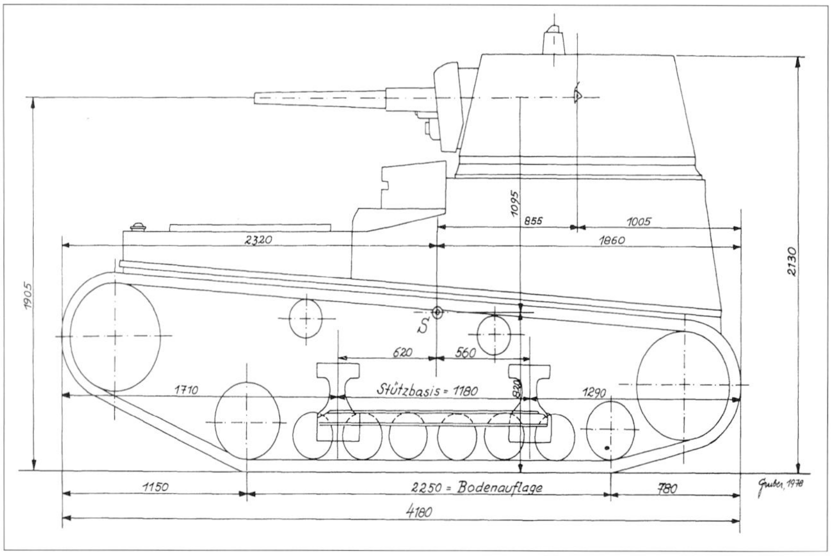

Schwerpunkt-Festlegung beim Krupp-Leichttraktor

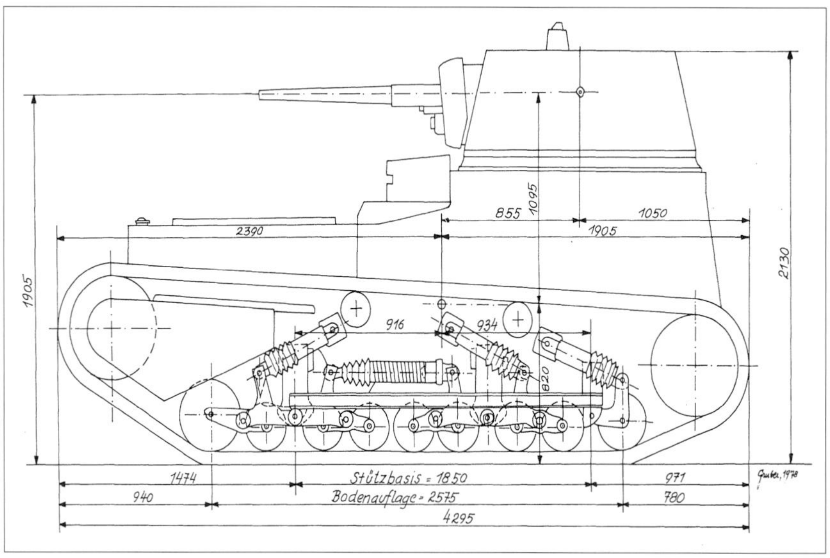

Krupp-Leichttraktor. Fahrgestell nach Umbau

Prüf 6 mit, daß die Firma Daimler-Benz einen Entwicklungsauftrag für Leichttraktoren abgelehnt hatte. WaPrüf 6 wurde gebeten, in dieser Angelegenheit nicht mehr mit dieser Firma in Verbindung zu treten. Rheinmetall begann 1929 in Unterlüß mit der Entwicklung eines Leichttraktors. Im Wettbewerb mit Krupp baute die Firma drei Versuchsstücke. Sie waren als Vollkettenfahrzeuge mit Cletrac-Lenkgetriebe ausgelegt. Ein 100-PS-Daimler-Lastkraftwagenmotor verlieh dem Fahrzeug eine Höchstgeschwindigkeit von 35 km/h. Der Motor war vorne im Fahrzeug untergebracht, der Kampfraum lag im hinteren Teil des Wagens. Die Kraftstoffbehälter waren in den Gleiskettenkästen eingebaut. Dadurch verblieben nur kleine Öffnungen in den Seitenwänden für die Entfernung des Schmutzes von dem rücklaufenden oberen Kettentrumm. Durch die Unterbringung der Kraftstoffbehälter in den Seitenkästen konnten Fahrer und Funker seitlich vom Motor sitzen. Dadurch ergab sich eine bessere Sicht nach vorne und gute Zugänglichkeit zum Motor. Der Wannenboden war durch Träger versteift. Der Funker hatte den Sender vor sich, den Empfänger links seitlich über dem Wechselgetriebe. Es war ein 4-Gang-Soden-Wechselgetriebe (ZF-Aphongetriebe) mit Zusatzgetriebe eingebaut, das Seitenvorgelege lag an den Triebrädern außerhalb des Panzergehäuses. Ein Cletrac-Lenkgetriebe in Kegelradausführung war vorhanden

Krupp-Leichttraktor bei der Erprobung in Kasan, Rußland

Einzelheiten des Krupp-Laufwerks

A und B waren nicht je 2 getrennte Lager, sondern je ein koaxiales Lager. Der eine Kniehebel griff als Gabel über den anderen

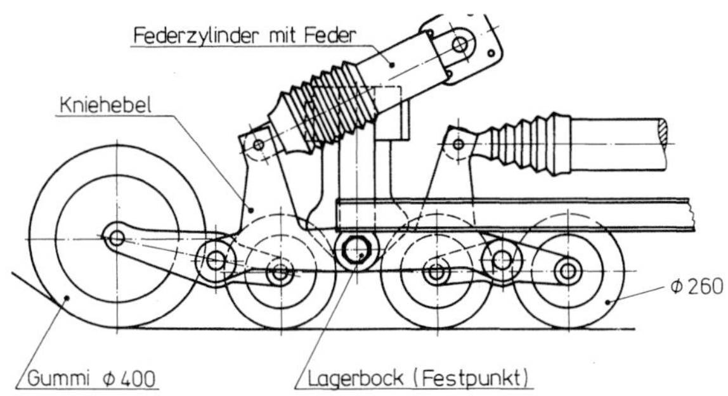

Laufwerk des Krupp-Leichttraktors

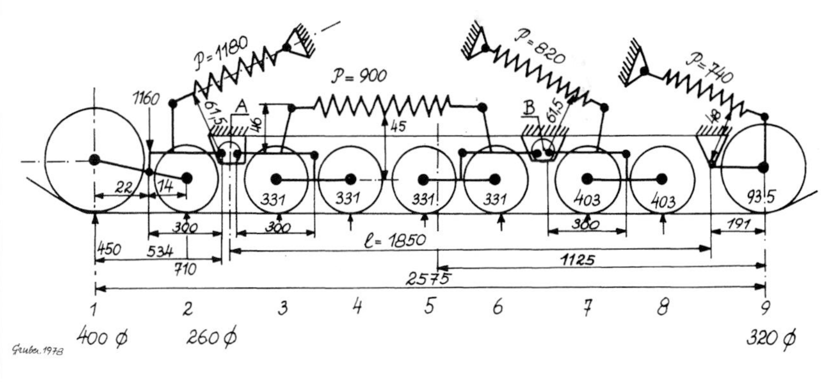

(Lizenzfertigung). An der Innenseite der Wannenwände waren große Bremstrommeln für eine Bandbremse angebracht. Diese konnten für eine Hilfslenkung herangezogen werden, die durch eine Kurvenscheibe am Ende der Lenksäule betätigt wurde.

Zur Motorkühlung wurde die Luft normalerweise durch die beiden Ventilatoren durch den Kühler in den Motorraum gedrückt, dagegen saugten in vergastem Gelände die Ventilatoren die Luft aus dem Motorraum ab, so daß ein Unterdruck entstand. Der Lufteintritt zu den Kühlern war sehr schmal gehalten. Über dem Wasserkühler waren horizontal zwei Röhren-Ölkühler befestigt. Der Ventilator für den Atem-Luftfilter war am Boden vor dem Fahrer angebracht und wurde vom lin-

Laufwerksschema des Rheinmetall-Leichttraktors. Persönliche Aufzeichnung Dipl.-Ing. W. Esser aus dem Jahr 1932 (Kama)

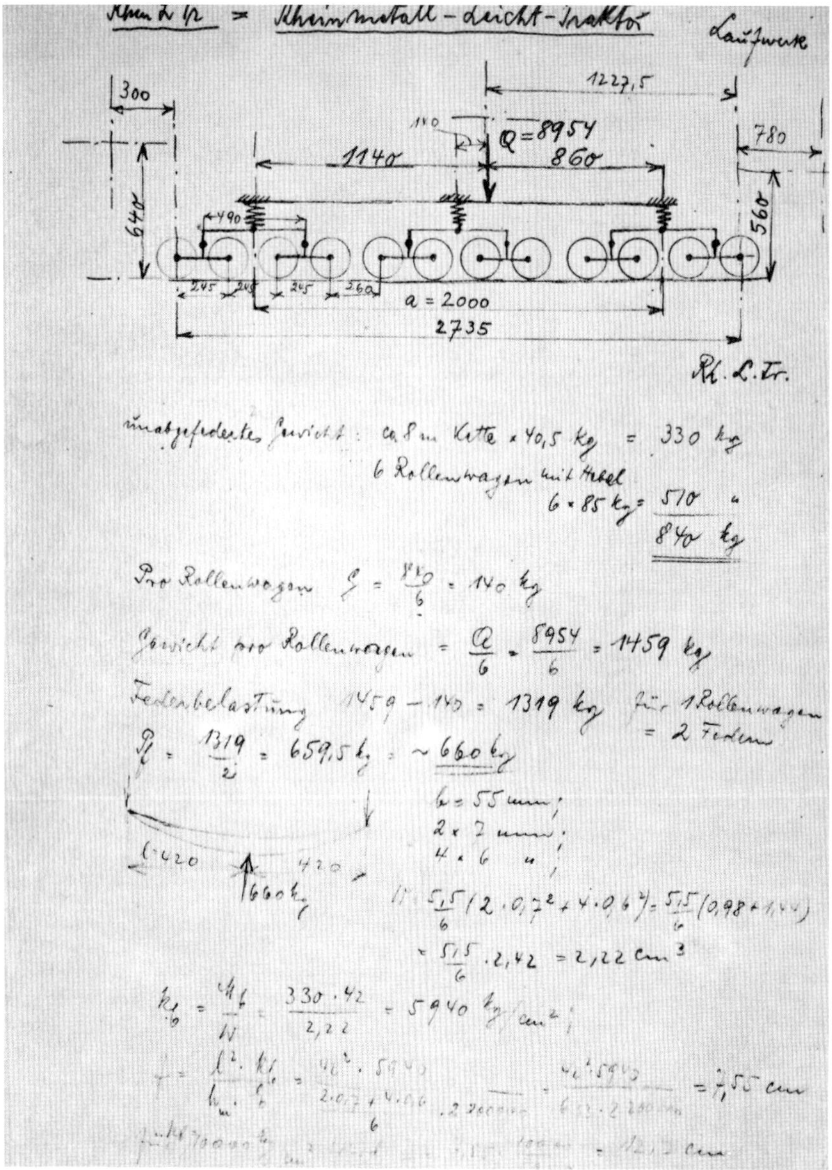

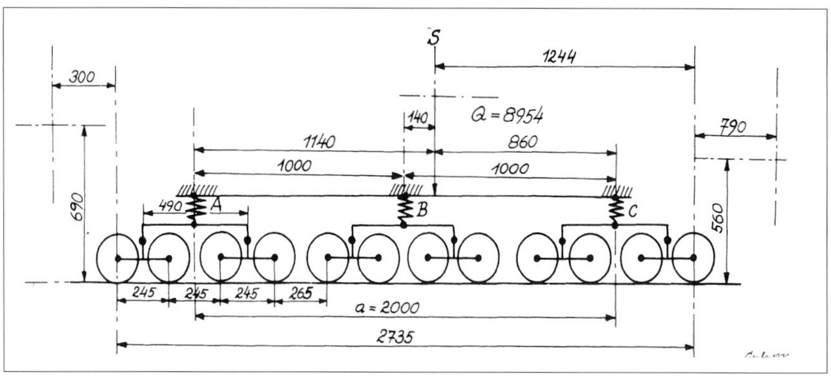

ken Ventilator durch Keilriemen angetrieben.

Außer den beiden Turmklappen war eine Tür in der Rückwand, eine Klappe über dem Funker und eine rechteckige aufklappbare Sehkuppel über dem Fahrer vorgesehen. Diese hatte nach drei Seiten Kinon-Mehrschichtenglas-Blöcke, vor denen eine verschiebbare Klappe Schlitze von 3 bis 20 mm Öffnung zuließ. Das Gewicht der Fahrerkuppel wurde durch eine Drehfeder ausgeglichen.

Bei einem Gefechtsgewicht von 8960 kg betrugen die Außenmaße des Rheinmetall-Leichttraktors 4320 x 2260 x 2270 mm. Auf jeder Seite des Laufwerks befanden sich 12 Laufrollen, die in drei Vieraufhängungen zusammengefaßt und durch Blattfedern abgefedert waren. Der Laufrollendurchmesser betrug 210 mm. Das rücklaufende Kettentrumm wurde durch zwei Stützrollen getragen. Die Gleisketten, die mehrmals geändert wurden, waren je Seite 9360 mm lang, bei einer Teilung von 130 mm betrug ihre Breite 270 mm. Pro Gleiskette waren 72 Glieder vorhanden. Bei einer Bodenfreiheit von 290 mm ergab sich ein spezifischer Bodendruck von 0,71 kg/cm². Der Schwerpunkt des Fahrzeuges lag 140 mm hinter der Mitte der Kettenauflage.

Im Drehturm war eine 3,7-cm-Kanone L/45 und ein MG 13 in einer Walzenblende eingebaut. Bei 360° Seitenrichtfeld betrug das Höhenrichtfeld -10 bis +30°.

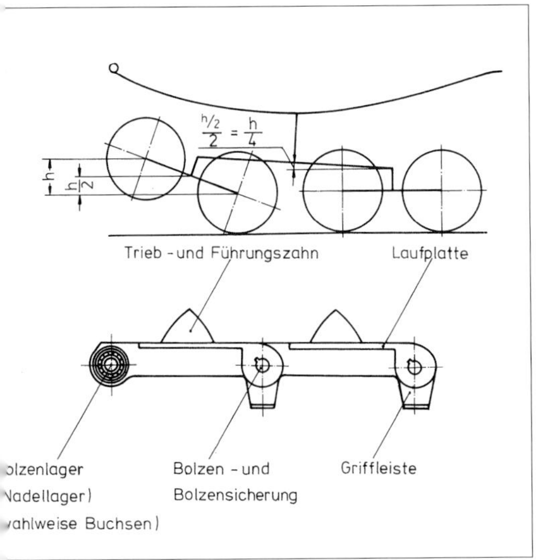

Links: Einzelheiten des Laufwerks und der Gleiskette des Rheinmetall-Leichttraktors

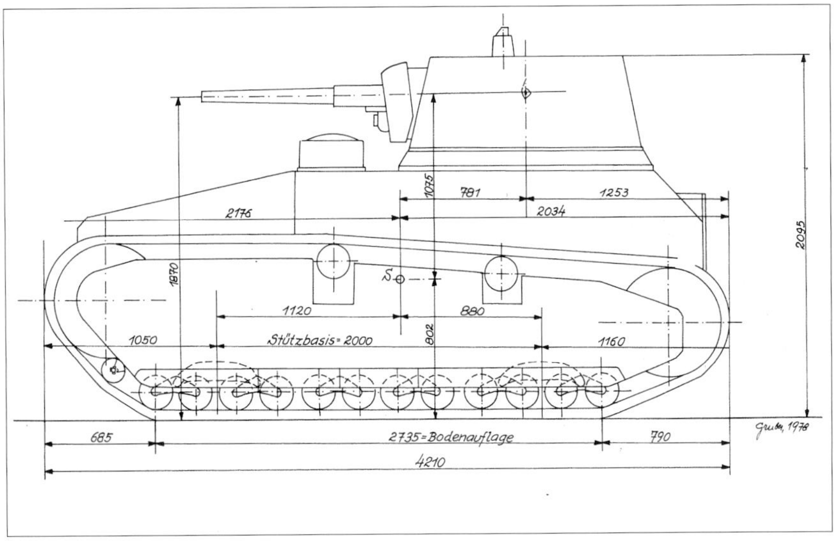

Rechts: Schwerpunkt-Festlegung beim Rheinmetall-Leichttraktor

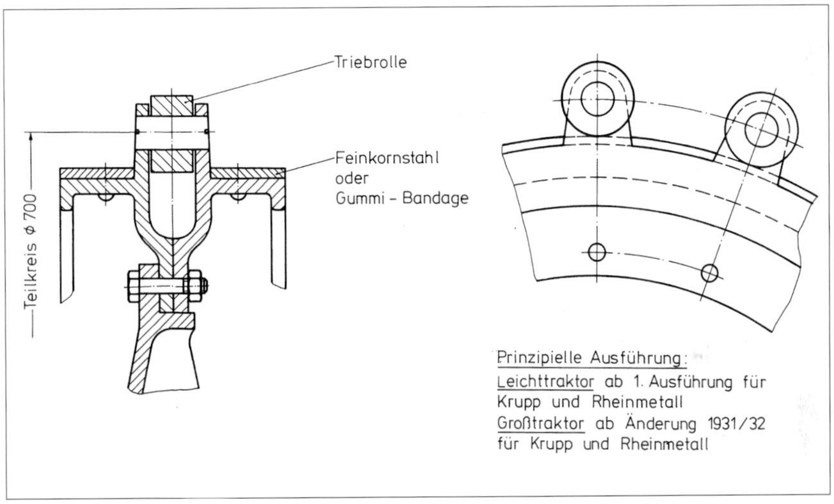

Rechts: Einzelheiten des Triebrades vom Rheinmetall- und Krupp-Leichttraktor

Links und unten: Fahrgestell des Rheinmetall-Leichttraktors mit abgenommenem Panzeraufbau und Drehturm

Linke Fahrzeugseite des Rheinmetall-Leichttraktors. Auf der Kettenabdeckung ist die Rahmenantenne für die Funkausrüstung angebracht

Linke Spalte:

Die Aufnahme von schräg hinten zeigt die geöffneten Turmklappen sowie den offenen Einstieg zum Kampfraum

Rheinmetall-Leichttraktor mit der Kanone in größter Erhöhung, aufgeklappter Fahrereinstiegsluke und ausgefahrenem Scheinwerfer

Rückansicht des Rheinmetall-Leichttraktors mit geschlossenen und offenen Einstiegsluken

Rechte Fahrzeugseite des Rheinmetall-Leichttraktors mit Auspuffanlage

Rechte Spalte:

Der Rheinmetall-Leichttraktor mit geschlossenen (oben) und offenen Luken (unten)

Rheinmetall
3,7-cm-Tak Selbstfahrlafette

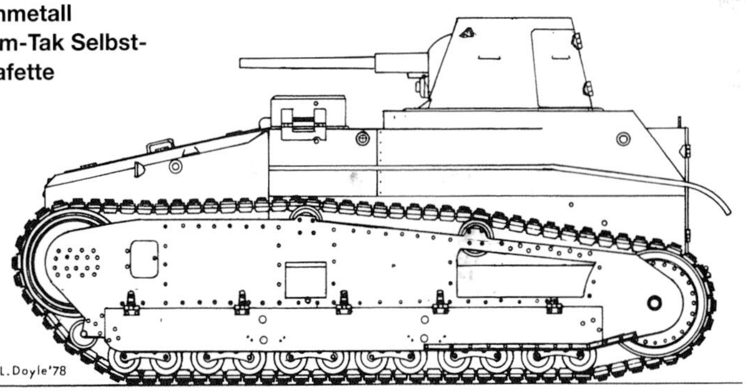

Der Rheinmetall-Leichttraktor mit geändertem Laufwerk (Ausstellungs-Stück in Putlos)

Das dritte Leichttraktor-Fahrzeug der Fa. Rheinmetall wurde als Selbstfahrlafette mit Geschütz in Sockellafette ausgerüstet. Aus diesem Fahrzeug wurde 1934 im Auftrag des Heeresamtes, WaPrüf 6, eine Selbstfahrlafette 3,7-cm-L/45. Dazu erhielt der Leichttraktor einen neuen Drehturm. Die Bewaffnung bestand aus einer 3,7-cm-Pak L/45 und einem leichten MG. Das Fahrzeuggewicht betrug 8,5 t, die Höchstgeschwindigkeit 35 km/h. 13 mm dicke Panzerbleche schützten die Besatzung von drei Mann.

Auch dieses Fahrzeug wurde zugunsten anderer Modelle nicht bei der Truppe eingeführt.

In den Leichttraktoren der Firmen Rheinmetall sowie Krupp* wurde der gleiche Motor verwendet, der auch im 8-Rad-Panzerkraftwagen der Fa. Daimler-Benz eingebaut war. Es handelt sich um den 6-Zylinder-Daimler-Benz-Ottomotor M 36, der serienmäßig auch in Lastkraftwagen eingebaut wurde. Bei 105 mm Bohrung und 150 mm Hub betrug der Hubraum 7793 cm^3 und die Leistung 100 PS bei 2000 U/min. Der vorne im Fahrzeug untergebrachte Motor übertrug seine Leistung über eine 4-Scheiben-Trockenkupplung. Durch eine Gelenkwelle wurde die Kraft auf ein im Heck des Fahrzeuges liegendes Cletrac-Lenkgetriebe und die Seitenvorgelege übertragen. Das Cletrac-Lenkgetriebe hatte bei Krupp eine Stirnrad- und bei Rheinmetall eine Kegelradübersetzung.

Am Laufwerk gab es grundsätzliche Unterschiede zwischen der Rheinmetall- und der Krupp-Lösung. Krupp verwendete pro Fahrzeugwerkseite 9, Rheinmetall 12 Rollenpaare. Bei Krupp ergaben sich eine Laufrolle mit 400 mm, 7 Laufrollen mit 260 mm und eine Laufrolle mit 320 mm Durchmesser, während bei Rheinmetall alle Laufrollen entweder 190 oder 200 mm Durchmesser hatten. Krupp federte sein Laufwerk mit Schraubenfedern, Rheinmetall mit Blattfedern. Aufgehängt waren die Laufrollen bei Krupp mit 1 x 2,1 x 4,1 x 2 und 1 x l an den Federn, bei Rheinmetall waren je drei Laufrollen mit einer Feder verbunden. Die Gleisketten hatten bei beiden Fahrzeugen Stahlglieder mit Nadellagerung und Mittelführung. Bei 130 mm Teilung hatten die Gleisketten eine Breite von 270 mm.

Die Fahrzeuge wurden im April/Mai 1930 fertiggestellt und kurz darauf zum Transport zur Ausbildungsanstalt Kama (Sowjetunion) verladen. Die Leichttraktoren Krupp (Nr. 37 und 38) trafen am 19.5.1930, die beiden Rheinmetall-Fahrzeuge (Nr. 39 und 40) am 4.6.1930 in Kama ein.

Die äußere Form der Leichttraktoren ähnelte der des Panzerkampfwagens L.K.II des Ersten Weltkrieges, unter-

Seite 61: Eine Panzerjäger-Ausführung des Rheinmetall-Leichttraktors zeigt verbesserte Platzverhältnisse im Drehturm und ein geändertes Bugblech (alle sechs Bilder)

* Krupp-Leichttraktor, verschiedene Abkürzungen, KrLTr. - KpLTr.

schied sich aber von den diesem entscheidend durch die Verwendung eines um 360° drehbaren Turmes.
Die Inbetriebnahme bereitete keine besonderen Schwierigkeiten, so daß bereits im Jahre 1930 beachtliche Fahrleistungen erzielt werden konnten. Sie trugen so in besonderem Maße zur Ausbildung der Lehrgangsteilnehmer in Technik, Taktik und Schießen bei. Nachfolgend die bis 1932 registrierten Fahr-Kilometer der Leichttraktoren:

		1930	1931	1932	Gesamt
Krupp	Nr. 37	365	697	598	1660 km
Krupp	Nr. 38	534	371	1095	1800 km
Rheinmetall	Nr. 39	382	708	775	1865 km
Rheinmetall	Nr. 40	290	513	932	1735 km

An technischen Mängeln zeigten sich vor allem:

- unzureichende Kühlung des Motors, die durch Abbau des Frontpanzers behelfsmäßig behoben wurde;
- zu schwache Kühlung der Lenkgetriebe, die durch den zusätzlichen Anbau einer Ölkühlung verbessert wurde;
- hoher Verschleiß der geschmierten Gleisketten, weil die Abdichtung der Lager nicht ausreichte (die Abdichtung der geschmierten Gleisketten bei den Halbketten-Zugkraftwagen unterlag einer mehrjährigen Entwicklung in Form und Fertigung).

Obwohl sich die Fahrzeuge als fahrtüchtig erwiesen, ließ ihre Beweglichkeit zu wünschen übrig, die Motoren neigten zu Überhitzung. Ab Januar 1932 erhielten die Fahrzeuge neue Versuchsketten mit und ohne Gummipolster. Die gegen Ende September 1933 nach den Erprobungen in der Sowjetunion wieder nach Deutschland zurückgeführten Leichttraktoren wurden an das Heereszeugamt Spandau übergeben und Ende 1933 fahrbereit der Panzerschießschule Alt-Gaarz/Wustrow in Mecklenburg zugeteilt. Auf eine grundsätzliche Abstellung der Mängel wurde verzichtet, da man in der Zwischenzeit an Panzerkampfwagen mit vorne liegendem Motor nicht mehr interessiert war. Mit Behelfsmaßnahmen konnten die Leichttraktoren einsatzbereit gehalten werden. Sie waren für die taktische und Schießausbildung noch für eine Reihe von Jahren von großem Wert.

3.4 Panzerentwicklung »Neubaufahrzeug«

Trotz der Problematik mit den in Kama erprobten Großtraktoren war die Entwicklung von mehrtürmigen Kampffahrzeugen noch immer nicht abgeschlossen. Anläßlich eines früheren Besuches in Kama durch den Inspekteur der Kraftfahrtruppen (In 6) General Lutz ergaben sich Anregungen für den Bau der sogenannten »Neubaufahrzeuge«. Es handelte sich dabei um eine mehrtürmige Lösung eines Kampfpanzers, wie sie zu dieser Zeit auch in Großbritannien (Tank, Medium, Mk. III – Vickers 16 t A.6) und besonders in Rußland (T 28 [Nachbau Vickers], T 29 und T 35) betrieben wurde. Man versuchte, durch das Aufsetzen mehrerer Drehtürme die Feuerkraft zu erhöhen, ohne dabei zu bedenken, daß die Führung dieser Fahrzeuge durch die Vermehrung der Besatzung schwieriger wurde.

Für diese Fahrzeuge, die auch als *mittlerer* Traktor* ausgewiesen wurden, schlug Firma Krupp im Oktober 1932 den Einbau eines luftgekühlten NAG-Motors mit 250 PS Leistung vor. ZF sollte das Wechselgetriebe mit einer gewünschten Gesamtübersetzung von 8 bis 9 liefern. Auf Grund einer Besprechung mit General Lutz am 12.10.1932 in Kama versuchte man sodann für die Weiterentwicklung des mittleren Traktors aus Wettbewerbsgründen möglichst viele Firmen einzuschalten. Jedoch beteiligten sich nur die Firmen Krupp und Rheinmetall an diesem Wettbewerb. Diesen Firmen wurde ein entsprechender Auftrag zur Entwicklung und Fertigung von Prototypen erteilt. Am 25.10.1932 wurde neben dem Entwurf eines mittleren Traktors mit 15-t-Gefechtsgewicht ein Gegenentwurf von Krupp in der Größenordnung von 22 t mit Schutz des

Bugs und des Turmes gegen 3,7-cm-Abwehrwaffen gefordert. Die Unterbringung eines siebenten Besatzungsmitgliedes als Funker war vorzusehen. Bezüglich der Bewaffnung des mittleren Traktors bestand Ende Februar 1933 im Heereswaffenamt, WaPrüf 6, volle Klarheit, daß der Turm mit einer 7,5-cm-Kanone, Vo 450 m/s, und der eingeführten 3,7-cm-Kanone, Vo 760 m/s, auszurüsten sei. Der Hauptturm war jedoch so auszulegen, daß sich später die 3,7-cm-Kanone gegen eine 5-cm-Kanone auswechseln ließ. Krupp erklärte, daß die Entwicklung des 5-cm-Rohres zu lange dauern und die Fertigung der Fahrzeuge verzögern würde. Auch das Heereswaffenamt war von der Notwendigkeit der stärkeren Bewaffnung nicht überzeugt. Ferner ergaben sich Schwierigkeiten mit dem Heereswaffenamt bezüglich des Aufbaus des mittleren Traktors. WaPrüf 6 versuchte mit Nachdruck, den Bau des Rheinmetall-Fahrzeuges voranzutreiben. Krupp versuchte die Arbeiten vorzuziehen, um bereits am 1. April 1933 die Arbeiten überblicken zu können. Dazu waren

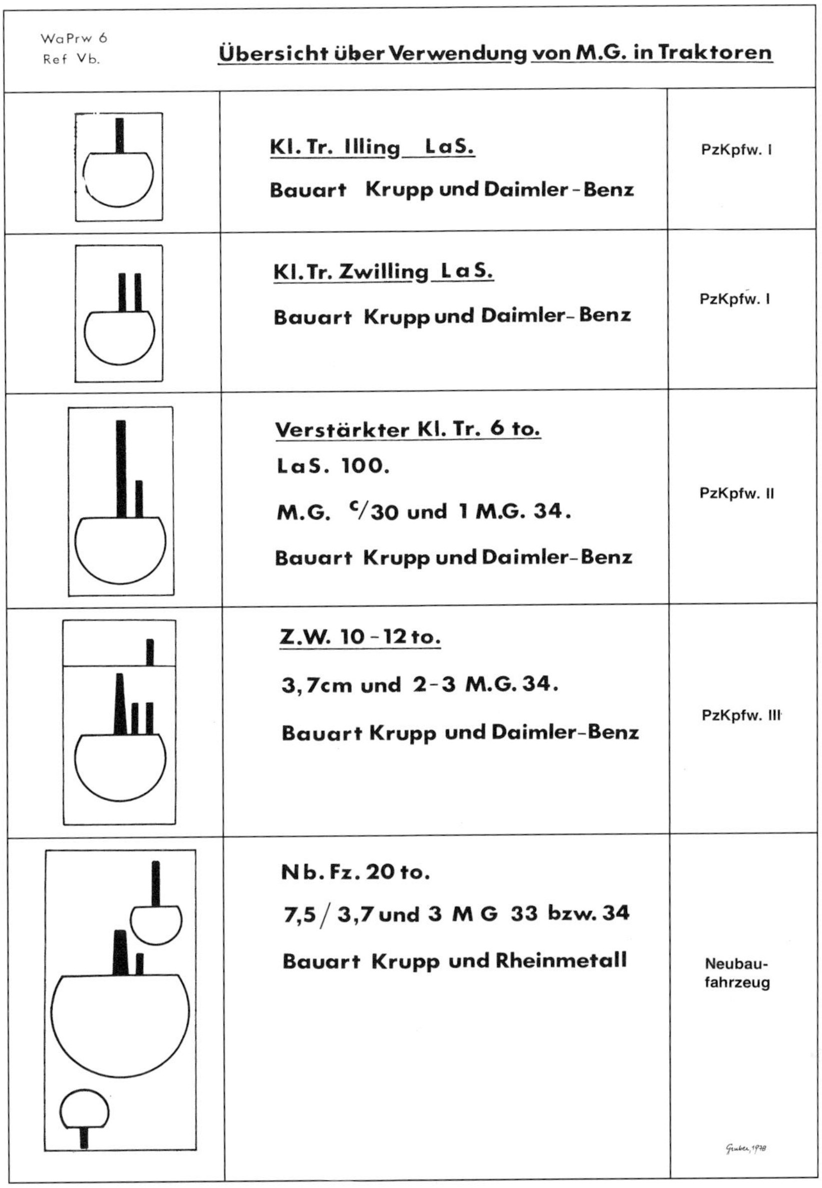

WaPrw 6
Ref Vb.

Übersicht über Verwendung von M.G. in Traktoren

	Kl. Tr. Illing LaS. **Bauart Krupp und Daimler-Benz**	PzKpfw. I
	Kl. Tr. Zwilling LaS. **Bauart Krupp und Daimler-Benz**	PzKpfw. I
	Verstärkter Kl. Tr. 6 to. **LaS. 100.** **M.G. c/30 und 1 M.G. 34.** **Bauart Krupp und Daimler-Benz**	PzKpfw. II
	Z.W. 10-12 to. **3,7cm und 2-3 M.G. 34.** **Bauart Krupp und Daimler-Benz**	PzKpfw. III
	Nb. Fz. 20 to. **7,5 / 3,7 und 3 M G 33 bzw. 34** **Bauart Krupp und Rheinmetall**	Neubaufahrzeug

Übersicht des Heereswaffenamtes über die Verwendung von MG in den verschiedenen Panzertypen

* Vermerk: Die Entwicklung von Kampfpanzern ging aus verständlichen Gründen in seinen Anfängen Ende der zwanziger Jahre unter sehr strenger Geheimhaltung vor sich. Die beteiligten Industriefirmen fertigten zunächst nur Baugruppen, wobei bisweilen das damit befaßte Personal gar nicht wußte, für welchen Zweck die betreffenden Maschinenteile hergestellt wurden.
Die Geheimhaltung führte auch dazu, daß die an der Entwicklung beteiligten Stellen voneinander oft nichts wußten. Sie waren streng nach außen – aber auch untereinander – »abgeschottet«. So konnte es geschehen, daß die gleiche Entwicklung bei den verschiedenen Stellen des Reichswehrministeriums, des Waffenamtes oder des Truppenamtes, aber auch bei den verschiedenen Werkstätten verschiedene Bezeichnungen erhielten.
So finden sich in den Unterlagen für die in diesem Kapitel beschriebene Entwicklung »Neubaufahrzeug« folgende Bezeichnungen:
- Neubaufahrzeug
- Großtraktor Neubau
- Haupttraktor
- mittlerer Traktor
- mittlerer Traktor Neubaufahrzeug

Der Verfasser hat – um der historischen Wahrheit willen – die jeweils in den wenigen vorhandenen Quellen angeführte Bezeichnung aufgeführt. Es handelt sich dabei jedoch bei allen in diesem Kapitel genannten Fahrzeug-Typen stets um die Krupp- oder Rheinmetall-Entwicklung »Neubaufahrzeug« oder deren Vorläufer.

Auslegung des Neubaufahrzeuges der Firma Rheinmetall

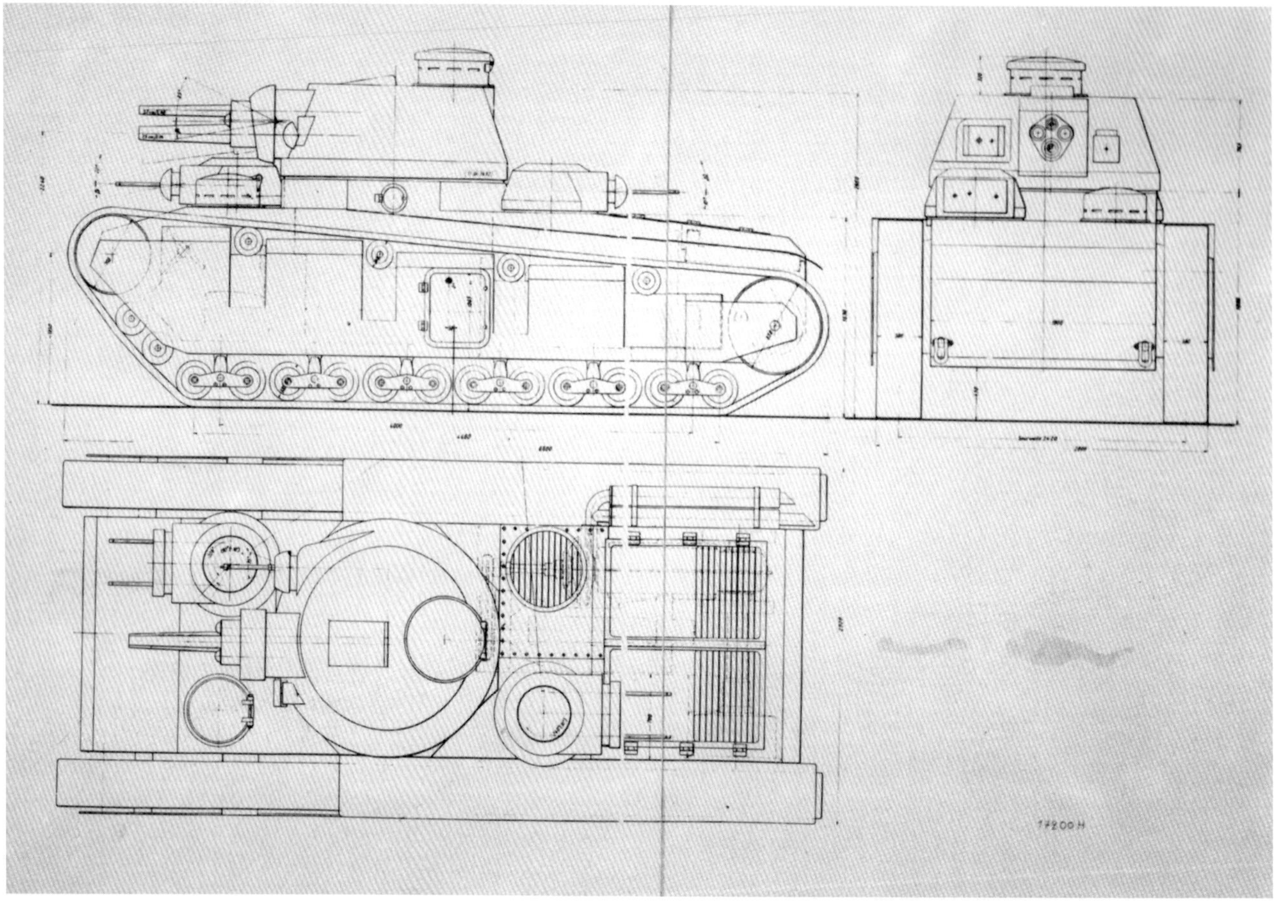

Die elektrischen Schaltpläne zeigen die Gesamtanlage des Neubaufahrzeuges. Zeichnungen der Firma Rheinmetall

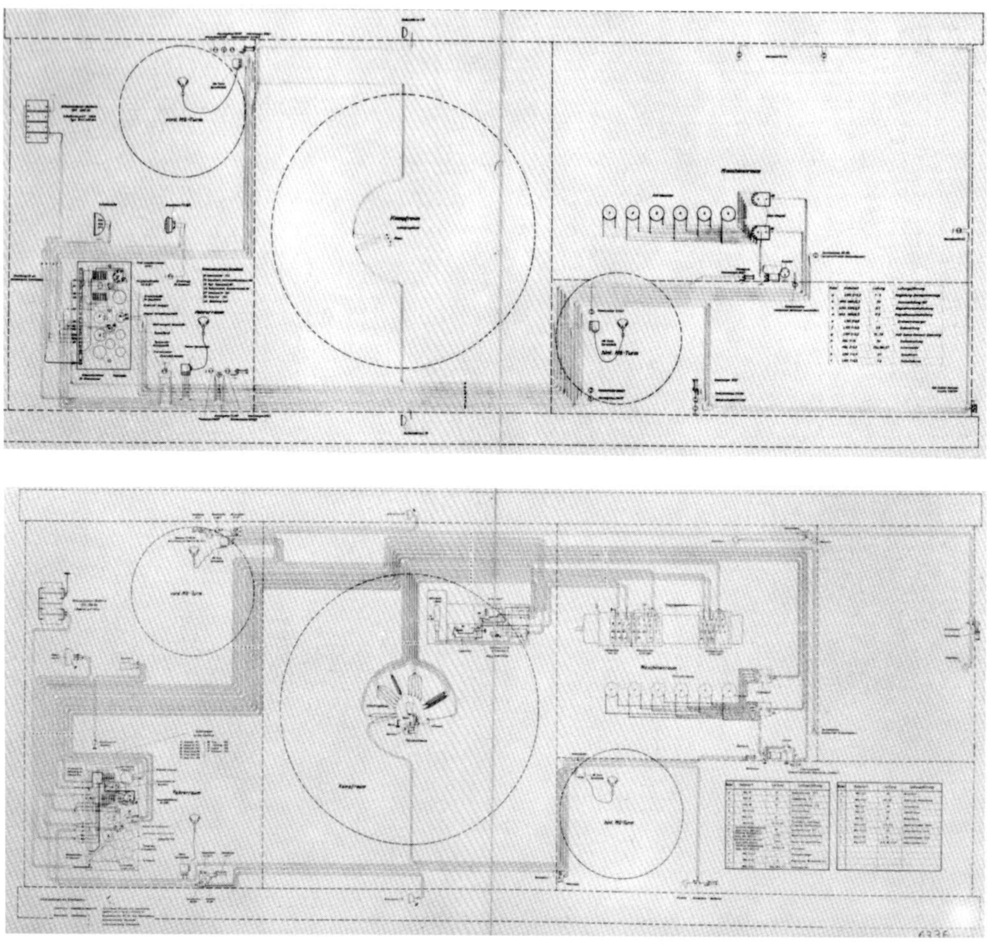

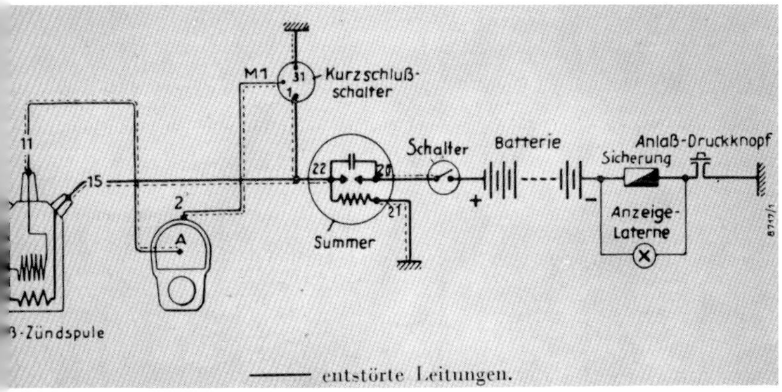

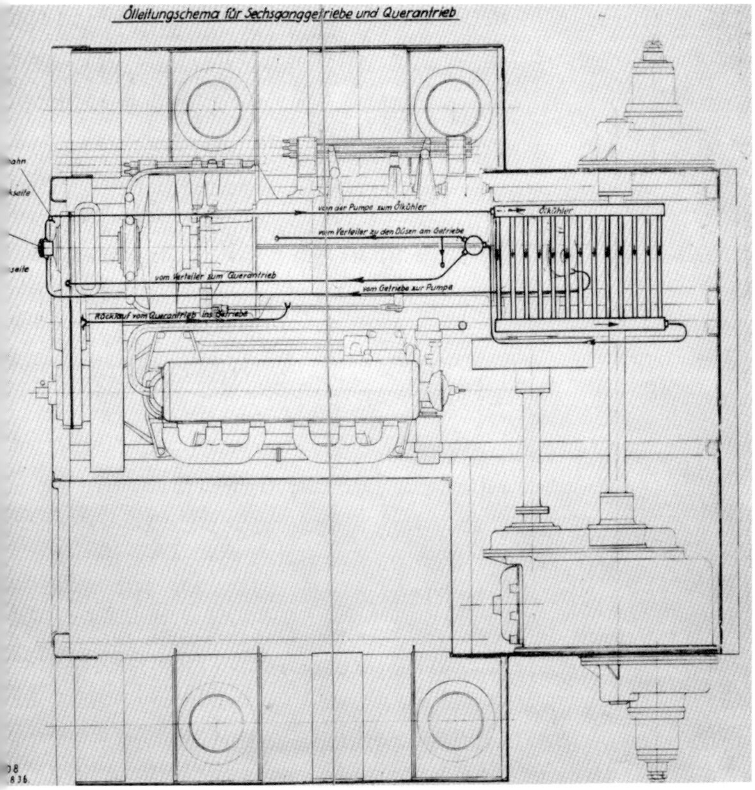

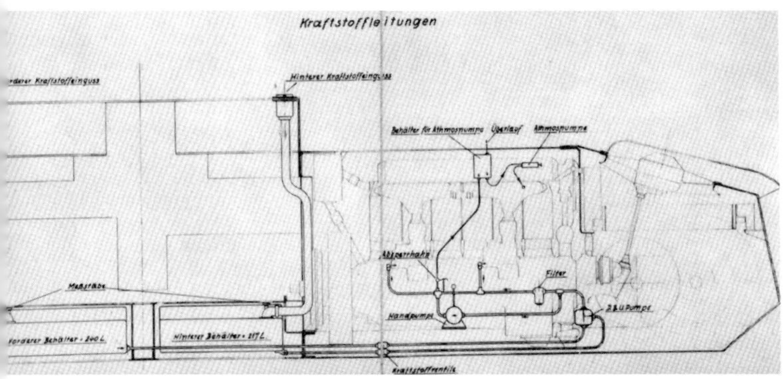

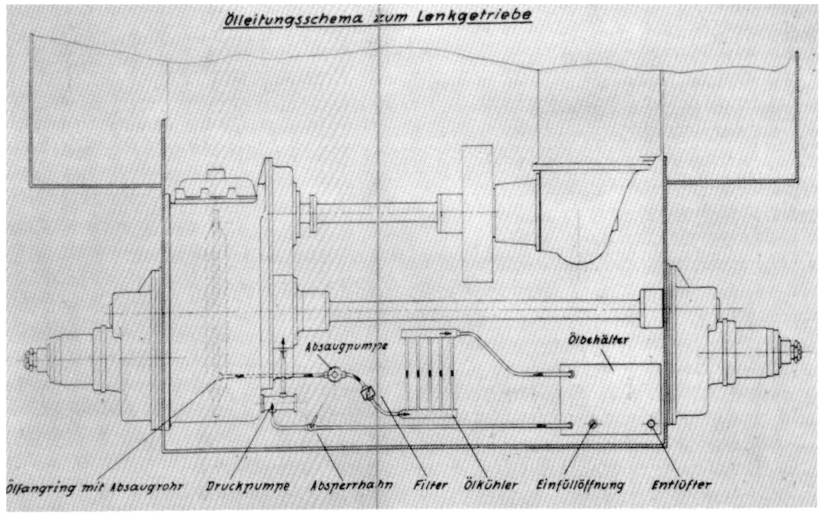

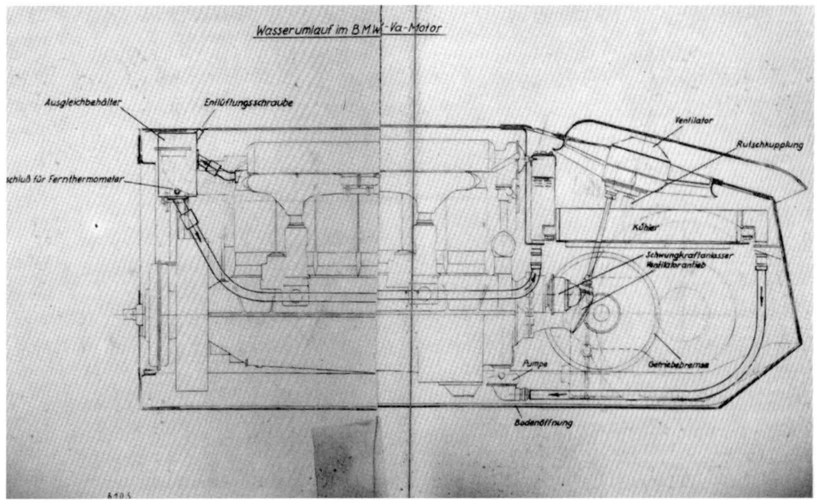

Linke Spalte oben:
Anstelle von Anlaß-Magnetzündern trat häufig eine Summer-Anlaßzündung

Der Summer war ein elektromagnetischer Vibrationsunterbrecher. Die Zeichnung zeigt eine grundlegende Schaltung der Summer-Anlaßzündung (einpolig)

Bild Mitte:
Ölleitungsschema für 6-Gang-Getriebe und Querantrieb

Bild unten:
Verlegung der Kraftstoffleitungen im Neubaufahrzeug

Rechte Spalte oben:
Ölleitungsschema zum Lenkgetriebe

Unten:
Kühlwasserumlauf im BMW-Va-Motor

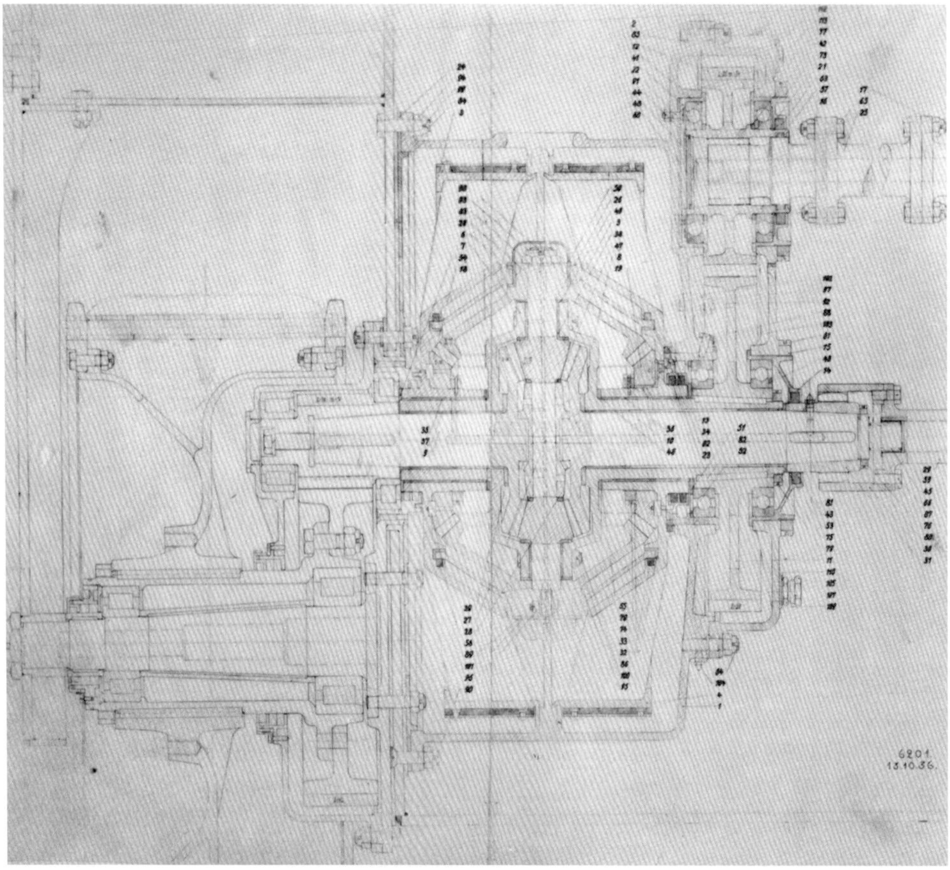

Das Wilson-Lenkgetriebe mit angeflanschtem Triebrad des Neubaufahrzeuges

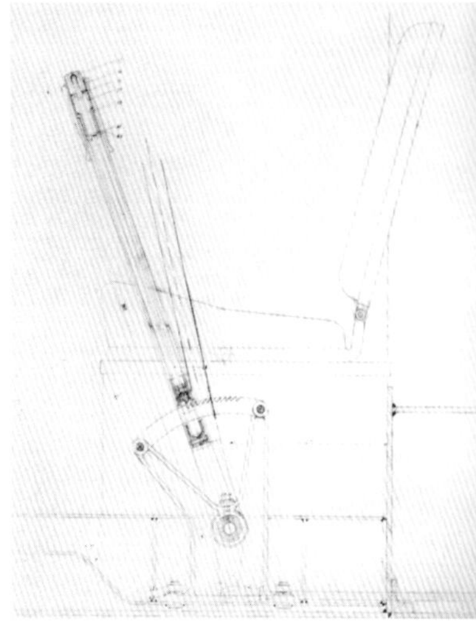

Fahrersitz und Handbremse im Neubaufahrzeug

Vorderansicht des Krupp-Neubaufahrzeuges

Unterbringung der Batterien im Vorderteil des Neubaufahrzeuges. Links ist das Armaturenbrett für den Panzerfahrer zu erkennen

Gegenüberstellung der Neubaufahrzeuge der Firmen Rheinmetall (oben) und Krupp

Beim Rheinmetall-Fahrzeug ist um den Hauptturm eine Antenne für die Funkausrüstung angebracht

Verhandlungen über Panzerschutz mit den Deutschen Edelstahlwerken Krefeld nötig, da Krupp den Panzeraufbau dreiteilig ausbilden wollte. Dabei waren Vorder- und Hinterende geschweißt, das Mittelstück angeschraubt, dessen Decke sich gegen den starken Stützrahmen für den Drehturm abstützte. Das Heereswaffenamt vertrat die Meinung, daß die vordere Fläche, welche Rammstöße aufzunehmen hatte, verschraubbar sein sollte, um leicht ausgewechselt werden zu können. Bei der ersten Berechnung der Panzerdicken wurden 17,5 t Gefechtsgewicht zugrundegelegt, damit konnten vorne 20 mm, seitlich 13 mm dicke Bleche verwirklicht werden. Decke und Boden sollten dünner gehalten werden. Mit einer Gewichtsreserve von 5% wurde gerechnet. Bei einer Besprechung im Heereswaffenamt am 16.5.1933 trat neben der Bezeichnung Großtraktor, Neubau (Gr. Tr. Nb.) auch die eines Haupttraktors auf. Überlegt wurde der Einbau des neuen Maschinengewehres (Einheits-MG, E. M. G.) in diese Fahrzeuge. Nach Fertigstellung des ersten E. M. G. am 1.6.1933 wurde eine eingehende Besichtigung dieser Waffe bei WaPrüf 6 vorgeschlagen. Interessant war in diesem Zusammenhang eine Ansicht des Heereswaffenamtes, welche anläßlich einer Besprechung am 30.6.1933 geäußert wurde: beim mittleren Traktor wie schon beim Kleintraktor sollte der Aufbau abnehmbar ausgebildet sein sollte, so daß ohne Aufbau ein für die freie Wirtschaft brauchbares Fahrzeug übrig blieb. Für die »Neubaufahrzeuge« wurde der bereits im Großtraktor verwendete BMW-Va-Flugmotor vorgesehen, da Maybach erst ab 1935 einen entsprechenden Panzermotor (HL 108) entwickelt hatte. Die »Neubaufahrzeuge« wurden ab 1934 auf dem Rheinmetall-Schießplatz in Unterlüß fahrtechnisch erprobt.

Für den Großtraktor – Neubaufahrzeug – waren folgende Daten festgelegt:

Länge	6,65 m
Breite	2,90 m
Höhe mit Kuppel	2,90 m
Bodenfreiheit	0,45 m
Spurweite	2,39 m
Gefechtsgewicht	23 000 kg
Motor	BMW-Va-6-Zylinder-Flugmotor 250 PS bei 1400 U/min
Wechselgetriebe	6-Gang-Getriebe, 6 Vorwärtsgänge, ein Rückwärtsgang, mit Ausnahme des ersten Ganges sowie des Rückwärtsganges waren sämtliche Gänge synchronisiert*
Lenkgetriebe	Planetengetriebe Wilson (Rheinmetall Cletrac)
Antrieb	hinten, über Seitenvorgelege auf Triebrad
Geschwindigkeit	größte 30 km/h kleinste 3,9 km/h
Gleiskette	118 Glieder, Teilung 120 mm (auch 100 mm vorgesehen), Länge 14,2 m, Auflagelänge der Kette 4,4 m, Breite der Kette 0,38 m
Spezifischer Bodendruck	0,69 kg/cm²
Überschreitfähigkeit	2,4 m
Steigfähigkeit	30°
Kletterfähigkeit	1,2 m
Umwerfvermögen	Bäume 20-25 cm Stärke

* Die ursprünglich verwendeten Synchronisierungslamellen wurden später durch Konusscheiben ersetzt.

Funkeinrichtung	20-Watt-Sender a, Ultra-Kurzwellen-Empfänger Reichweite 4 - 6 km Bordsprechanlage
Bewaffnung	in Hauptturm eine Kanone 7,5 cm, Vo 400 m/s eine Kanone 3,7 cm, Vo 760 m/s ein sMG
Munitionsvorrat	7,5 cm 80 Schuß 3,7 cm 50 Schuß sMG 6000 Schuß
Elektrische Ausrüstung	elektrisches Turmschwenkwerk
Panzerdicken	Front max. 20 mm Turm max. 15 mm Seite max. 13 mm Boden max. 8 mm
Besatzung	6 Mann (Im Hauptturm 3 Mann [Kommandant, Richt- und Ladeschütze], in den MG-Türmen je ein MG-Schütze, ein Fahrer)
Fahrbereich	120 km

In den Baubedingungen war weiter festgelegt:
- Grundlagen der Konstruktion
- Zubehör, Werkzeug, Vorratsteile
- Verwendung handelsüblicher Teile
- geräuscharmes Arbeiten
- Zugänglichkeit
- Ausbau der Baugruppen
- Auswechselbarkeit von Ersatzteilen
- Schmierung
- Austauschbarkeit
- Kennzeichnung von zusammengehörigen Teilen

In den Werkstoff- und Fertigungsbedingungen wurde die Güte und Bearbeitung der Werkstoffe entsprechend dem Verwendungszweck festgelegt. Die Wahl blieb der Firma überlassen, soweit sie nicht besonders vorgeschrieben waren. Das Normblatt Kr G 102 war zu beachten. Es war vorgesehen, möglichst wenige Gewindearten, Schraubengrößen und dergleichen zu verwenden. Nur metrische Gewinde, andere Gewinde sollten nur dann angewandt werden, wenn es nicht anders möglich war. Passungen nach DIN Kr G 121. Edelpassung nur in Ausnahmefällen, in der Regel Einheitsbohrung; Einheitswellen nur, wenn Verwendungszweck und Austauschbarkeit es verlangten. Konstruktiv nicht vorgesehene Schweißstellen waren unzulässig, außer bei untergeordneten Teilen. Innerhalb der Wathöhe waren die Schweißnähte wasserdicht anzubringen. Eine Befestigung von Maschinenteilen auf dem Fahrzeugboden war nicht erlaubt. An Luken waren vorgesehen: links am Geschützturm (Größe 520 x 450 mm), rechts am vorderen MG-Turm (Größe 520 x 450 mm), in der Fahrerkuppel und eine im Boden unter dem hinteren MG-Turm (Größe 520 x 400 mm). Der Kraftstoffvorrat betrug 500 l. Zwei Kraftstoffbehälter aus 1,5 mm starkem Messingblech faßten je 250 l und waren gasdicht mit 8 mm Stahlblech umpanzert. Der Schutzbehälter wurde durch Anschluß an die Saugleitung entlüftet. Der Ausbau erfolgte nach unten. Die Kraftstoffleitungen bestanden aus biegsamen Spezialschläuchen mit einer lichten Weite von 12/13 mm. Das Einfüllen des Kraftstoffes geschah von außen, zum Messen des Vorrates dienten einfache Meßstäbe.

Der oben beschriebene BMW-Va-Ottomotor hatte

Trockensumpfschmierung eingebaut. Es handelte sich um einen 6-Zylinder-Reihenmotor, der bei einem Hubraum von 22,92 l mit Regler bei 1400 U/min 250 PS und bei abgeschaltetem Regler bei 1650 U/min 260 PS leistete. Die Zylinderkonstruktion zeigte sich in Form einer gezogenen Stahlbüchse, Wassermantel und aufgeschweißtem Ein- und Auslaßventilgehäuse. Die Ventile waren unter 60° hängend im Zylinder untergebracht. Pro Zylinder gab es je ein Ein- und Auslaßventil. Die Kurbelwelle war 8fach in Weißmetall gelagert, das Kurbelgehäuse bestand aus Leichtmetall. Für je drei Zylinder stand ein Vergaser zur Verfügung.

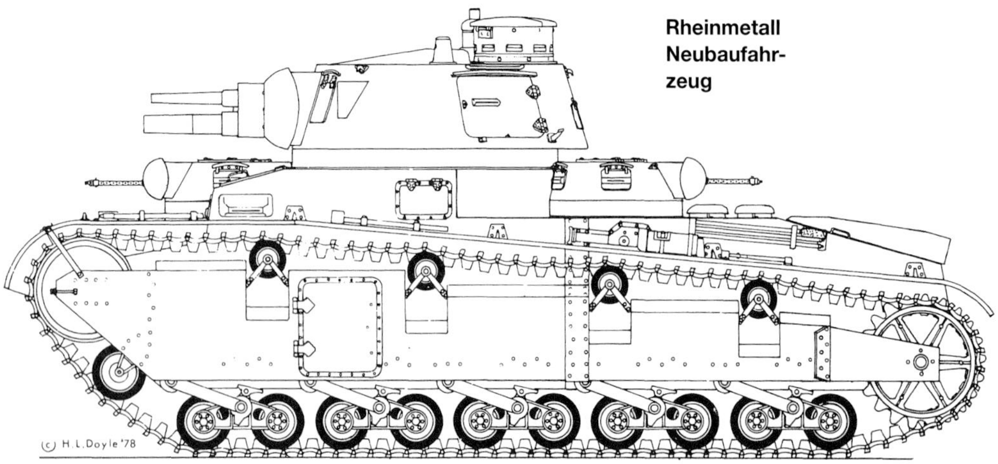

Rheinmetall Neubaufahrzeug

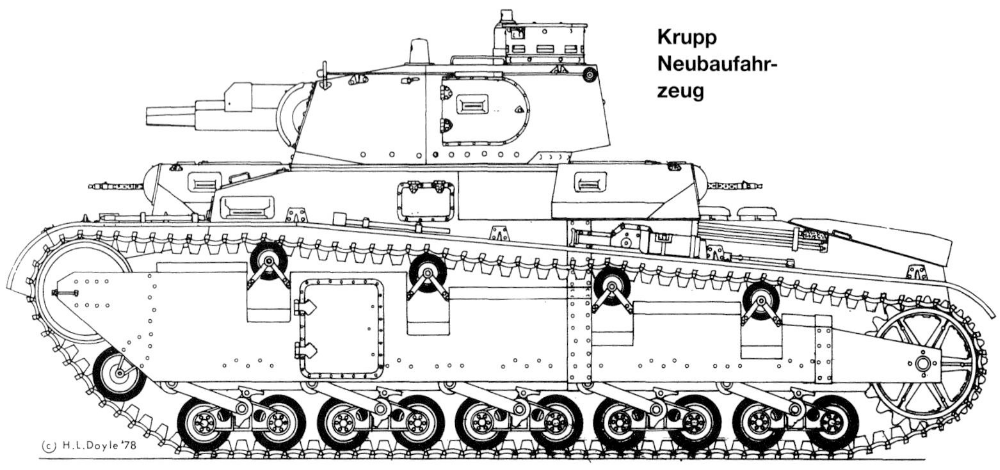

Krupp Neubaufahrzeug

Das Anlassen des Motors erfolgte entweder mit Druckluft oder von Hand (Schwungkraftanlasser). Eine Lichtmaschine war nicht vorhanden. Für die Kraftstoffzufuhr waren A. M.-Pumpen vorgesehen, der Kraftstoffverbrauch belief sich auf 220 g/PS/h. Die Ölführung des Motors lief durch die hohle Kurbelwelle, die Pleuellager hatten Düsen für das Öl, welches durch das hohle Pleuel zum Kolbenbolzen geführt wurde. Die gesamte Ölmenge wurde in der Minute 2,5mal umgewälzt, der Ölverbrauch lag bei etwa 3 kg/h. Die Kühlung erfolgte durch Wasser, dessen Umwälzung durch eine Kreiselpumpe. Es war ein zweiteiliger Elementenkühler vorhanden, wobei ein Element für die Kühlung des Öls herangezogen wurde. Der Ventilator war mittels Rutschkupplung zwangsläufig angetrieben. Der Kühllufteintritt lag im vorderen Teil des Motorraums, der Austritt oberhalb des Ventilators. Die Kühler wurden durch Grätings geschützt. Durch Unterdruck im Motorraum ergab sich die Entlüftung des Kampfraumes.

Die Übersetzung war so ausgelegt, daß bei einem Kegelrad am Ende des Wechselgetriebes mit 22 Zähnen eine Geschwindigkeit von 30 km/h bei n = 1400 U/min erreicht wurde. Vom Querantrieb aus ging der Antrieb einer Ölpumpe zur Schmierung sämtlicher Getriebe.

Die Kupplung war als Zweischeibenkupplung mit reichlicher Bemessung ausgelegt. Das SFG 280 Wechselgetriebe der Zahnradfabrik Friedrichshafen hatte folgende Untersetzung: 1. Gang 7,75, – 2. Gang 4,1, – 3. Gang 2,62, – 4. Gang 1,75, – 5. Gang 1,3, – 6. Gang 1 und Rückwärtsgang 7,75. Die Gänge 2 - 6 waren synchronisiert. Das Kegelrad mit 22 Zähnen (v max 30 km/h) war mit einem mit 25 Zähnen (v max 34 km/h) austauschbar.

Das Wilson-Lenkgetriebe (Krupp) hatte eine mechani-

sche Betätigung. Die Berechnung des Kettenzuges für 15 000 kg erfolgte mit 1,2facher Sicherheit. Die Lenkbremsen mußten auch bei leichter Verölung wirksam bleiben. Der Anbau der Lenkgetriebe erfolgte an die Seitenwände der Wanne, ihre Schmierung durch eine Pumpe am Querantrieb. Das Lenkrad sollte durch Lenkknüppel ersetzbar sein.
Rheinmetall hatte Cletrac-Lenkgetriebe (Doppeldifferential) eingebaut. Entsprechend der Übersetzung im Cletrac-Getriebe (3) lief die Außenkette um ein bestimmtes Maß schneller, die Innenkette im gleichen Verhältnis langsamer, kam aber nicht zum Stehen. Zwei voneinander unabhängige Fahrbremsen waren vorhanden, welche nach vor- und rückwärts gleichmäßig wirkten.
Der hinten liegende Antrieb erfolgte über ein Seitenvorgelege. Im Laufwerk waren 10 paarweise an die Wanne angelenkte Laufrollen mit Gummibandagen, Material DA der Firma Continental, vorhanden. Zwischen der ersten Laufrolle und dem Leitrad war eine ungefederte Rolle eingeschoben, das Triebrad lag hinten. Der Federweg der Laufrollen betrug 150 mm nach oben und 100 mm nach unten. Die Leitradhöhe lag bei 1100 mm.
Jede Gleiskette bestand aus 118 Gliedern, bei 120 mm Teilung ergab sich eine Kettenlänge von 14,2 m. Die Auflagelänge betrug 4,4 m. Es wurden auch Gleisketten mit 110 mm und 150 mm Teilung untersucht. Die Kettenbreite war mit

Das Neubaufahrzeug wurde im Jahre 1937 auf der Internationalen Automobilausstellung in Berlin und auch bei Paraden der Öffentlichkeit vorgestellt

Neubaufahrzeug bei der Generalüberholung im Werk Borsigwalde der Altmärkischen Kettenwerk GmbH (1939)

Einzelheiten des Neubaufahrzeug-Laufwerks, das bei den Fahrzeugen der Firmen Rheinmetall und Krupp baugleich war

Gesamtansicht von einem der drei Krupp-Neubaufahrzeuge, welche 1940 bei der Besetzung Norwegens eingesetzt wurden

380 mm festgelegt, daraus ergab sich bei 19,5 t Gefechtsgewicht ein spezifischer Bodendruck von 0,69 kg/cm^2. Der Fahrer saß vorne links, hatte links den Fußhebel für die Kupplung, rechts den für die Fußbremse, das Gaspedal lag zwischen Lenksäule und Fußbremse, Schalt- und Bremshebel waren rechts angebracht. Es konnten Bäume von 200 bis 250 mm Stärke umgelegt werden. Als Funkeinrichtung standen ein 20-Watt-Sender a und ein Ultra-Kurzwellen-Empfänger mit einer Reichweite von 4 bis 6 km zur Verfügung. Ferner gab es an elektrischen Einrichtungen eine Bordsprechanlage und ein elektrisches Turmschwenkwerk. Die Panzerdicken betrugen: vorne maximal 20 mm, seitlich 13 mm und beim Bodenpanzer 8 mm. Der Besatzung von sechs Mann standen im Hauptturm eine 7,5-cm-Kanone mit einer Vo von 400 m/s und eine 3,7-cm-Kanone mit einer Vo von 760 m/s und ein EMG 34 bzw. MG 13 zur Verfügung. Dazu kamen noch die beiden MG-Türme vorne rechts und hinten links mit je einem MG. Die Vergabe der Teilfertigung

Neubaufahrzeug beim Einsatz in Norwegen mit geschwenktem vorderen MG-Turm

und Montage von drei »Neubaufahrzeug«-Geschütztürmen in Panzerblech an die Firma Krupp wurde am 29.4.1935 erteilt, die Lieferung war für den 1.1.1936 festgelegt. Der Turm bestand u. a. aus: dem 7,5-cm- und einem 3,7-cm-Rohr mit halbautomatischen Verschlüssen und elektrischer Abfeuerung, der Wiege mit Rohrbremse und Luftvorholer, einem elektrischen Turmschwenkwerk mit zusätzlichem Handbetrieb und einer Höhenrichtmaschine mit Handbetrieb. Die gesamte Funkanlage war im Turm mit einer 2-m-Stabantenne untergebracht, ebenso wie die im Turm eingebaute Bordsprechanlage. Eine elektrische Maschinenanlage mit Benzolmotor einschließlich Lagerböcken war vorhanden. Die Bewaffnung war in einer Jackenwiege in Schartenblende untergebracht. Die 7,5-cm- und 3,7-cm-Rohre hatten ein gemeinsames Bodenstück. Das EMG 34 war in Kugelscharte eingelegt, gekuppelt mit Wiege oder freiem Schwenkbereich, nach Höhe -10° bis +25°, nach Seite links 14°, rechts 20°. Die Feuerhöhe betrug 2290 mm. Die Geschützrohre der Firma Krupp waren als Vollrohre ausgelegt, sie hatten selbsttätige Fallblockverschlüsse. Der Fallblockverschluß verlangte eine Anordnung der 7,5-cm-Kanone und der 3,7-cm-Kanone nebeneinander, während der Seitenkeilverschluß, Bauart Rheinmetall, die Anordnung der beiden Kanonen übereinander erforderlich machte. Die Gesamtbewaffnung wog 370 kg. Es waren zwei verschiedene Ausführungen der Zieleinrichtung vorgesehen:

1. Ausführung: Richtschütze: Winkelzielfernrohr und Notzielfernrohr mit feststehendem Einblick, gekuppelt mit Wiege. 12-Uhr-System für Seite. Kommandant: Rundblickfernrohr mit feststehendem Einblick und 12-Uhr-Zeiger im Innern des Fernrohres.
2. Ausführung: Richtschütze: Winkelzielfernrohr mit feststehendem Einblick, gekuppelt mit Wiege, 500 mm lange Zielschiene. 12-Uhr-System für Seite. Kommandant: wie bei Ausführung 1.

Linke Spalte:

Krupp-Neubaufahrzeuge beim Abmarsch in Putlos und nach der Landung in Norwegen im April 1940

Das Turmgewicht in der ersten Ausführung betrug 2800 kg, das in der zweiten 2700 kg. Der lichte Bedienungskreis maß 1660 mm. Die Panzerdicken des Turmes waren rundum 13^{+1} mm, die der Turmdecke $10+^{0,5}$ mm und die der Blende 13^{+1} mm. Die Neigung der Turmwände betrug 75°.
Bei den Richtmaschinen verlegte beim Höhenrichtrad eine Umdrehung um 1,84°, beim Seitenrichtrad um 1,87°. Die Drehzahl der elektrischen Seitenrichtmaschine wurde

Rechte Spalte:

Die drei Aufnahmen zeigen Einzelheiten des Fahrerstandes, des vorderen MG-Drehturmes und der Waffenanordnung im Hauptturm des Neubaufahrzeuges

Ein geschichtliches Dokument: Aufnahme vom November 1933 vor dem Kasino des Truppenübungsplatzes Zossen. Teilnehmer einer Tagung zur Aufstellung des Kraftfahrlehrkommandos Zossen, bestehend aus Angehörigen von In 6, WaPrüf 6 und Lehrern sowie Lehrgangsteilnehmern in Kama. Die im Bild gezeigten Offiziere waren hauptverantwortlich für den Aufbau der Deutschen Panzertruppe

(1) von Hünersdorff
(2) Hennig II
(3) Thomale
(4) Baumgart
(5) Müller
(6) Kühn
(7) Ebert
(8) –
(9) Werner
(10) Teege
(11) von Wilcke
(12) Fichtner
(13) Koreuber
(14) Breith
(15) Breusing
(16) Linnarz
(17) Martin
(18) –
(19) Haarde sen.
(20) Conze
(21) Kölitz
(22) Esser
(23) Mildebrath
(24) Nehring
(25) Harpe
(26) Lutz*)
(27) Buchterkirch
(28) Guderian**)

Von den aufgeführten Offizieren waren in Kama:
als Leitung bzw. Lehrer: Harpe (1931 bis 1933), Baumgart (1929 bis 1933), Conze (1931 bis 1933), Ebert (1931 bis 1933), Esser (1932 bis 1933), Köhn (1931 bis 1933), Teege (1929 bis 1933), Kursanten: Hennig II (1933), Martin (1933), Mildebrath (1933), Müller (1933), Thomale (1933), Linnarz (1929-1930)
Angehörige von In 6: Lutz, Guderian, Breith, Breusing, Nehring, Werner, von Hünersdorf,
Koreuber, Haarde sen., Kölitz
Angehörige von WaPrüf 6: Fichtner, von Wilcke

*) als Generalmajor, **) als Oberstleutnant

stufenlos geregelt. So konnte der Hauptturm von 0,1 bis 2,5 U/min geschwenkt werden. In zwei weiteren MG-Türmen waren je ein EMG 34 eingebaut. 80 Schuß 7,5-cm-, 50 Schuß 3,7-cm- und 6000 Schuß MG-Munition wurden an Bord mitgeführt. Die drei Fahrzeuge der Krupp-Ausführung, waren in Panzerstahl ausgeführt, die beiden Rheinmetallfahrzeuge in Flußeisen.

Bei der Erprobung zeigten sich vor allem große Nachteile durch die Verwendung eines Flugmotors. Dieser verlangte bei der ihm eigenen niedrigen Drehzahl und dem großen Drehmoment ein sehr umfangreiches Triebwerk. Das gesamte Triebwerk wurde dementsprechend zu schwer. Das Laufwerk war durch die nachfolgenden Erfahrungen überholt.

Es blieb beim Bau der fünf »Neubaufahrzeuge«; zwei von Rheinmetall, drei von Krupp. Sie wurden bei der Schießschule der Panzertruppen in Putlos zur Ausbildung verwendet. Die Krupp-Fahrzeuge 3 bis 5 wurden während des Zweiten Weltkrieges im April 1940 in Norwegen gelandet und eingesetzt.

Links: General Lutz

Rechts: General Guderian

Oswald Lutz war der Vater der Heeresmotorisierung, Heinz Guderian der Schöpfer der Panzertruppe (nach Nehring)

3.5 Panzerentwicklung »Kleintraktor«

3.5.1 Krupp-Kleintraktor mit vorne liegendem Motor

Die Entwicklung eines »Kleintraktors« wurde anläßlich einer Besichtigung des Amtschefs des Heereswaffenamts, General von Vollard Bockeiberg, bei der Verskraft*) in Kummersdorf im Jahre 1930 angeordnet. Forderungen für eine Verwendung als Erkundungsfahrzeug, Waffenträger und kleine Zugmaschine waren noch aufzustellen. Ob das Fahrzeug als Kleinkampfwagen verwendbar war, wurde als fraglich hingestellt. Deshalb sollte eine neue Bezeichnung (z. B. gepanzertes Erkundungsfahrzeug) eingeführt werden, da die alte Bezeichnung irreführend war. Der Kauf eines englischen Carden-Loyd-Fahrgestelles wurde angeregt, da damit eine eigene jahrelange Entwicklung unter Umständen unnötig würde.

Ferner bestand eine Forderung zum Einbau einer vollautomatischen 20-mm-Waffe für den Kleintraktor in der Ausführung als Tankjäger**). Davon war 1931 der Holzmodellaufbau fertiggestellt. Bei diesem von Krupp konzipierten Tankjäger war eine Rheinmetall-2-cm-Kanone in einer Schartenwalze eingebaut. Man hatte vor, nach den Fahrgestellversuchen, Ende Sommer 1932, den Holzmodellaufbau aufzusetzen und eine Weiterentwicklung einzuleiten.

Der von Krupp im Herbst 1930 vorgelegte Entwurf eines Kleintraktors war als Vollkettenfahrzeug ausgelegt, welches bei einem Gesamtgewicht von etwa 3,5 t schnell und wendig sein sollte. Es setzte sich zusammen aus dem Fahrgestell und einem Aufbau mit Drehturm und 2-cm-Maschinenkanone. Das Fahrgestell bestand aus einer Wanne, in die vorne der Motor mit Kupplung und Wechselgetriebe und hinten das Zusatz- und Lenkgetriebe sowie Seitenvorgelege eingebaut waren. Die Triebräder wirkten auf Gleisketten, die über Leiträder und zehn Laufrollen liefen, mit denen das Fahrzeug auf der Fahrbahn abgestützt wurde. Diese

*) Verkraft = Heeresversuchsstelle für Panzer und Motorisierung

**) heute Panzerjäger

Anordnung wurde von Krupp aus folgenden Gründen gewählt:
Für Fahrzeuge, die auch als Zugmittel dienen sollten, ergab der vorne liegende Motor eine bessere Gewichtsverteilung. Im Gegensatz zum hinten liegenden Motor behinderte er die Unterbringung des Schützen nicht, der wegen der großen Länge der 2-cm-Waffe weit hinten sitzen mußte. Ferner konnte der Fahrer Unregelmäßigkeiten des vorne liegenden Motors besser hören. Die Gestänge zur Betätigung von Kupplung und Wechselgetriebe wurden einfacher.

– *Wanne* – Die Wanne bestand aus Flußeisenblech von verschiedener Dicke, je nach Schräge der Wände, geschweißt, und durch Zwischenwände sowie Profileisen versteift. Die Wanddicken betrugen: vorne und seitlich 13 mm, hinten 10 mm, Boden 5 mm, vordere Decke 6 mm. Die Wanne war oben mit einem Flansch versehen, auf den Aufbauten für verschiedene Verwendungszwecke aufgesetzt werden konnten. An Vorder- und Rückwand waren Zugösen angebracht.

– *Motor und Kupplung* – Durch die Verwendung eines niedrig bauenden luftgekühlten Krupp-Boxermotors wurde die Sicht nach vorne, für den Fahrer wie auch für den Schützen, sehr günstig. Fahrer und Schütze saßen möglichst im Schwerpunkt des Fahrzeuges und nebeneinander und konnten sich so gut verständigen. Bei größerer Geschwindigkeit wurde die Luft- und Ölkühlung des vorne liegenden Motors günstig. Durch Einbau eines starken elektrischen Anlassers kam ein Anwerfen des Motors von Hand im Inneren des Fahrzeuges kaum mehr in Frage. Lag dagegen der Motor hinten und der Antrieb vorne, wurde der Fahrer weniger von der Motorwärme belästigt. Durch Fortfall von Kühler und Wasserpumpe wurde das Gewicht verringert und die Betriebssicherheit, vor allem im Winter, erhöht. Der Motor leistete mit 90 mm Bohrung und 120 mm Hub bei 2500 U/min etwa 60 PS. Je zwei Zylinder waren auf jeder Seite des Kurbelgehäuses einzeln angeschraubt. Der Zylinderkopf war abnehmbar. Das einteilige Kurbelgehäuse war oben durch einen großen Deckel verschlossen. Von der unten liegenden Nockenwelle wurden die Ventilhebel durch Stoßstangen betätigt. Die Kurbelwelle lief in Weißmetallagern, desgleichen die Pleuelstangen auf der Kurbelwelle. Es war eine zwangsläufige Motorschmierung mit Ölkühler durch eine nach unten ausbaubare Zahnradpumpe vorgesehen. Durch ein starkes Gebläse wurde die Kühlluft von vorne durch ein Gräting in die Wanne gesaugt und nach beiden Seiten über die Kühlrippen der Zylinder nach oben durch Grätings ins Freie abgeführt. Die Auspuffgase wurden auf dem kürzesten Weg zu dem vorne liegenden Schalldämpfer geführt.

– *Wechsel- und Zusatzgetriebe* – Das 4-Gang-Wechselgetriebe neben dem Fahrer arbeitete durch Verwendung von schräg verzahnten Rädern und Klauenschaltung geräuscharm. Die Übersetzungen waren: 1. Gang 4,6 – 2. Gang 2,78 – 3. Gang 1,53 – 4. Gang 1 – Rückwärtsgang 6. Das mit dem Lenkgetriebe verbundene Gruppengetriebe besaß ebenfalls schräg verzahnte Räder mit einer Übersetzung von 1:1 bzw. 2,2:1. Mit einer Kegelradübersetzung von 2:1 am Eingang des Lenkgetriebes ergaben sich durch Schalten beider Getriebe folgende Geschwindigkeiten:

1. Gang	4,5 km/h	5. Gang	9,8 km/h
2. Gang	7,4 km/h	6. Gang	16,2 km/h
3. Gang	13,3 km/h	7. Gang	29,4 km/h
4. Gang	20,4 km/h	8. Gang	45,0 km/h

– *Lenkgetriebe* – Beim Cletrac-Lenkgetriebe waren beide Bremstrommeln durch Zahnräder derart verbunden, daß beim Lenken die Drehzahl des einen Triebrades verringert, die des anderen entsprechend erhöht wurde. Je nach dem Getriebegang und der Stärke des Bremsens wurde ein größerer oder kleinerer Wenderadius erzielt. Theoretisch ergab sich ein kleinster innerer Wendekreisdurchmesser von 1,58 m. Da die Bremstrommeln in Öl liefen, erfolgte die Lenkung nicht ruckweise. Mit Rücksicht auf die nasse Bremslenkung und die erforderliche Wärmeabfuhr waren die Bremstrommeln groß bemessen. Eine besondere Ölkühlung war eingebaut. Durch die gedrängte Bauart des Lenkgetriebes war viel Platz im hinteren Teil der Wanne verfügbar. Das Lenkgetriebe wurde durch ein Handrad bedient, welches durch eine Nockenscheibe auf Kolben wirkte, die durch Übertragung von Öldruck auf die Kolben an den Bremsbändern das Lenkgetriebe betätigten.

– *Seitenvorgelege* – Das rechte Seitenvorgelege war mit dem Lenkgetriebe vereinigt, während das linke Seitenvorgelege von außen an die Seitenwand der Wanne wasserdicht angeschraubt war. Die Übersetzung des Seitenvorgeleges betrug 3, die Gesamtübersetzung vom Motor bis zum Triebrad bei direktem Gang 6, bei kleinstem Gang 60.

– *Laufwerk* – Das Fahrzeug wurde durch eine Leichtmetall-Gleiskette über Triebräder angetrieben. Dabei griffen die Zähne der Gleiskette in je 9 auf Nadeln gelagerte, gehärtete Rollen der Triebräder ein, die auf gehärteten Bolzen liefen. Das Gewicht des Fahrzeuges ruhte beiderseits auf je 5 Laufrollen von 400 mm Durchmesser, die aus Stahlblech gepreßt und mit Gummi bereift waren. Durch den Gummibelag wurden die Stöße gedämpft. Durch Verwendung weniger Laufrollen größeren Durchmessers und Einbau von Kugellagern für die Laufrollen sowie Nadellagern für die Schwingarme wurde der Rollwiderstand sehr gering. Die vorderen Laufrollen, welche die größten Stöße aufzunehmen hatten, ließen einen Hub von 130 mm, die übrigen einen solchen von 100 mm zu. Die vorderen Laufrollen waren einzeln aufgehängt, die übrigen paarweise. Das obere Kettentrumm lief über eine gummibereifte Stützrolle. Die Leiträder aus Stahlguß waren ebenfalls mit zwei Gummireifen versehen und einseitig an Schwenkarmen aufgehängt, die in das Wanneninnere führten und sich dort auf eine nachstellbare Feder abstützten. Diese ließ eine Durchfederung von etwa 80 mm zu.

– *Verschiedenes* – Zum Feststellen des Fahrzeuges diente eine auf die Bremstrommeln wirkende Handbremse, während die Fußbremse hydraulisch als Innenbackenbremse auf die Triebräder wirkte. Als Besatzung waren links ein Fahrer und rechts ein Schütze vorgesehen, während hinter dem Fahrer ein dritter Mann untergebracht werden konnte. Der Raum hinter dem Schützen stand für Kraftstoff und Munition zur Verfügung. Es waren Kraftstoffbehälter von etwa 160 l Inhalt vorgesehen, die bei einem Durchschnittsverbrauch von 80 l/100 km für einen Fahrbereich von etwa 200 km reichten.

– *Leistungen, Maße und Gewichte* –

Gefechtsgewicht	3500 kg
Gewicht des Fahrgestells, betriebsfertig	2570 kg
Gewicht des Panzerkastenoberteils mit Turm	520 kg
Gewicht von Besatzung, Munition und Kraftstoff	410 kg
Motorleistung	60 PS
größte Länge	3460 mm
größte Breite	1820 mm
größte Höhe	je nach Aufbau
kleinste Geschwindigkeit	4,5 km/h
größte Geschwindigkeit	45 km/h
Bodenfreiheit	320 mm
Grabenüberschreitfähigkeit	1,5 m
Kletterfähigkeit	0,5 m
Watfähigkeit	0,5 m
Steigfähigkeit	35°
Kettenbreite	200 mm
spezifischer Bodendruck	0,47 kg/cm^2
Fahrbereich	200 km
kleinster Wenderadius	etwa 2,41 m

Krupp Kleintraktor

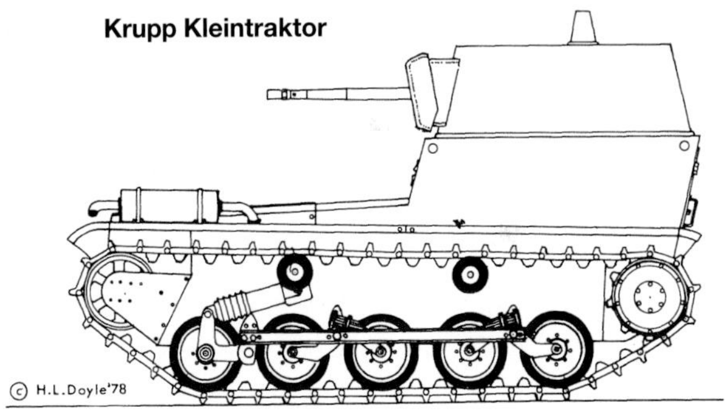

Krupp Kleintraktor (LaS)

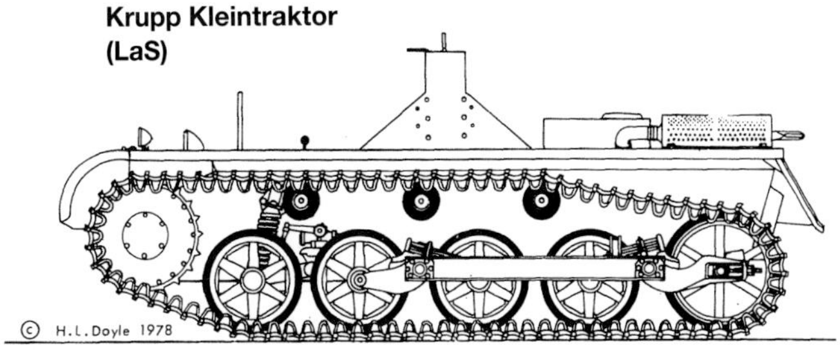

Beim Kleintraktor ergab sich in den Jahren 1931/32 folgender Stand der Entwicklung:
Es bestand eine Forderung nach einer vollautomatischen 2-cm-Waffe, und zwar für die Verwendung des Kleintraktors als »Tankjäger«. Diese Waffe war auch für den behelfsmäßigen Panzerkraftwagen vorgesehen. Im Kleintraktor (Tankjäger Krupp) sollte die Rheinmetall-2-cm-Waffe in eine Schartenblende eingebaut werden. Das Holzmodell des Fahrgestells wurde 1931 fertiggestellt. Als im Sommer 1932 die Versuche mit dem Fahrgestell abgeschlossen waren, erfolgte die Herstellung des Holzmodell-Aufbaus und die Weiterentwicklung. Im Jahre 1932 wurden für die Fertigung des Kleintraktor-Prototyps keine weiteren Änderungen vorgenommen. Es blieb offen, für welche Verwendung das Fahrgestell später dienen sollte. Mit dem Kleintraktor Krupp wurden im Jahre 1932 1893 km, 1933 2418 km gefahren. Das Fahrzeug wurde am 2.5.1933 an die Firma Daimler-Benz überwiesen. Durch Vermittlung der UdSSR wurde es möglich, für deutsche Versuchszwecke englische Carden-Loyd-Fahrgestelle zu beschaffen. Zwei dieser Fahrzeuge wurden für Kama angekauft. Das erste Fahrzeug traf im Januar 1932 in Kummersdorf ein. Im Jahr 1932 wurden damit 2545 km, 1933 2395 km gefahren. Das Fahrzeug war seit dem 6.5.1933 in Reparatur. Am 2.5.1932 traf auch ein Vickers-Armstrong-Panzerfahrzeug ein, mit dem 1932 1255 km und 1933 204 km gefahren wurden. Es blieb ab 10.3.1933 in der Werkstatt. Nach Kama sind die Carden-Loyd-Fahrzeuge nicht mehr gekommen.

3.5.2 *Krupp-Kleintraktor mit hintenliegendem Motor*

Bei einer Besprechung im Heereswaffenamt, WaPrüf 6 Berlin, (Leiter Oberst Georg Kühn) am 18. 9.1931 wurde Krupp, Essen, aufgefordert, den Entwurf für einen leichten Kampfpanzer unter Berücksichtigung der Erfahrungen in Kama und des neuesten Carden-Loyd-Laufwerkes, unter Abänderung der bisherigen Entwürfe, einzureichen. Erstmals wurde nunmehr vom Heereswaffenamt WaPrüf 6 ein *vornliegender Antrieb* und ein *hintenliegender* Motor gefordert. Die äußeren Abmessungen waren beizubehalten; auf keinen Fall sollte das Fahrzeug gegenüber den bisherigen Kleintraktor-Entwürfen größer werden. Das Leitrad war als Laufrolle auszubilden, jedoch mit Nachspannvorrichtung. Es waren fünf Laufrollen, einschließlich Leitrad, von etwa 500 mm Durchmesser vorzusehen. Die vordere Laufrolle war einzeln zu federn, die vier hinteren Laufrollen paarweise mit Blattfedern ähnlich dem Carden-Loyd-Entwurf. Der Triebraddurchmesser wurde mit 550 bis 600 mm festgelegt. Vorgesehen war eine Gittergleiskette ohne Gummipolster mit einer Teilung von 70 mm und zwei seitlichen Führungen. Die Breite der Gummibandagen der Laufrollen sollte 125 bis 140 mm betragen, die Kettenzahnhöhe der Gleiskette etwa 40 mm. Krupp wurde gebeten, zwei Gleisketten-Entwürfe anzufertigen, einen mit Mittenführung der Gleiskette, also mit Doppelrolle, den anderen mit Seitenführung, also einfacher Laufrolle. Die technischen Bedingungen für Geländefahrt waren bei der Motorenauswahl zu berücksichtigen. Der Einbau von zwei Wechselgetriebe-Arten, des synchronisierten Aphongetriebes und des 3-Gang-Wilson-Getriebes, war konstruktiv zu untersuchen. Das Cletrac-Lenkgetriebe blieb wie bisher vorgesehen, jedoch sollte die Betätigung der Bremsen mechanisch erfolgen. Die wahlweise Benutzung einer Lenkung mit nassen oder trockenen Bremsen war zu prüfen. Unabhängig davon wurde Krupp gebeten, zu untersuchen, ob die Lenkbremsen durch nasse Kupplungslenkung ersetzt werden konnten.
Auf Seitenvorgelege, nach Art des Carden-Loyd, wurde in einer Besprechung bei Krupp in Essen am 3.3.1932 verzichtet, da sie bei den allgemeinen baulichen Verhältnissen des Kleintraktors keinerlei Vorteile brachten. Infolge der Verlegung des Seitenvorgeleges in das Fahrzeuginnere wurde die Unterbringung einer besonderen Fahrbremse schwierig. Es wurde daher beschlossen, auf eine besondere Fahrbremse zunächst zu verzichten. Damit der Kleintraktor in bezug an Wendefähigkeit dem Carden-Loyd nicht nachstand, sollte er nicht mit einer Cletrac-, sondern zunächst mit einer Kupplungslenkung ausgerüstet werden. Jedoch sah

man den nachträglichen Einbau eines Cletrac-Lenkgetriebes ohne große Änderung vor. Die Kupplungslenkung sollte unter möglichst weitgehender Anlehnung an den britischen Kampfwagen Carden-Loyd entworfen werden. Die vorgelegten Entwürfe für die Aufhängung der vorderen Einzellaufrollen befriedigten nicht, die Federung für diese Rolle war ohne Hülsen und Manschetten auszuführen.

Eine am 27.5.1932 bei der Verskraft (Leiter Dipl.-Ing. Reinsch) in Kummersdorf stattgefundene Besichtigung ergab, daß der Schwerpunkt des Kleintraktors etwa 220 mm vor Mitte der Kettenauflage lag. Erst die Fahrversuche mußten zeigen, ob sich hieraus irgendwelche Nachteile ergaben. An Hand eines Probegehäuses für den Motor wurde nach Klärung der Einbauverhältnisse beschlossen, den Motorraum um 60 mm länger zu machen, um den Motor leichter ausbauen zu können.

Krupp stellte für die Aufnahme des Vickers-Fahrzeuges einen Konstrukteur zur Verfügung, welcher am 1.6.1932 in Kummersdorf eintraf.

Am 23.6.1932 wurde General Karlewski vom Heereswaffenamt WaPrüf 4 bei Fa. Krupp in Essen mitgeteilt, daß das erste Fahrgestell des Kleintraktors Ende Juli 1932 fahrbereit wäre. Das Fahrzeug sollte für verschiedene Zwecke Verwendung finden:

- als Träger für die 3,7-cm-Kanone in Schirmlafette
- als Träger für einen absetzbaren Beobachtungsturm
- als Transportmittel für die 3,7-cm-Kreuzlafette
- als Zugmittel für zweiachsige Munitionsanhänger

Als Geschwindigkeit im Gelände gab Krupp 20 km/h, mit Anhänger 15 km/h an. Das Fahrgestell konnte eine Nutzlast von rund 1000 kg tragen. General Karlewski erkundigte sich nach dem Fortschritt der Entwicklung eines luftgekühlten Dieselmotors bei Krupp. Der luftgekühlte Diesel-Boxermotor vom Typ M 612 wurde versuchsweise im Prototyp des »LaS-Krupp« eingebaut und erprobt. Dabei ergaben sich Änderungen am Motorraum und an der Auspuffanlage. Serienmäßig wurde dieser Motor später in Lastkraftwagen verwendet.

Zu diesem Zeitpunkt waren ferner luftgekühlte 8-Zylinder-Ottomotoren bei Krupp im Versuch, die ebenfalls zum Einbau in gepanzerte Fahrzeuge vorgesehen waren.

Der Inspekteur der Kraftfahrtruppen (In6), Generalmajor Lutz, bat anläßlich einer Besprechung in Berlin am 2.7.1932 um Beschleunigung der Kleintraktor-Entwicklung, da er beauftragt war, eine Panzerkompanie aufzustellen. Sollte der Kleintraktor nicht rechtzeitig fertig werden, wäre er gezwungen, den Kauf von britischen Kampfwagen des Typs Carden-Loyd zu beantragen.

Bis zum 29.7.1932 lagen von Krupp fünf Entwürfe über Aufbauten und Türme für den Kleintraktor vor, wobei mit drei Entwürfen versucht wurde, den bisher vorgesehenen Turm für die 2-cm-Kanone durch einen solchen für Maschinengewehre zu ersetzen.

Krupp-Kraftwagen- und -Panzermotoren

Baumuster	Arbeitsweise	Kühlung	Zylinderzahl	Bohrung x Hub	Hubraum	Leistung	Drehzahl	mittlere Kolbengeschw.	Arbeitsdruck	spez. Kraftstoffverbrauch
				mm	cm³	PS	U/min	m/s	kg/cm²	g/PS/h
M 302	Otto 4takt	Luft	4	90 x 130	3300	55	2400	10,4	6,8	300
M 305	Otto 4takt	Luft	4	92 x 130	3460	60	2500	10,8	6,8	400
M 313	Otto 4takt	Luft	8	90 x 120	6100	118	2400	9,6	7,25	278
B 842	Otto 4takt	Luft	8	82 x 100	4200	106	3000	10,0	7,6	224
M 612	Diesel 4takt	Luft	4	100 x 130	4100	55	2200	9,55	5,5	248

Die Anordnung nach Entwurf W 259 zeigte einen offenen Aufbau mit geringem Gewicht und niedrigen Herstellungskosten. Durch entsprechendes Vorsetzen des MGschützen, ähnlich wie beim Carden-Loyd, konnte ein dritter Mann untergebracht werden, der als Ersatz bei Ausfällen gedacht war und sonst, mit einer Pistole bewaffnet, Angriffe auf die Seiten oder das Heck des Fahrzeuges abzuweisen hatte.

Der Entwurf W 260 zeigte ein Zwillings-MG (Dreyse) in einem leichten Panzeraufbau. Der zunächst oben offen gedachte Turm ruhte mit seinen Rohrarmen auf dem gemeinsamen Drehsockel für MG und Schützensitz und konnte mit Waffe und Sitz um 275° geschwenkt werden. Bei Marschfahrten und Gefechtspausen ermöglichte das Höherstellen des Schützensitzes unbeschränkten Rundblick bei voller Gefechtsbereitschaft. Gegenüber dem Entwurf W 259 bestand der Nachteil, daß die Turmwand eine Verständigung zwischen Fahrer und Schützen behinderte. Die Gesamthöhe betrug 1530 mm.

Wie im Entwurf W 260 wurde bei W 261 das Zwillings-MG in einem geschlossenen, allseitig schwenkbarem Drehturm untergebracht. Hierbei mußte eine größere Gesamthöhe in Kauf genommen werden, welche sich nur durch ein Tiefersetzen des Fahrers verringern ließ. Jedoch bestand der Vorteil einer größeren Feuer- und Beobachtungshöhe, auch war der Turm geräumiger (1000 mm gegenüber 900 mm Bedienungskreis-Durchmesser). Die ausladenden Teile lagen oberhalb des Laufwerkes, dadurch konnte durch Ausbau der rechten Seitenwand die Turmmitte vom Fahrer abgerückt werden.

Erste Fahrerprobungen mit dem Kleintraktor auf dem Schießplatz von Krupp in Meppen im August 1932 ließen den Eindruck entstehen, daß die Motorleistung nicht ausreichte, um dem Fahrzeug die geforderte Beweglichkeit zu geben. Da die geforderte Leistung des luftgekühlten Krupp-4-Zylinder-Boxermotors für den Kleintraktor mit 60 PS offensichtlich nicht erreicht werden konnte, wurde um folgende Untersuchungen gebeten:

- Einbau eines flüssigkeitsgekühlten 4-Zylinder-Ottomotors, Typ G der Firma NAG;
- Untersuchung, ob anstelle der Zylinder mit 90 mm Bohrung solche mit 95 mm Bohrung unter Beibehaltung des Hubs von 130 mm eingebaut werden konnten. Der Hubraum würde sich dadurch von 3,3 auf 3,69 l erhöhen, was eine Leistungssteigerung von 55 auf 61,2 PS bei n = 2400 U/min erwarten ließ.

Am 10.9.1932 übersandte Krupp die Skizze W 548 über den Einbau einer 2-cm-Waffe und – links oberhalb dieser – eines in einer Kugelblende aufgehängten MG. Gerichtet wurde über Kimme und Korn. Der Richtbereich für das MG betrug etwa 25° nach oben, 8° nach unten und 45° nach links und rechts. Zur Benutzung des MG mußte das Rohr der 2-cm-Waffe nach links geschwenkt, der Kommandantensitz gehoben und die Klappe über dem Kopf geöffnet werden.

Krupp teilte am 22.9.1932 dem Heereswaffenamt, Prüfwesen 6, mit, daß der Kleintraktor am 24.9.1932 nach Kummersdorf verladen wird. Ebenfalls wurden beide Holzmodelle des Kleintraktors zum Versand gebracht. Am 7.10.1932 erhielt die Abteilung A.K. (Artillerie-Konstruktionen) der Firma Krupp den Auftrag über

- Konstruktion des Aufbaus mit Turm für Zwillings-MG auf Kleintraktor (ca. 3 Konstrukteurmonate) und
- Konstruktion des Aufbaus mit Turm für 2-cm-Waffe auf Kleintraktor (ca. 5 Konstrukteurmonate).

General Lutz stellte am 12.10.1932 in Kama fest, daß der Kleintraktor bei einer Vorführung gut gefallen habe. Nach einer Rückfrage des Heereswaffenamtes, Wa-Prüf 6, teilte Krupp mit, daß die Fertigung von 5 Kleintraktoren mit MG-Turm fünf Monate dauern würde. Die Zahnradfabrik Friedrichshafen (ZF) mußte klären, ob das im Kleintraktor befindliche Wechselgetriebe FG 35 KR auch bei Verwendung eines Motors mit einem Drehmoment von 20 mkg verwendet werden konnte. Für eine eventuelle Vergrößerung des Kleintraktors und der damit verbundenen Steigerung des Gesamtgewichts auf fast 5 t sollte Krupp Untersuchungen über den Einbau des luftgekühlten 8-Zylinder-Krupp-Ottomotors in V-Form anstellen. Nach Angabe hatte dieser Motor ein Drehmoment von 27 mkg. Bei Besprechungen in Berlin und Kummersdorf am 13.10.1932 wurde festgehalten, daß die Konstruktionsarbeiten am Turm zum Einbau einer 2-cm-Waffe sowie eines 80-PS-Motors vorläufig zurückgestellt wurden. Krupp wies darauf hin, daß die kurzen Fristen für die Konstruktions-Aufträge nicht eingehalten werden konnten und schlug folgende Reihenfolge vor:

- laufende Kleintraktor-Verbesserung
- Turm mit Doppel-MG
- Vorentwurf mittlerer Traktor
- Einzelfederung für Kleintraktor und leichte Selbstfahrlafette Krupp (I. S. K.)

Der Einbau einer dritten Stützrolle am Laufwerk wurde erwogen, für die eine neue Abstützung erforderlich wurde. Der Abstand der Laufrollen sollte vergrößert werden. In einer Aktennotiz vom 25.10.1932 wurde Krupp aufgefordert, unabhängig von der Kleintraktor-Bestellung im Dezember 1932 einen Entwurf für einen 20 cm breiteren und längeren Kleintraktor mit 85-PS-Motor einzuleiten.

Bei Besprechungen bei der Verskraft in Kummersdorf und beim Heereswaffenamt, WaPrüf 6, in Berlin am 18./19.11.1932 wurde eine Verstärkung der Schwingarme für die vordere Laufrollenaufhängung gefordert. Die vorderen Aluminium-Laufrollen alter Ausführung ohne Rippen in den Armen waren eingerissen. Die Verskraft Kummersdorf untersuchte eine Verbesserung der Ölversorgung des Motors, eventuell eine Trockensumpfschmierung. Krupp schlug zur besseren Unterbringung der neuen Kraftstoffpumpe Batteriezündung anstelle der Magnetzündung vor. Der Kraftstoffverbrauch lag bei etwa 70 l pro 100 km. Der Sachbearbeiter des Heereswaffenamtes WaPrüf 6, Hauptmann Streich, war gegen einen Kleintraktor von etwa 4,7 t Gewicht mit 3,7-cm-Kanone und luftgekühltem 85-PS-Motor von Krupp oder NAG. Für später war eine größere Spurweite vorgesehen, damit eine verbreiterte Gleiskette ausreichend Spiel gegen die Wanne bekommen konnte. An Hand eines Holzmodells für den Aufbau und Turm mit Zwillings-MG wurde die Lagerung der MG, die Zweckmäßigkeit der Optik sowie deren Raumbedarf besprochen. Der Durchmesser des Turmes war oben auf 850 mm lichte Weite, unten auf 1050 mm lichte Weite und die Höhe über dem Fahrer um 100 mm zu vergrößern.

Die am 16./17.12.1932 beim Heereswaffenamt in Berlin und bei der Verskraft in Kummersdorf durchgeführten Besprechungen ergaben ein schlechtes Schluckvermögen des Laufwerks, welches mit 50 mm angegeben wurde. Die Triebräder zeigten nach 1400 km Fahrstrecke einen großen Verschleiß, der nach 2000 km am Kampfwagen Carden-Loyd noch nicht festzustellen war. Die letzte Stützrolle lag vor der vorletzten Laufrolle so niedrig, daß die Laufrollen beim Überfahren von Hindernissen an die Stützrolle anschlugen. Sie wurde daher um etwa 20 mm höhergelegt. Krupp sollte einen stärkeren Motor vorschlagen, falls der luftgekühlte Krupp-M 302-Motor nicht genügte. Bei einer Beladung des Fahrzeuges mit 500 kg zeigte sich eine zu starke Belastung des Motors. Das Fahrzeug mußte zudem breiter und dadurch schwerer werden. Für einen etwas schwereren Kleintraktor wurde ein Motor mit 80 bis 100 PS Leistung für notwendig erachtet. Aufbau und Turm mit Zwillings-MG waren zu diesem Zeitpunkt noch nicht fertig. Die beiden MG lagen schräg übereinander in einer Kugelblende, um die Magazine seitlich einführen zu können.

Am 22.12.1932 wurden Entwürfe für einen stärkeren Kleintraktor mit flüssigkeitsgekühltem NAG-Motor und 80 PS Leistung eingeleitet. Die Wanne sollte um 20 cm verbreitert werden, die Panzerdicken blieben. 35 cm Bodenfreiheit waren anzustreben, das Schluckvermögen des Laufwerks war zu vergrößern.

Am 30.3.1933 wurden die vorläufigen technischen Lieferbedingungen für den Bau von Kleintraktoren (Kl.Tr.) mitgeteilt. Die Fahrzeuge waren grundsätzlich nach den von Krupp vorgelegten Zeichnungen unter Berücksichtigung der in den einzelnen Besprechungen festgelegten Änderungswünsche des Heereswaffenamtes, Abt. Prüfwesen 6, auszuführen. Es waren, soweit nicht wegen der besonderen Verwendung des Fahrzeuges Gründe entgegenstanden, handelsübliche Bauteile und Aggregate zu verwenden. Auf geräuscharmes Arbeiten aller Teile war besonderer Wert zu legen. Ferner war auf leichte Zugänglichkeit aller Teile und leichte Ausbau- und Austauschmöglichkeit derjenigen Teile zu achten, an denen Nacharbeiten und Verschleiß erfahrungsgemäß zu erwarten waren. Die technischen Lieferbedingungen forderten: Höchstgeschwindigkeit 37,5 km/h, Kletterfähigkeit 500 mm, Watfähigkeit mindestens 600 mm (800 mm waren anzustreben), Bodenfreiheit 300 mm, Kraftstoffvorrat 140 l. Die Wanne war in Flußeisen auszuführen und die Blechdicken waren so zu wählen, wie sie zur SmK-sicheren Panzerung erforderlich erschienen, unter Zugrundelegung einer Dicke von 13 mm für den senkrechten Auftreffwinkel. Gegenüber der bestehenden Ausführung war die Vorderkante der Wanne so auszubilden, daß ein Aufsitzen im Gelände nicht erfolgen konnte. Die Rückwand war schräg zu gestalten. Der Fahrersitz war zu verstärken, verstellbar zu machen und mit klappbarer Lehne zu versehen. Verlangt war ferner eine Verbreiterung der Spurweite um 40 mm und eine Verringerung der Laufrollen-Felgenbreite auf 80 mm. Das Leitrad erhielt einen Durchmesser von 630 mm, die nachträgliche Anbringung einer Abstützfeder, die dem Aufbäumen bei starkem Kettenzug entgegenwirkte, war zu ermöglichen. Vorne und hinten waren Laufrollen in Stahlguß, in der Mitte solche in Leichtmetall auszuführen; alle Laufrollen mit Bandagen. Zwischen Laufrolle und festem Teil der Wanne mußte ein lichter Abstand von 17 mm bei ungünstigster Schwingarmstellung vorhanden sein. Der Federweg der ersten Laufrolle mußte mindestens 100 mm nach oben betragen. Eine Vergrößerung war anzustreben. Die Zugkraft im ersten Gang war gegenüber dem vorhandenen Fahrzeug um 36% zu erhöhen. Die Gesamtübersetzung des Wechselgetriebes sollte 8,76 betragen. Der erste Gang war zu verstärken. Alle fünf Gänge wurden mit einem Schalthebel betätigt. Der Kegelradantrieb der Antriebswelle sollte Schrägverzahnung erhalten. Die Lenkbremsen wurden von 70 auf 90 mm verbreitert. Das Gaspedal war so zu verlegen, daß es ohne Ermüdung betätigt werden konnte. Die Batterie war zu verstärken.

Alle am Motor des ersten Versuchsfahrzeuges gemachten Erfahrungen sollten Berücksichtigung finden. Eine Bremsleistung von 54 PS mußte für einen Dauerbetrieb von mindestens 15 Minuten zur Verfügung stehen. Man wollte mit allen Mitteln vermeiden, daß für den Ölkühler ein zweiter Ventilator notwendig wurde. Vor der Abnahme waren die Fahrzeuge 200 km einzufahren. In den ausführlichen Angaben über die angebotenen Fahrgestelle des Kleintraktors waren folgende technische Daten angegeben:

(Anlage zu Bb. Nr. 12 482 vom 30.3.1933)

Gewichte und Leistungen	
Fahrgestellgewicht	3300 kg
Bremsleistung, Vollast	55 PS
Bremsleistung, Höchstlast	60 PS
Motor	
Zylinderzahl	4
Gußform der Zylinder	Einzelguß
Zylinderwerkstoff	Gußeisen
Zylinderkopf	Leichtmetall
Bohrung	90 mm
Hub	130 mm
Hubraum	3,3 l
Drehzahl, Vollast	2500 U/min
Drehzahl, Höchstlast	2600 U/min
Ventile	Spezialstahl
Ventilanordnung	hängend
Nockenwellenantrieb	Stirnräder
Kolbenwerkstoff	Silumin
Pleuelstangenwerkstoff	Stahl
Kurbelwellenlager	Gleitlager
Zahl der Lager	2
Art der Pleuellager	Gleitlager
Kurbelgehäuse	Leichtmetall
Aufhängung des Motors	Dreipunkt
Schmierung	Drucköl

Zündung	Magnet
Zündverstellung	von Hand
Vergaser	Pallas
Betätigung der Drosselklappe	Regler
Kraftstofförderung	Pumpe
Lage des Kraftstoffbehälters	2 Stück hinten
Kühlung	Luft
Kupplung	Scheiben
Literleistung bei Vollast	16,7 PS/l
Literleistung bei Höchstlast	18,2 PS/l
Mittl. Kolbengeschwindigkeit	10,4 m/s
Kolbenflächenleistung	0.235 PS/cm^2
spez. Kraftstoffverbrauch	300 g/PS/h
Wechselgetriebe	
Getriebe	Aphon
Getriebeanordnung	am Lenkgetriebe angeflanscht
Zahl der Gänge	5
Geschwindigkeit in den Gängen	1. = 4,3 2. = 8 3. = 14,8 4. = 23,5 5. = 37,5 km/h
Lage der Schaltung	rechts vom Fahrer
Art der Schaltung	Handhebel
Übersetzung im Querantrieb	21:13 = 1,6
Wanne, Lenkung	
Wanne	Flußeisen
Fahrersitz	links
Lenkung	Hebel
Bremsen	
Fußbremse	keine
Handbremse	ja
Kühlung	luftgekühlt
Abmessungen	
Spurweite	1670 mm
Zubehör	
Anlasser	Lichtanlasser Siemens
Lichtmaschine	Lichtanlasser Siemens
Lichtmaschinenantrieb	direkt mit Kurbelwelle gekuppelt
Batterie	6 E 5 GM 75 Ah
Unterbringung der Batterie	in der Wanne

Bei Besprechungen in Berlin und Kummersdorf am 24./25.3.1933 zeigte sich die Abteilung WaPrüf 6 mit den letzten Entwürfen am Laufwerk einverstanden. Das Heereswaffenamt, WaPrüf 6, verhandelte mit Professor Dr.-Ing. h. c. Porsche wegen einer Lizenz zum Einbau einer Drehstabfederung und zur Genehmigung der Fertigung von Drehstabfedern statt bei BAMAG auch bei anderen Firmen. Oberbaurat Kniepkamp, WaPrüf 6, berichtete über einen neuen Gleisketten-Entwurf mit Gliedern aus gezogenem Stahlrohr mit angeschweißten Zähnen. Die anderen Flächen der Augen waren gehärtet.

Die Versuchsausführung für die Lagerung eines einfachen und Zwillings-MG wurde von Daimler-Benz, Berlin-Marienfelde, zurückgezogen und der Firma Simson, Suhl, übertragen, die hierfür ein Söda-MG lieferte.

Eine Besprechung mit dem Panzerreferenten, Hauptmann Streich, Heereswaffenamt WaPrüf 6, in Berlin am 28.2.1933 ergab, daß ein offizieller Auftrag zur Fertigung von Kleintraktoren noch nicht zu erwarten war. Streich bat jedoch Krupp dringend, mit den Vorbereitungen für eine Produktion anzufangen, weil man sonst nicht rechtzeitig fertig werden würde. Der bei der Verskraft in Kummersdorf laufende Kleintraktor sollte nach 1000 km Laufzeit gründlich untersucht werden. Es hatten sich stärkere Abnützungen gezeigt, die bei einer Neukonstruktion des Kleintraktors auf alle Fälle berücksichtigt werden mußten. Eine Besprechung am 9.5.1933 bei Fa. Krupp in Essen ergab einen Auftrag über einen Kleintraktor mit verstärktem Motor. Das Fahrgestell mit Panzerstahlwanne erhielt einen Motor mit verstärktem Gehäuse, erhöhter Leistung durch Vergrößerung der Bohrung, mit Fallstromvergaser, ferner mit getrenntem Anlasser und getrennter Lichtmaschine. Der Einbau dieses Motors in die vier übrigen Fahrgestelle erforderte Anpassungsarbeiten in Höhe von 18 Konstrukteurtagen zum Richtpreis von etwa RM 580,–.

Bei den Triebrädern blieb es bei einer Teilung von

70 mm für die Zahnkränze. Die vordere Laufrolle des in Kummersdorf laufenden Fahrzeuges sollte Drehstabfederung erhalten, später war diese auch für die anderen Laufrollen vorgesehen.
Um eine Abstellung des in Kummersdorf laufenden Fahrgestelles nach Kama zu vermeiden, hatte WaPrüf 6 am 9.5.1933 zugesagt, das erste neue Fahrgestell mindestens am 15.7.1933 nach dort abzuliefern.
WaPrüf 6 legte ferner einen Entwurf für ein Panzergehäuse mit Doppel-MG (Söda) vor. Die Bauhöhe betrug 625 mm, teilweise bedingt durch die Bedienung der obenliegenden Magazine. Ein Modellaufbau wurde durch Simson, Suhl, angefertigt.
WaPrüf 6 übergab leihweise eine Zeichnung für das Einheits-MG (später MG 34). Krupp wurde aufgefordert, einen Entwurf für den Aufbau mit zwei Einheits-MG und ±20° Höhenrichtfeld auszuarbeiten. Die Umstellung auf das Einheits-MG erforderte eine grundsätzliche Änderung der bisherigen Entwürfe. Zwei Holzmodelle, eines mit Gurt-, das andere mit Magazinzuführung des neuen MG, sollten beschleunigt gefertigt werden. Das MG hatte Gurtzuführung von rechts und von links. Der notwendige Raum zur Bedienung des MG und zum Laufwechsel war bei allen bisher vorgelegten Entwürfen berücksichtigt. Nach Fertigstellung des ersten EMG am 1.6.1934 wurde eine eingehende Besichtigung der Waffe bei WaPrüf 6 vorgeschlagen.
Am 29.5.1933 gab das Heereswaffenamt, WaPrüf 6 (V), folgende Richtlinien für die Weiterentwicklung des Kleintraktor-Panzer-Kastenoberteils mit Turm:

- Der Aufbau war der Höhe nach auf ein Mindestmaß zu verringern.
- Der Turm war, rund oder eckig, in SmK-sicherer Wanddicke auszuführen. Es bestand neuerdings die Möglichkeit, aus Panzerblechen von 10 mm Dicke runde Kegeltürme in den für den Kleintraktor in Frage kommenden Abmessungen zu fertigen.
- Im Turm war ein Rheinmetall-EMG in die Walzenblende einzubauen. Es war damit zu rechnen, daß später die Forderung nach Einbau eines EMG-Zwillings erneut erhoben wurde. Der Raumbedarf war jedoch vorerst auf ein MG abzustimmen.
- Das EMG mußte entweder mit Gurt- oder Magazin-Zuführung schießen können; entsprechend war die Optik anzuordnen.
- Als geeignete Optik kam ein Zielfernrohr mit gebrochener Visierlinie und feststehendem Einblick in Frage. Der freihändige Schuß wurde nach eingehenden Erwägungen zunächst günstiger beurteilt als der Schuß aus der Schulter.
- Die Dringlichkeit der Entwicklung und die Notwendigkeit, bald aus dem Turm scharf zu schießen, zwang zu Behelfslösungen.
- Der Turm war mit einer Seitenrichtmaschine (Richten nicht von Hand) zu versehen. Es blieb den Firmen überlassen, ob grobe und feine Seitenrichtungen mit nur einer Seitenrichtmaschine vorgenommen wurden. Raumbedarf für den Einbau einer Höhenrichtmaschine war zu berücksichtigen. Die Ausführung beider Richtmaschinen war auf einfachste Weise vorzusehen. Die Bedienung der Waffe mußte im Sitzen möglich sein.
- Höhenrichtfeld etwa -15° bis +25°
- Weitgehende Sichtmöglichkeit für die Besatzung war gefordert. Aus Fertigungsgründen erschien es zweckmäßig, Sehschlitze nur in verstellbaren Klappen (etwa 8 x 20 cm) anzuordnen; Blechdicke der Klappen, in denen Sehschlitze eingelassen wurden, nicht unter 13 mm.
- Klappen und Einstiegluken mußten unter allen Umständen einen Durchgang von Bleispritzern ausschließen. Klappen und Luken mußten von innen zu verriegeln sein; die Haupteinstiegluke war von außen verschließbar zu machen.
- Für den Kommandanten waren verstellbare Klappen mit Sehschlitzen so vorzusehen, daß er überallhin beobachten konnte. Der Fahrer mußte Sicht nach vorn und einer Seite haben.
- Der Kommandantensitz war verstellbar anzuordnen.
- Turm und Waffe erhielten Zurrungen.
- Beim Einbau des EMG war zu beachten, daß leere Patronenhülsen nach unten – vorwärts – ausgeworfen wurden.

– Eine zwangsweise Entlüftung des Turmes war erwünscht.

Am 30.5.1933 wurde bei Fa. Daimler-Benz in Berlin-Marienfelde der dort gefertigte Aufbau mit Turm für den Krupp-Kleintraktor besichtigt. Der 625 mm hohe Drehturm war für ein Doppel-MG der Firma Simson, Suhl, ausgelegt. Der Aufbau ragte seitlich nicht über die Kettenabdeckung hinaus. Daimler-Benz hatte den Auftrag, neben diesem Aufbau mit Turm aus dünnem Blech je einen weiteren mit den endgültigen Blechdicken herzustellen.

Am 6.6.1933 wurde von Krupp, Abt. Kraftwagenbau, bestätigt, daß Aufträge für vier Kleintraktoren zum Stückpreis von RM 38 118,90 vorlagen.

Eine Besprechung mit Vertretern von WaPrüf 6 in Essen am 23.6.1933 bestätigte, daß das Heereswaffenamt beabsichtigte, eine größere Bestellung von Kleintraktoren, mit Panzergehäuse in Panzerstahl, zu vergeben. Dazu kamen ebenfalls gepanzerte, waffentragende Aufbauten und Türme. Es bestand von seiten des Heereswaffenamtes die Absicht, eine gewisse Stückzahl der fertigen Fahrgestelle an Private abzugeben, bei denen sie in Landwirtschaft und Industrie Verwendung finden sollten. Es war angeblich geplant, durch Krupp mehrere größere Maschinenbauanstalten in Deutschland für den Bau dieser Fahrzeuge heranzuziehen. Gedacht war an die Firmen Rheinmetall (für Herstellung in den Borsig-Werken, Berlin-Tegel), MAN, Gutehoffnungshütte und Henschel. Krupp schlug dazu noch das Grusonwerk in Magdeburg vor. Die Firmen sollten durch kleine Probebestellungen in die Lage versetzt werden, sich einzuarbeiten. Für das Heereswaffenamt sollten Liefertermine zur Fertigung von 50, 75, 100 und 150 Fahrzeugen ermittelt werden. Ein Auftrag konnte frühestens am 1.10.1933 erteilt werden. Während man vom Heereswaffenamt die ersten Lieferungen schon im Dezember 1933 erwartete, hielt Krupp eine Ablieferung nicht vor dem 1.2.1934 für möglich. Man sah eine Monatsproduktion von 25 Fahrzeugen vor.

Am 20.6.1933 wurde festgehalten, daß als Ersatz für das bisher im Krupp-Kleintraktor eingebaute Wechselgetriebe FG 35 ein 7-gängiges Tetraphon-Getriebe mit Schnellgang entworfen werden sollte. Es hatte eine Übersetzung im ersten Gang von etwa 9. Als Höchstgeschwindigkeit wurden 37,5 km/h verlangt. Wünschenswert war eine Geschwindigkeit von 43 km/h, die vielleicht mit einem Schnellgang erreicht werden konnte. Das 7-Gang-Getriebe sollte auch für die erhöhte Motorleistung von 60 PS bei 2500 U/min ausreichen. Der Raumbedarf des neuen Getriebes sollte untersucht werden. Die Ausarbeitung der Entwürfe für Wechselgetriebe und Schaltung war bis Ende Juli 1933 zugesagt, eine Lieferung konnte Mitte bis Ende November 1933 erwartet werden. Den Auftrag für das neue Getriebe erhielt die Zahnradfabrik Friedrichshafen von der Firma Krupp. Krupp schickte ein Holzmodell des Panzerkastenoberteils mit Turm für den Kleintraktor im Maßstab 1:5 bis zum 6.7.1933 an WaPrüf 6. Die Kuppel für den Fahrer war zu wölben, die Decke abzuschrägen und die Walzenblende drehbar zu machen. Es blieb Krupp überlassen, die Sehklappen rund oder rechteckig auszuführen; jedenfalls sollten die Sehschlitze durch Mehrschichtenglas gegen Bleisplitter geschützt sein. Das Heereswaffenamt, WaPrüf 6, bat um ein Angebot für die Fertigung von 60 Panzerkastenoberteilen und Türmen. Damit die kompletten Aufbauten bis 1.4.1934 geliefert werden konnten, mußten die Deutschen Edelstahlwerke das erste Gehäuse mit Turm am 1.1.1934, das letzte am 10.3.1934 bei Krupp abliefern.

Am 1.7.1933 teilte Krupp mit, daß, wenn der aufgestellte Lieferplan über 150 Fahrgestelle eingehalten werden sollte, wesentliche Änderungen nach dem 1.9.1933 nicht mehr vorgenommen werden durften. Um die Fahrversuche mit den Versuchsfahrgestellen zu beschleunigen, hatte WaPrüf 6 das am 15.7.1933 fertiggestellte Kleintraktor-Fahrgestell für die Fahrerprobung freigegeben. Ende Juli 1933 wurde das erste Fahrgestell in Panzerstahl erwartet. Die Serienfahrgestelle sollten auf dem Krupp-Schießplatz in Meppen mit je 50 km eingefahren werden.

Für die zweite Serie von etwa 150 Fahrgestellen, die voraussichtlich am 1.4.1934 bestellt werden sollten,

mußten andere Firmen als Ausweichfirmen eingeschaltet werden. Diese Firmen sollten bis zum 31.1.1934 je drei Versuchsfahrgestelle bauen und diese dann zwei Monate lang erproben.
Dieser Termin, 31.1.1934, ließ sich nur halten, wenn die Rohteile für die Fahrgestelle von Krupp bezogen wurden.
Bei einer Besprechung des Heereswaffenamtes, WaPrüf 6, mit Fa. Krupp in Essen am 1.7.1933 wurde erstmals das neue Kennwort »Landwirtschaftlicher Schlepper« (LaS) für den bisherigen Kleintraktor erwähnt. Für die Lieferung der ersten 150 LaS-Fahrgestelle wurden von Krupp nachstehende Termine angegeben: 31.12.1933 20 Stück, 31.1.1934 30 Stück, 28.2.1934 25 Stück, 31.1.1934 25 Stück, 30.4.1934 25 Stück, 25.5.1934 25 Stück. Die Deutschen Edelstahlwerke und die Zahnradfabrik Friedrichshafen (ZF) waren in der Lage, die entsprechenden Liefertermine einzuhalten. Die Deutschen Edelstahlwerke mußten die erste Panzerwanne und die Firma ZF das erste Wechselgetriebe bis zum 15.11.1933 liefern.

Krupp LaS mit geschmierten Gleisketten

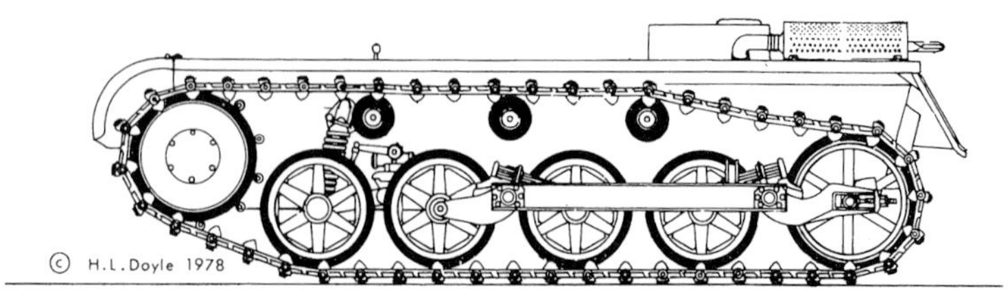

Den für den Nachbau in Frage kommenden Firmen Rheinmetall, Daimler-Benz, MAN, Krupp-Gruson und Henschel, die insgesamt 15 Versuchsfahrgestelle zu liefern hatten (drei je Firma), wurde am 7.7.1933 bei Krupp, Essen, das Fahrgestell vorgeführt. Auch wurde ihnen Einsichtnahme in die Konstruktionszeichnungen ermöglicht. Die Nachbaufirmen sollten bis zum 31.1.1934 je drei handwerksmäßig hergestellte Probefahrgestelle liefern. Krupp stellte den Nachbaufirmen die Zeichnungen für die Serienfertigung bis zum 1.2.1934 zur Verfügung. Der Aufbau mit Turm für den Kleintraktor, aber ohne Optik, in Flußeisen, war von Krupp bis zum 10.10.1933 fertigzustellen. Die Erprobung folgte dann bis zum 15.11.1933 mit anschließender Entscheidung über die endgültige Ausführung. Die Serienfertigung sollte am 1.12.1933 beginnen. Bis zum 31.3.1934 sollten 60 Aufbauten mit Türmen fertiggestellt sein.
Am 3.7.1933 teilte Krupp mit, daß für das Angebot über fünf Kleintraktor-Fahrgestelle Triebräder für die geschmierte Gleiskette Kgs 57/260/70 zugrunde gelegt waren. Da die Entscheidung über die ungeschmierte Gitterkette noch nicht gefallen war und dadurch die Fahrversuche mit den Fahrgestellen verzögert wurden, sollten auch beim 5. Fahrgestell eine geschmierte Gleiskette mit einem zugehörigen Triebrad verwendet werden. Vertreter von Krupp brachten von einer Besprechung mit dem Heereswaffenamt, WaPrüf 6, folgende Hinweise:
- Der Kleintraktor sollte unter Umständen auch mit 2-cm-, 3,7-cm-Geschütz oder Minenwerfer bewaffnet werden. Krupp sollte hierüber Vorschläge einreichen.
- Für Türme, Aufbauten und Wannen waren genietete Bleche nicht erlaubt. WaPrüf 6 wollte Schrauben- oder Nietverbindungen nicht zulassen, ohne daß sie vorher auf Beschußsicherheit geprüft wurden.

Am 12.7.1933 legte Krupp eine Beschreibung über die Herstellung der Schwimmfähigkeit des Kleintraktors vor. Die Panzerkampfwagen wogen, gefechtsmäßig ausgerüstet, etwa 4200 kg. Zum Schwimmen mußten, wegen der geringen eigenen Wasserverdrängung, Schwimmbehälter angebracht werden, um genügend Auftrieb zu erhalten. Der Schraubenantrieb wurde an die seitlichen Schwimmer verlegt, um den Kleintraktor von einem besonderen Schraubenantrieb zu entlasten. Beim Anbringen der Schwimmer wurde der Schraubenantrieb durch eine Klauenkupplung mit den Triebrädern verbunden, so daß das Lenken auf dem Lande und im Wasser gleich blieb. Diese Anordnung war am einfachsten, da die Gleisketten im Wasser mitliefen.

Die vier Meter langen Schwimmer mit je 1,5 m³ Inhalt waren aus Leichtmetall mit Schotten gebaut. Sie konnten in der Mitte geteilt werden, um das Verladen zu erleichtern.

Nach Zeichnung E 1188 konnte der Kampfwagen ins Wasser mit etwa 15° Neigung einfahren. Beim Herausfahren waren Steigungen von etwa 15° zulässig. Außerdem waren am Kleintraktor hinten noch Zusatzschwimmer von 600 mm Durchmesser und 2000 mm Länge notwendig, um ein Überfluten des Motorraumes zu vermeiden. Zum Transport der Schwimmer war empfohlen, ein leichtes Kleintraktor-Fahrgestell zu verwenden, welches schwimmfähig zu bauen war und die Schwimmer für zwei Kleintraktoren tragen konnte. Dieser Transportwagen sollte mit zwei Kleintraktoren von einem Ufer zum anderen schwimmen, die Schwimmer, hinten angehängt, wieder zur Abfahrtsstelle zurückbringen, um dann die fertiggemachten nächsten Kleintraktoren zu begleiten. Angenommen, es waren pro Zug vier Gefechtsfahrzeuge über einen 300 m breiten Fluß oder See zu fahren und jede Kompanie mit vier Zügen, das heißt 16 Kampfwagen, ausgerüstet, so waren zwei Transportfahrzeuge nötig, um pro Stunde eine Kompanie überzusetzen.

Erforderlicher Zeitbedarf:

- Anbringen der Schwimmer 5 Minuten
- Schwimmen mit 6 km/h 3 Minuten
- Abbau der Schwimmer 3 Minuten
- Zurückbringen der Schwimmer 3 Minuten

Für vier Kleintraktoren 14 Minuten, für 16 Fahrzeuge (1 Kompanie) 56 Minuten, also etwa eine Stunde. Es empfahl sich, an steilen Ufern ein- und an flachen auszufahren. Mit den Transportfahrzeugen waren vor dem Eintreffen der Kleintraktoren die Überfahrtmöglichkeiten zu erkunden.

Das Heereswaffenamt, WaPrüf 6 (V), erteilte am 14.7.1933 einen Konstruktionsauftrag zur Untersuchung des Einbaus eines leichten Minenwerfers 18 (leMW 18), eines 2-cm- und 3,7-cm-Geschützes in den Kleintraktor. Die Untersuchung des Einbaus der 2-cm- und 3,7-cm-Geschütze sollte zunächst unter dem Gesichtspunkt erfolgen, daß der Kleintraktor voll gepanzert blieb; erst in zweiter Linie war – unter Einschluß des leichten Minenwerfers 18 – der Einbau in den Kleintraktor als Selbstfahrlafette mit Teilpanzerung zu prüfen. Die für den Erdkampf vorgesehene Lafettierung der 3,7-cm-Tak in Spreizlafette und des leMW 18 war für den Einbau im Kleintraktor ungeeignet. Daher waren nur Rohr und Wiege aus den bereitgestellten Zeichnungen zu übernehmen. Die Lafettierung mußte neu ausgelegt werden. Am 14.7.1933 erhielt die Firma Friedrich Krupp AG, Abt. A K, vom Heereswaffenamt unter dem Aktenzeichen 76 g 2016 Wa Prw 6 (Va) den Vorbescheid für die Lieferung von 135 Fahrgestellen für Landwirtschaftliche Schlepper (LaS). Als Liefertermin wurde der 25.5.1934 bestimmt.

Die Lieferung der ersten ZF-Wechselgetriebe für den Kleintraktor hatte sich bis zum 12.7.1933 verzögert. Das erste Fahrgestell machte die erste Probefahrt am 21.7.1933 und wurde zur weiteren Werkserprobung am 24.7.1933 nach Meppen überführt. Das zweite Fahrgestell war am 26.7., das dritte am 29.7.1933 in Essen fahrbereit. Das vierte Fahrgestell, welches noch in Flußstahl geliefert wurde, wurde für den 2.8.1933 erwartet, das fünfte in Panzerstahl am 8./10.8.1933.

Ein Bericht von der Übernahme des ersten Kleintraktors in Meppen durch das Heereswaffenamt, WaPrüf 6, am 25.7.1933 besagte, daß diese gut verlief. Beim ZF-Getriebe setzte sich beim Schalten der Schalthebel zwischen dem 4. und 5. Gang fest. Kilometerstand am 25.7. 63 km, am 26. vor dem Verladen 102 km. Gegenüber dem bei der Verskraft in Kummersdorf laufenden Erprobungsfahrgestell war am Laufwerk eine wesentliche Verbesserung erzielt worden. Durch den versuchsweisen Einbau einer Drehstabfederung versprach man sich eine weitere Verbesserung. Die Fahrzeuge wurden zur weiteren Erprobung und Abnahme an die Verskraft in Kummersdorf geliefert (Leiter der Kraftfahrversuchsstelle des Heereswaffenamtes in Kummersdorf war von 1933-1936 Dr.-Ing. Beck, anschließend Professor am Institut für Kraftfahrwesen an der Techn. Hochschule Dresden und Berlin). Für den Winterbetrieb wurden für das Anlassen des Motors mit Andrehkurbel Schwierigkeiten erwartet.

Die unter der Bezeichnung »Krupp-Traktor« an die Truppe ausgelieferten »Landwirtschaftlichen Schlepper« (LaS) hatten anstelle von Panzerkastenoberteil und Drehturm einen Simulator, der dem Panzer das normale Gefechtsgewicht vermittelte und gleichzeitig Verwindungen der oben offenen Wanne aufnahm

Fahrgestell des »Landwirtschaftlichen Schleppers« schräg von vorne

Am 26./27.7.1933 wurde bei Krupp in Essen durch das Heereswaffenamt, WaPrüf 6, das Holzmodell des Kleintraktor-Turmes besichtigt und für gut befunden. Hervorgehoben wurde vor allem seine Geräumigkeit. Nachstehende Verbesserungen wurden vorgeschlagen:

- Anbringen einer breiteren Walzenblende mit 150 mm breiter Klappe, rechts daneben Optik, daneben MG
- Anbringen einer Öffnung in der Einsteigluke für Flaggenzeichen
- Klappen in der Turmwand waren auf 100 x 200 mm, Sehschlitze auf 150 mm Breite zu vergrößern. Sämtliche Klappen sollten schwenkbar gemacht werden
- von Zeiss war das Modell der Optik anzufordern und einzubauen
- auf eine Zusatz-Seitenrichtung konnte verzichtet werden

Die Zeichnung W 258 für den Aufbau und Turm mit 2-cm-Kanone war daraufhin durchzuarbeiten, ob ein dritter Mann rechts vom Schützen untergebracht werden konnte. Der Bau eines Turmes mit Zwillings-MG wurde durchgesprochen. Am günstigen erschien der Einbau eines MG mit Gurtzuführung und eines MG mit Magazin. WaPrüf 6 übergab Unterlagen für das Halger-MG*, welches eine besonders große Schußleistung aufwies. Die Anbringung der Antenne und die Zuführung der Leitungen für die Funkausrüstung wurde durchgesprochen. Die ersten vier von Krupp gelie-

* Schwedische Entwicklung

ferten Kleintraktoren-Fahrgestelle wurden am 4.8.1933 bei Fa. Krupp in Meppen durch das Heeres-Zeugamt Spandau abgenommen. Empfänger war der Kraftfahrversuchsstab, Döberitz-Elsgrund. Die Überführung erfolgte durch Bahntransport.

Die ersten zur Ausbildung bestimmten Landwirtschaftlichen Schlepper, auch als »Krupp-Traktor« bezeichnet, hatten anstelle von Panzerkastenoberteil und Drehturm ein Belastungsgewicht, das dem Panzer das normale Gefechtsgewicht vermittelte und gleichzeitig die Verwindungen der oben offenen Wanne aufnahm.

Am 8.8.1933 übersandte Krupp an das Heereswaffenamt, WaPrüf 6 (W), die Entwürfe W 569 und W 570 für den Kleintraktor mit Pritschenaufbauten. Beim Entwurf W 570 konnten drei Mann untergebracht oder, nach Öffnen einer Klappe, sperriges Gut befördert werden.

Am 3.10.1933 fand bei Krupp in Essen eine Besprechung mit Vertretern der Nachbaufirmen statt. Aus Geheimhaltungsgründen wurden bei Lieferungen der Firmen Deutsche Edelstahlwerke (Wanne, Turm, Panzerkastenoberteil) und Moorburger Treckerwerk (Gleisketten) getarnte Versandadressen benutzt. Die Lieferung der von den einzelnen Firmen bei Krupp bestellten Rohteile begann am 15.10.1933. Der erste Motor wurde am 30.11., der letzte am 15.12.1933 geliefert. Die Abnahmefahrten für die jeweils von

Ein Blick in das LaS-Fahrgestell in Richtung auf den vorderen Teil des Fahrzeugs, links der Fahrersitz

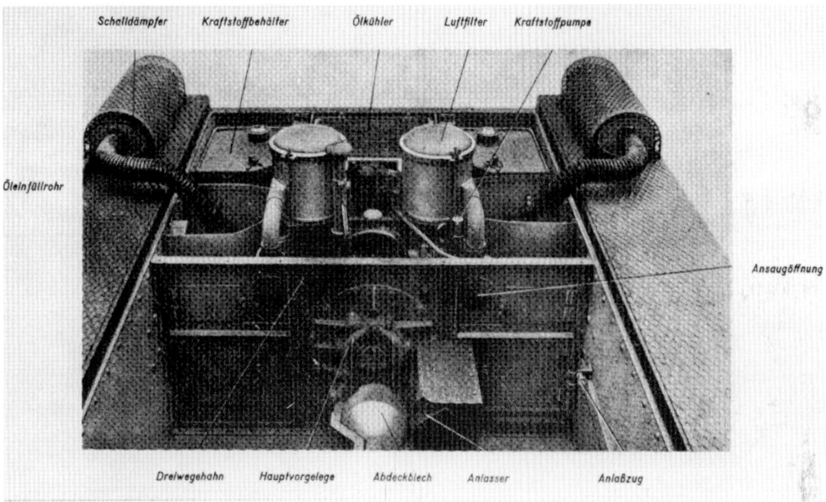

LaS-Fahrgestell mit Blick nach hinten auf den Motorraum

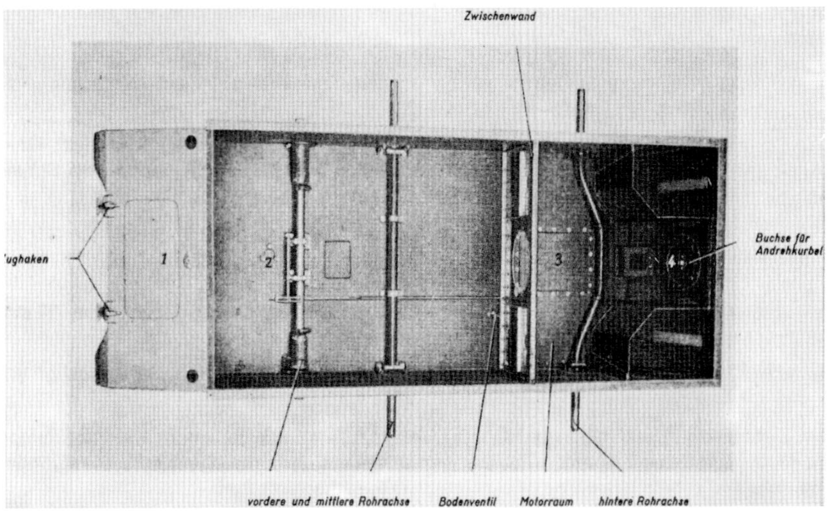

LaS-Panzerwanne von oben

Lage der Antriebs-aggregate im LaS
a Triebwerk,
b Ölkühler,
c Hauptuntersetzungsgetriebe,
d Antriebswelle,
e Hauptkupplung,
f Getriebe,
g Schalthebel,
h Teller- und Kegelrad,
i Lenkkupplungen,
k Kupplungsbremse,
l Lenkhebel,
m Vorgelege,
n Antriebsräder,
o Ketten

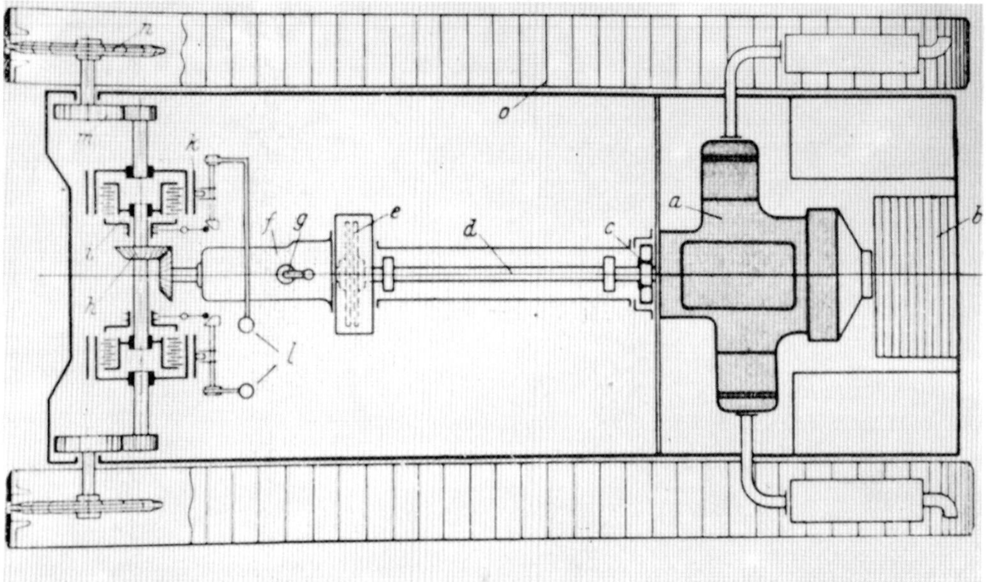

Rechte Seite:

LaS-Kupplungslenkgetriebe in schematischer Darstellung

LaS-Wechselgetriebe mit angeflanschter Kupplung und Kupplungslenkgetriebe

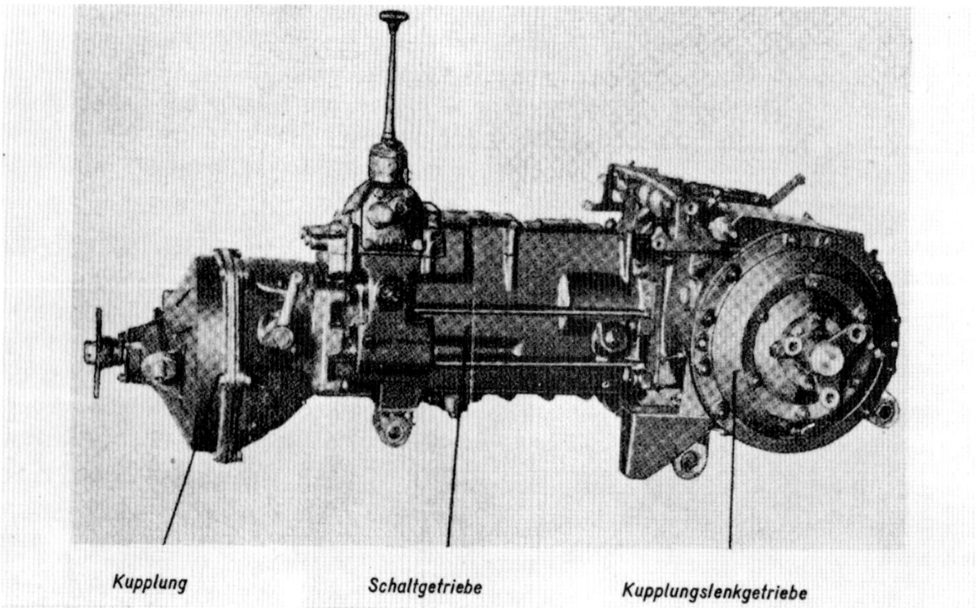

Vordere Laufrolle mit Aufhängung und Stützrolle

Rollenwagen des Laufwerks mit Federung. Unten Darstellung einer Stützrolle

Schema des synchronisierten Wechselgetriebes

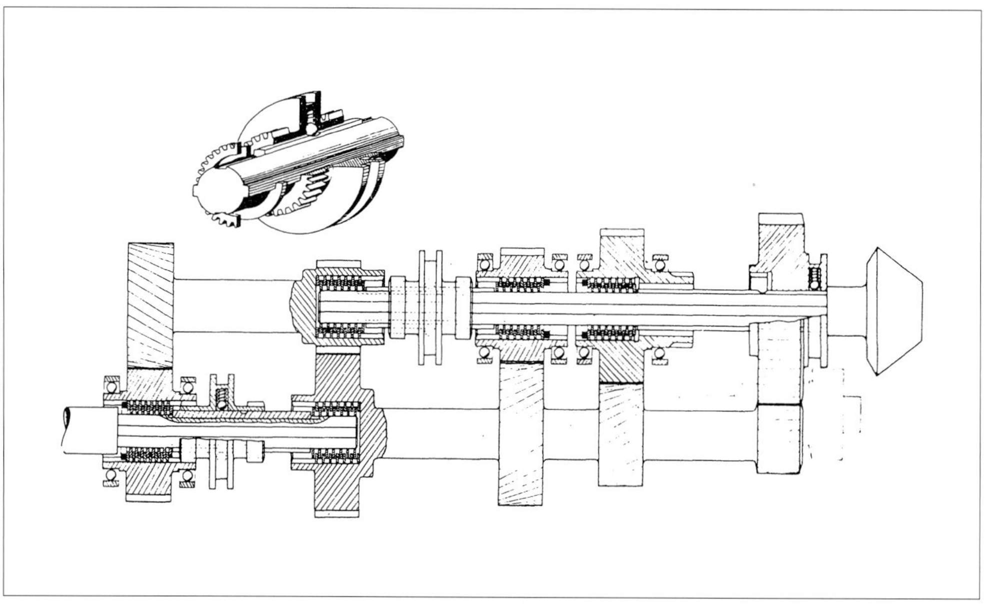

Gleiskette des LaS

Schnitt durch das LaS-Leitrad

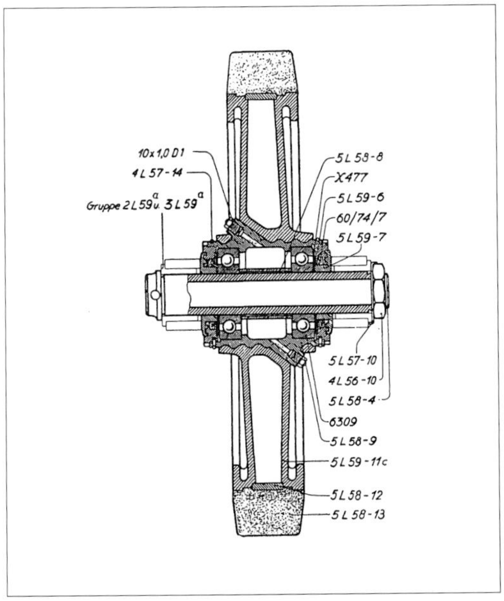
10x1,0 D1
4L 57-14
Gruppe 2L59ᵃ u. 3L59ᵃ
5L 58-8
X477
5L 59-6
60/74/7
5L 59-7
5L 57-10
4L 56-10
5L 58-4
6309
5L 58-9
5L 59-11c
5L 58-12
5L 58-13

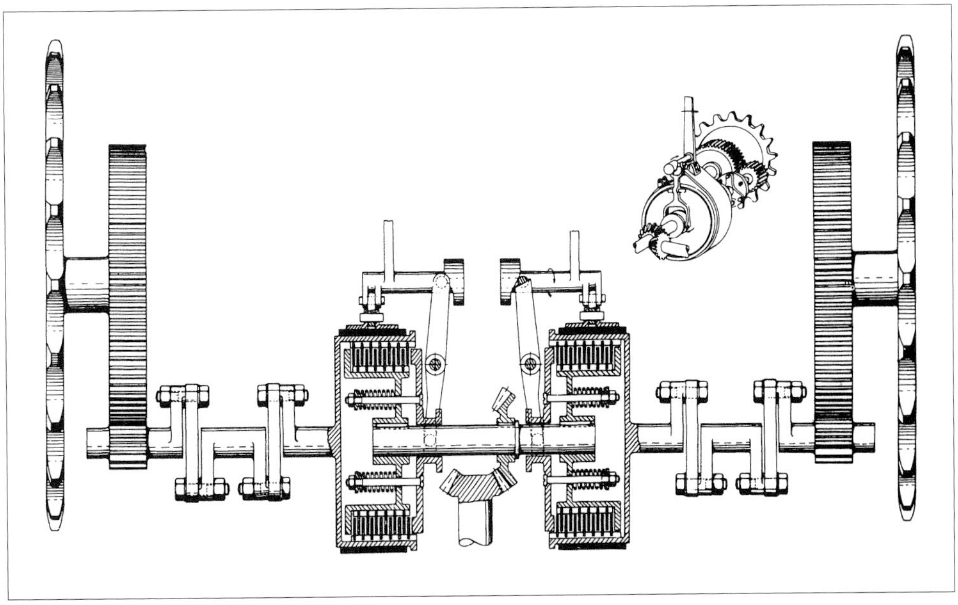

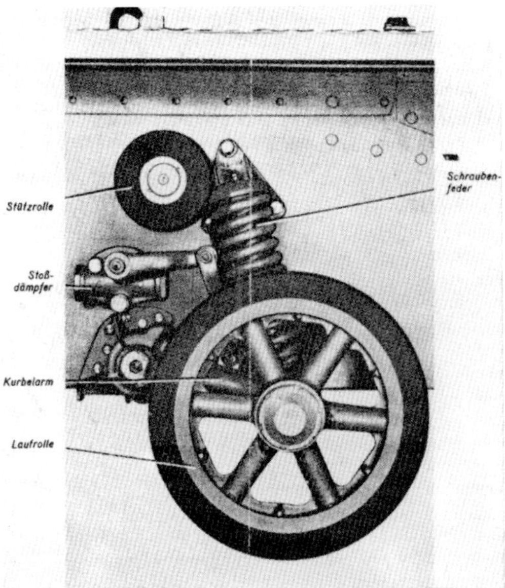
Stützrolle
Stoß-
dämpfer
Kurbelarm
Laufrolle
Schrauben-
feder

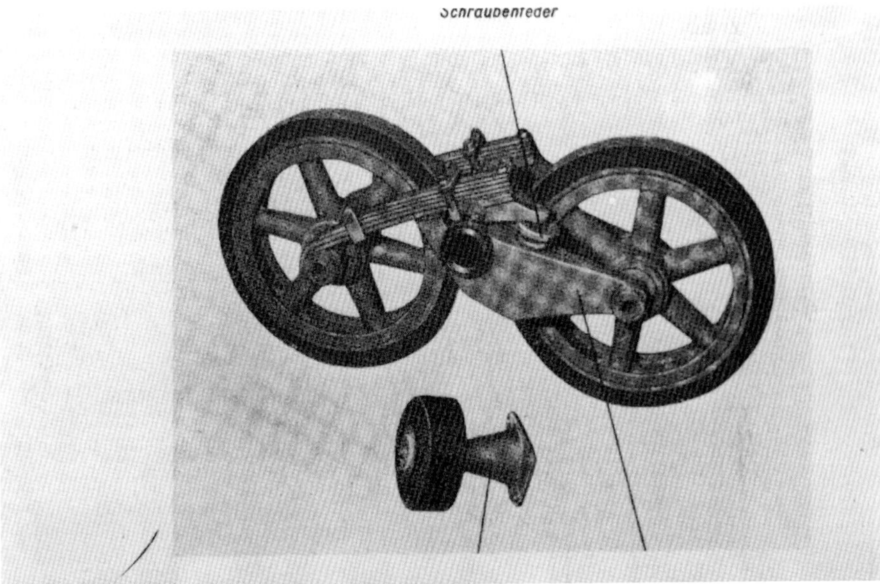
Schraubenfeder

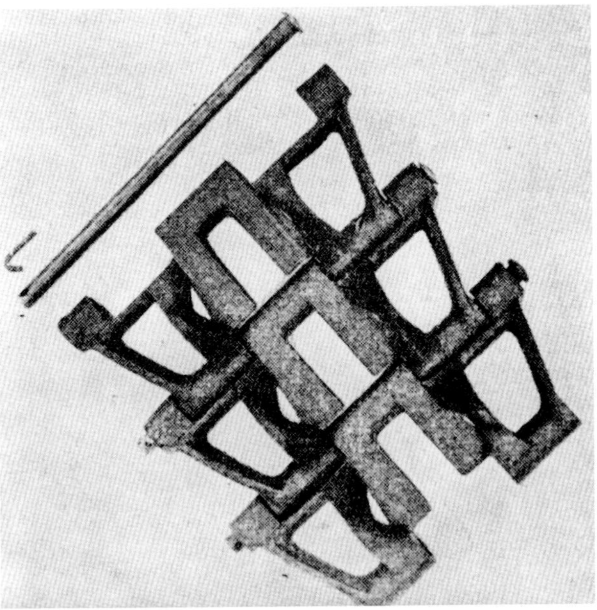

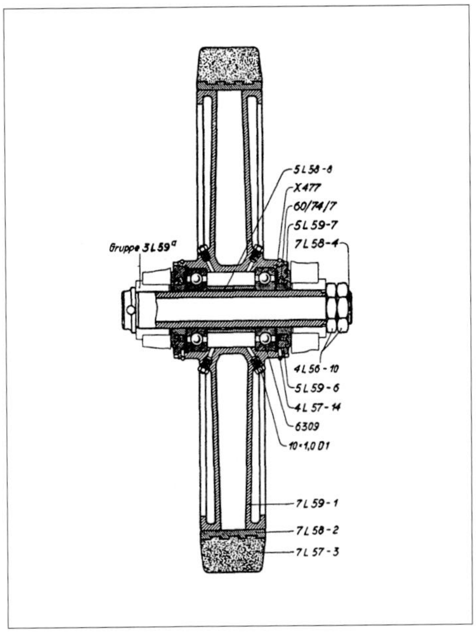
5L 58-8
X477
60/74/7
5L 59-7
7L 58-4
Gruppe 3L59ᵃ
4L 56-10
5L 59-6
4L 57-14
6309
10×1,0 D1
7L 59-1
7L 58-2
7L 57-3

Aufhängung des mittleren LaS-Rollenwagens

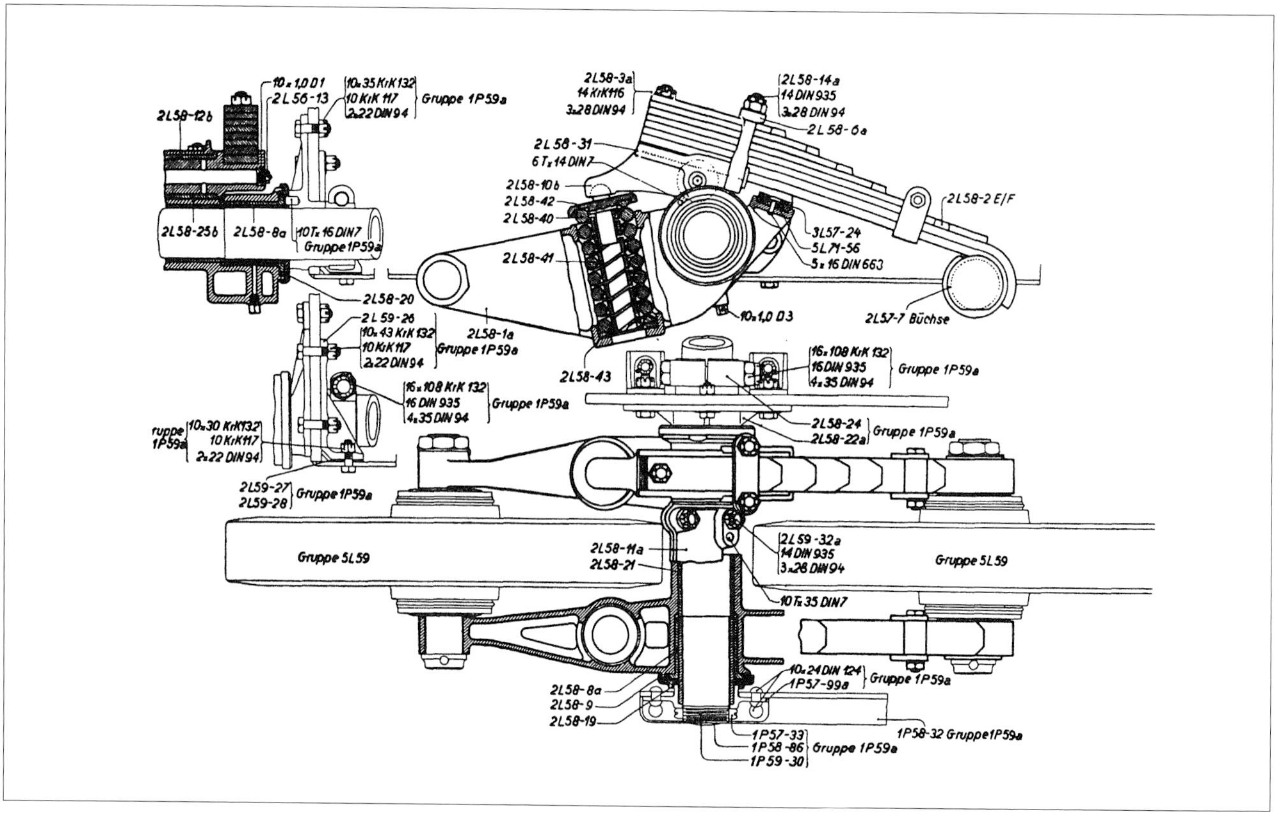

Aufhängung des LaS-Leitrades

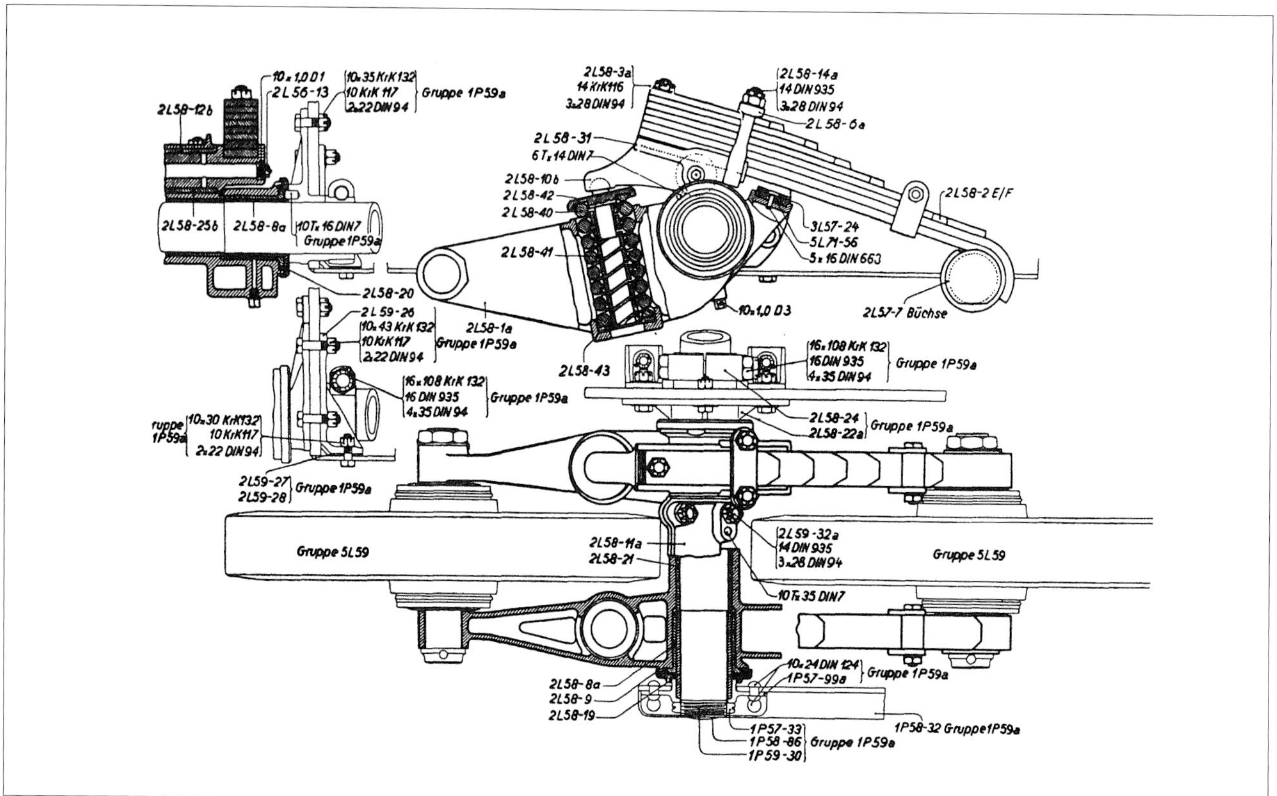

den Nachbaufirmen hergestellten Fahrzeuge wurde für Rheinmetall in Unterlüß, für Henschel in Dörnberg bei Kassel, für Daimler-Benz in Kummersdorf vorgenommen. Die MAN suchte noch nach einem geeigneten Gelände. Krupp-Gruson hatte Altengrabow in Aussicht genommen. Den Nachbaufirmen wurde anheimgestellt, je einen Fahrer zum Fahren der Kleintraktoren zur Verskraft in Kummersdorf zu entsenden. Interessant ist die Tatsache, daß der den Kleintraktor (Landwirtschaftlichen Schlepper) betreffende Schriftverkehr offen geführt wurde.

Da einige der Kleintraktoren ähnlich dem Carden-Loyd als Zugmaschinen verwendet werden sollten, war an einem Fahrzeug versuchsweise eine federnde Zugvorrichtung anzubringen. Als Zughaken sollte der des mittleren Kübelsitzwagens (Kfz. 12) verwendet werden. Die Fahrversuche zeigten, daß neben der Handbremse auch eine Fußbremse notwendig war. Sie wurde nachträglich so eingebaut, daß sie auf die beiden Lenkbremstrommeln wirkten. Bei längerer Fahrt qualmten die Lenkbremsen so stark, daß die Besatzung sich bei geschlossenem Aufbau nicht ohne Entlüftung der Bremsen im Fahrzeug aufhalten konnte. Eine Entlüftung der Lenkbremsen wurde daher noch vor Beginn der Serienfertigung vorgesehen. Die erste Serie wurde mit Motoren ohne Trockensumpfschmierung geliefert. Krupp wurde beauftragt, diese einzubauen. Die

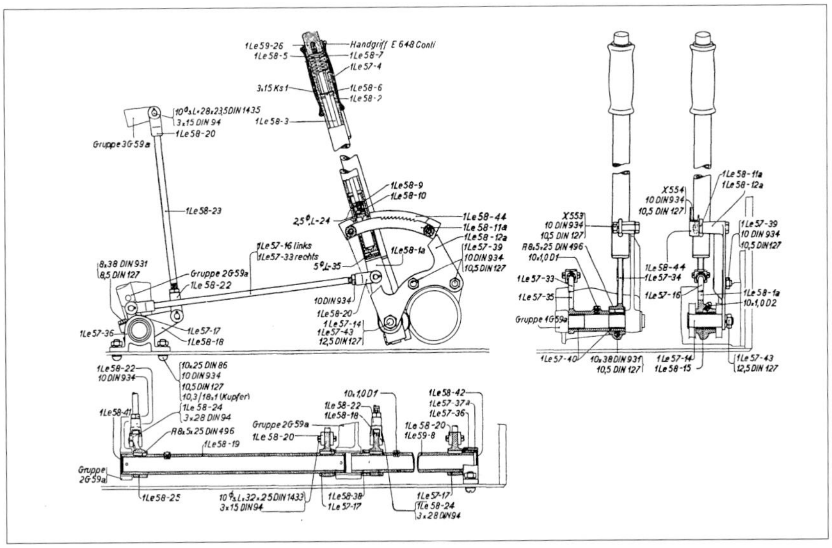

Betätigungshebel für die LaS-Lenkbremsen

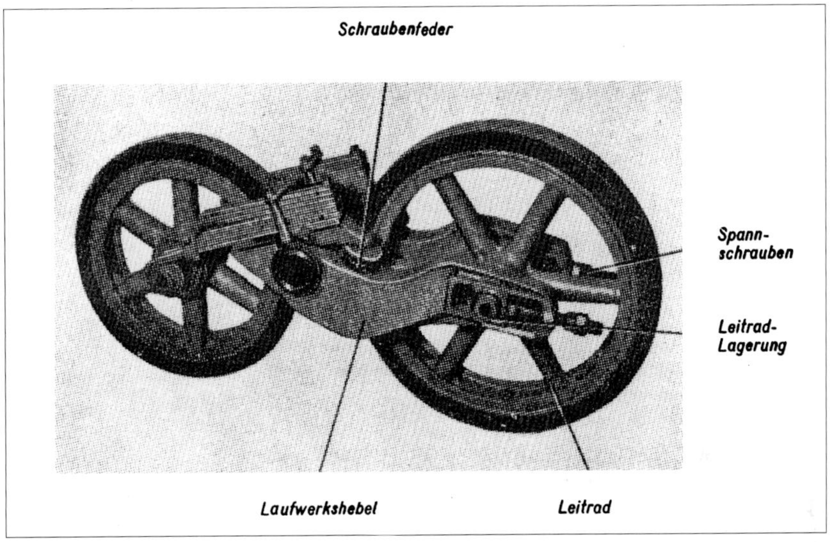

Aufhängung der hinteren LaS-Laufrolle und des Leitrades

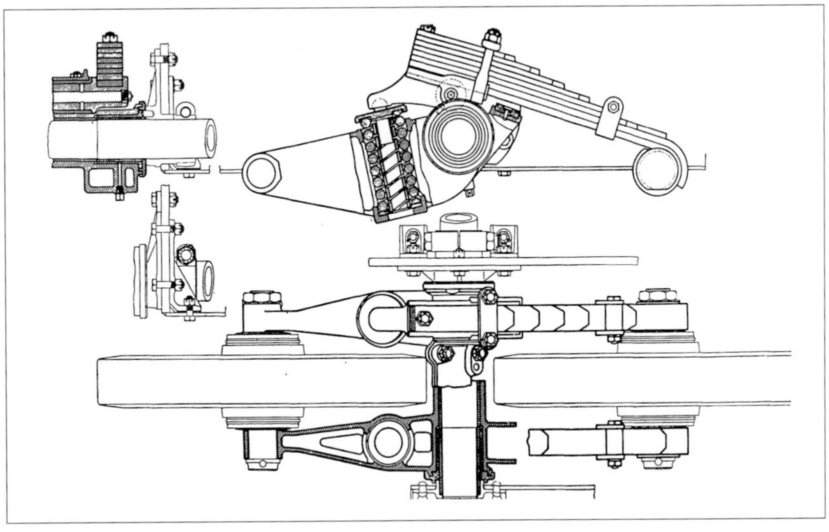

Schnitt durch den mittleren Laufwerks-Schwingarm

Der luftgekühlte 4-Zylinder-Krupp-Boxermotor M 305 des LaS, die Zeichnung ergänzt das Bild

1 Ölmeßstab
2 Schlammablaßschraube
3 Spaltfilter
4 Ölbadluftfilter
5 Kraftstoffpumpe
6 Zündverteiler
7 Zündspule
8 Saugrohr
9 Lichtanlaßmaschine
10 Kupplungswelle
11 Kurbelgehäuse
12 Ölleitung zum Zündverteiler-Antriebsgehäuse
13 Ölwanne
14 Rechter Auspuffkrümmer
15 Ölleitung für Kipphebel
16 Schutzdeckel
17 Zylinderkopf
18 Ventilhebelgehäuse

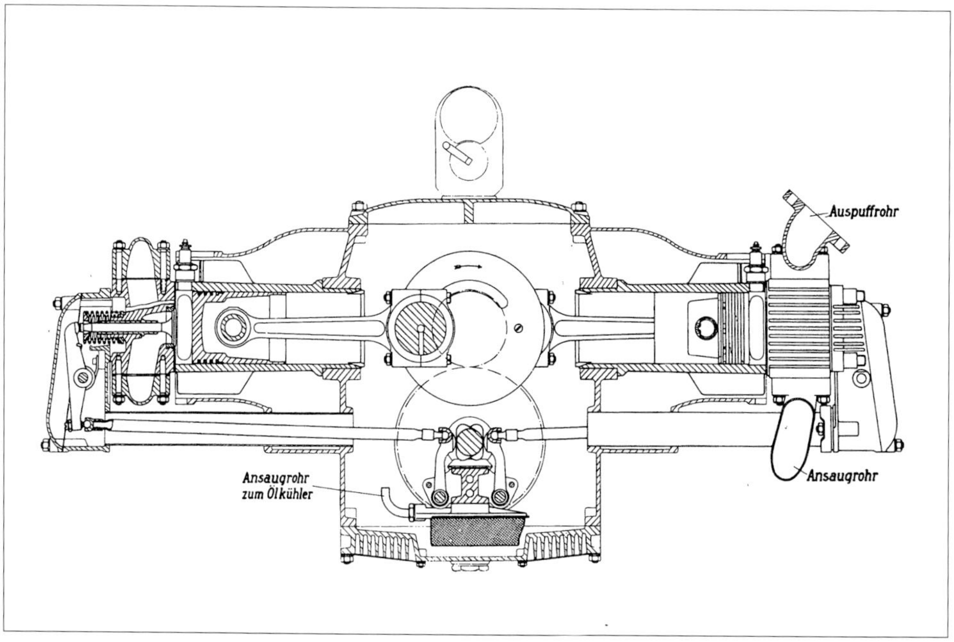

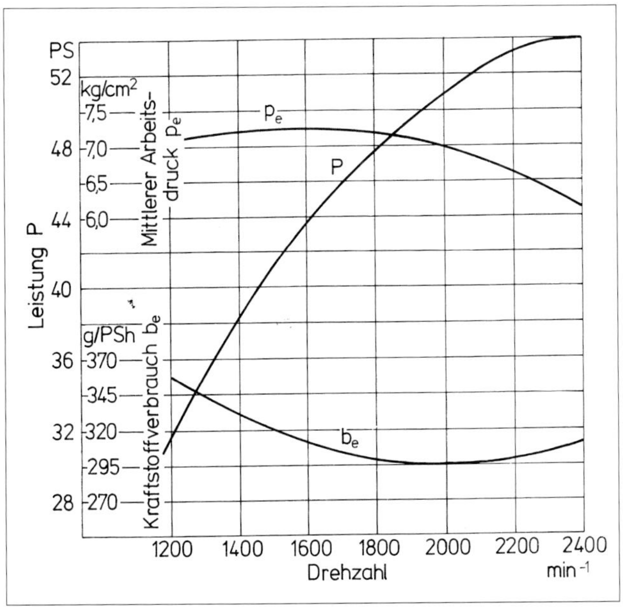

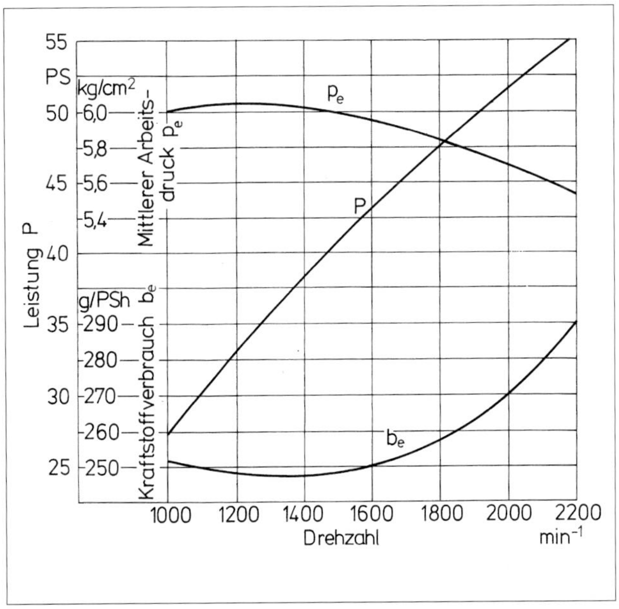

Leistung, Drehmoment und Kraftstoffverbrauch der Krupp-Motoren M 304 (Otto) und M 612 (Diesel) (rechts)

Entwicklung der Schwimmkonstruktion war so zu beschleunigen, daß sie bis Ende Oktober 1933 an das Waffenamt abgeliefert werden konnte.

Der Inspekteur der Kraftfahrtruppen (In 6), General Lutz, hatte sich gegenüber Vertretern des Waffenamtes lobend über die Leistungen der Fahrzeuge bei einer Vorführung auf dem Truppenübungsplatz in Münsingen ausgesprochen, erwartete aber für künftige Kampfwagen eine größere Beweglichkeit im Gelände. Krupp lehnte den Vorschlag, einen Teil der 135 bestellten Landwirtschaftlichen Schlepper für einen stärkeren Motor zu reservieren, aus Fabrikations- und Preisgründen ab und empfahl, mit einem Versuchsfahrzeug und stärkerem Motor Parallelversuche zu machen.

Am 20.10.1933 wurde bekanntgegeben, daß die Bezeichnung »Landwirtschaftlicher Schlepper« (LaS) nur für die Fahrzeuge der Serien-Bestellung (135 Stück) bestimmt war,

Der MG-Kampfwagen (Vs.Kfz. 617) bisherige Bezeichnung LaS, schräg von vorne

Am Fahrzeug waren angebracht:
a = Abschleppseil,
b = Axt,
c = Spaten,
d = Feuerlöscher

Instrumente des Landwirtschaftlichen Schleppers

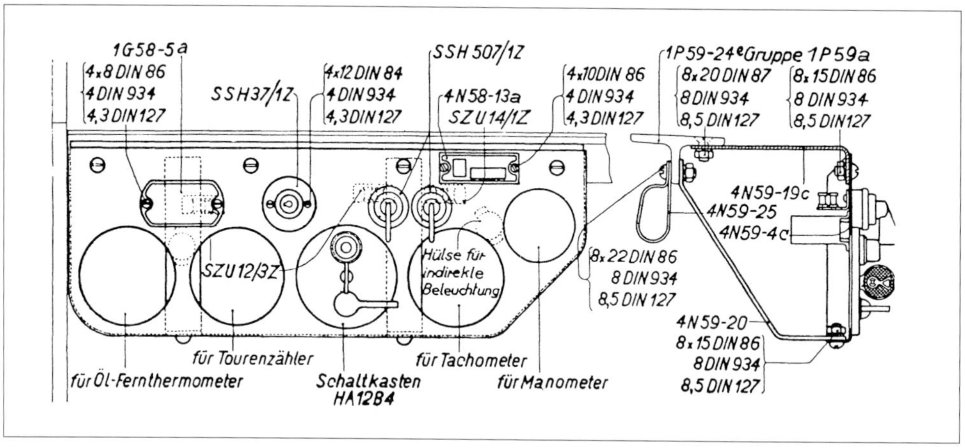

Erklärungen der Einzelheiten des LaS-Fahrgestells

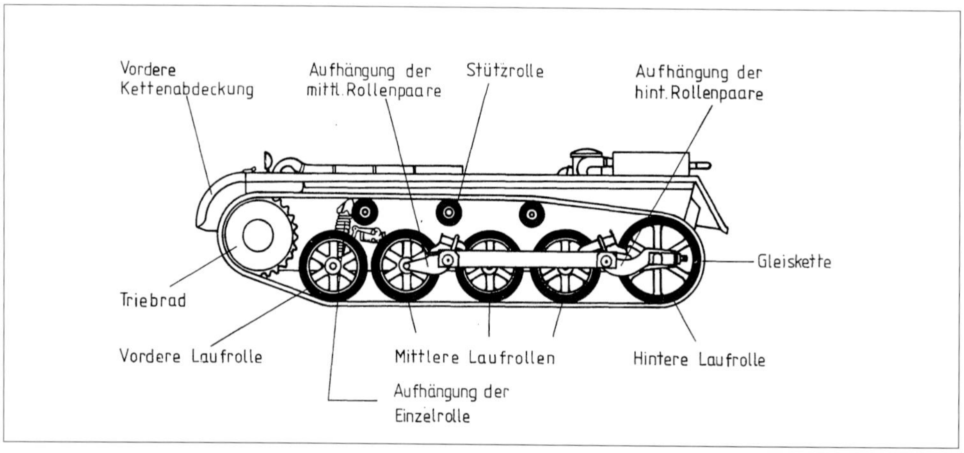

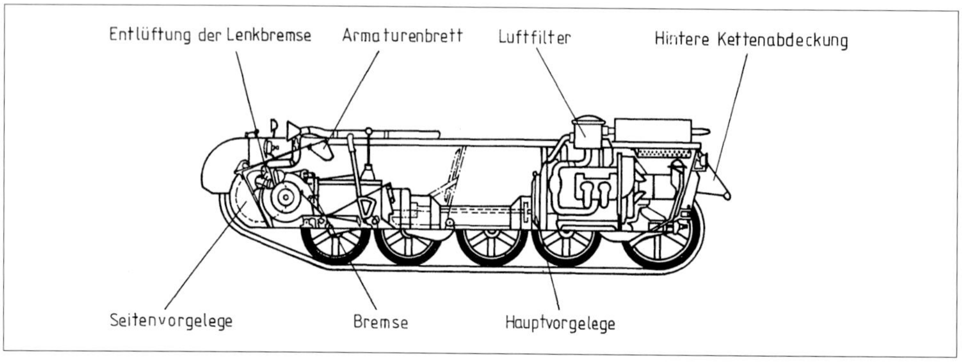

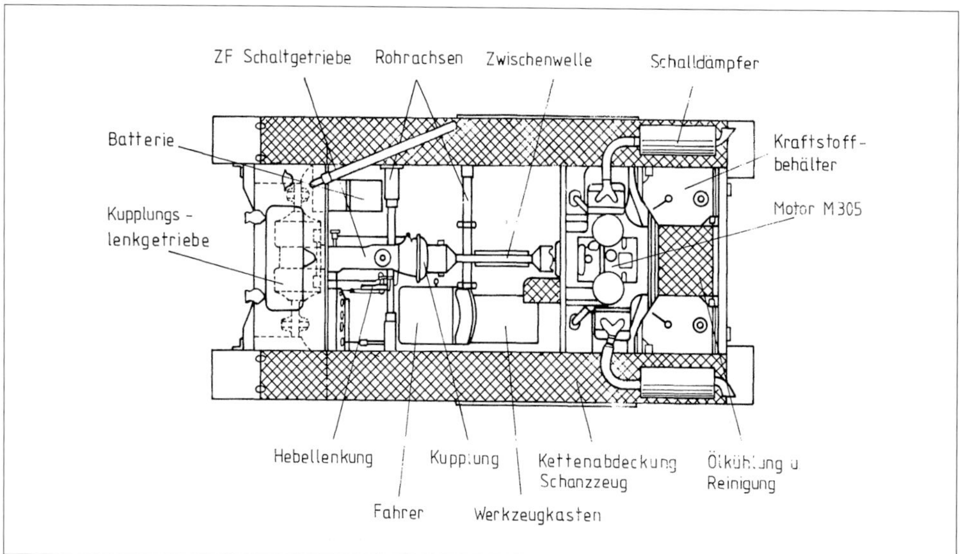

Blick von hinten rechts:
a = Brechstange,
b = kurze Brechstange,
c = Drahtschere,
d = Wagenwinde,
e = Unterlegeklotz für Wagenwinde

Einen Blick auf den Fahrersitz:
a = Gepäckkasten rechts über dem Wechselgetriebe,
b = Schutzscheibe für Fahrersehklappe,
c = Ablegekasten

Blick in das Innere des Kampfraums:
a = Gepäck,
b = Verbandskästen,
c = Zielschiene für MG 13,
d = Gasmasken,
e = Doppelfernrohr,
f = 7 Magazine für MG-Munition,
g = Schutzgläser,
h = Magnetlampe,
i = Doppelkopfhörer

Rechte Spalte:

Hauptmaße des LaS-Fahrgestells

a
b
c
d
e

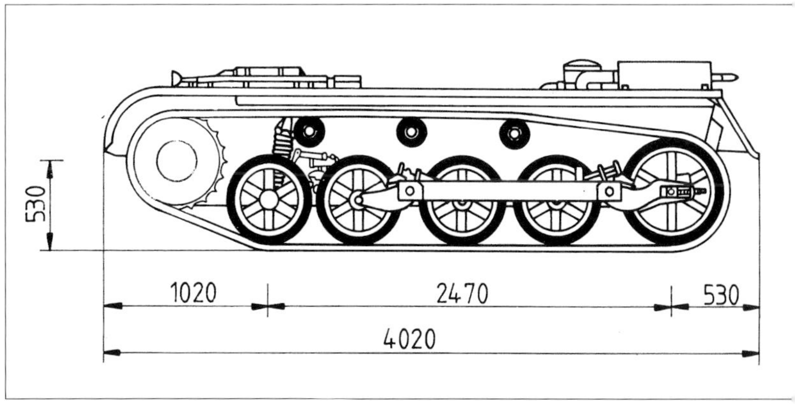
530
1020
2470
530
4020

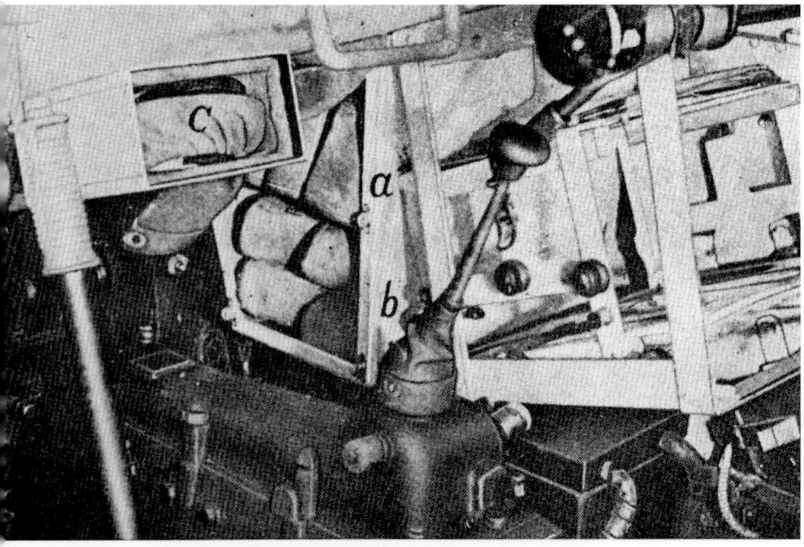
c
a
b

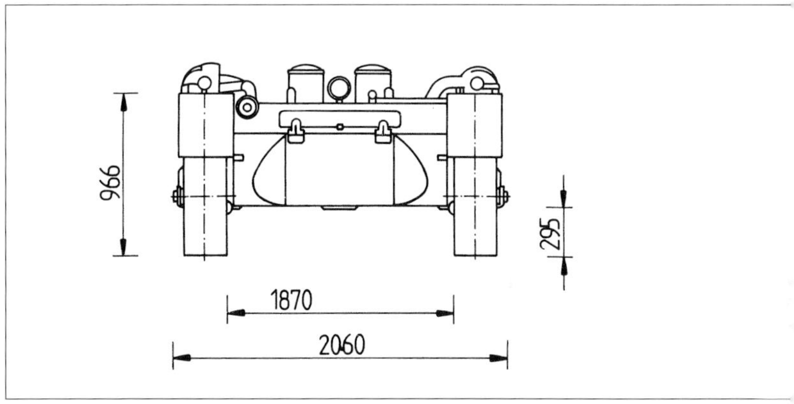
966
295
1870
2060

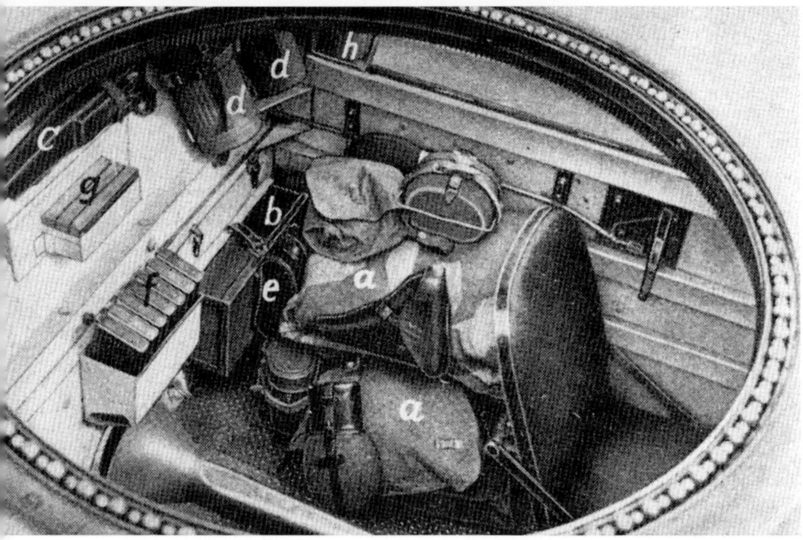
h
d
d
c
g
b
e
a
f
a

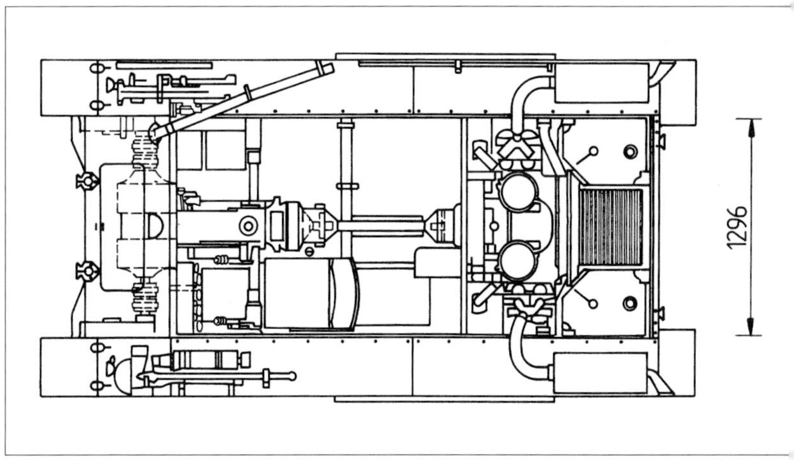
1296

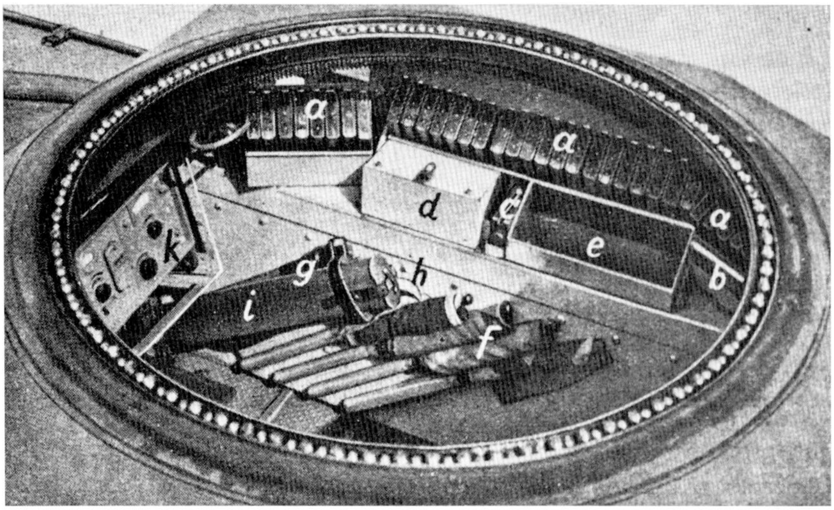

Blick in das Innere der LaS-Wanne:
a = 43 Magazine,
b = Reinigungsgerät,
c = Ölkanne,
d = MG-Zubehör,
e = Kreiskorn,
f = Signalflaggen,
g = Führerwimpel,
h = Stab zum Zeichengeben,
i = Laufbehälter,
k = Empfänger

Blick in das Innere des Drehturmes:
a = 2 MG 13,
b = Hülsensäcke,
c = Zielfernrohr,
d = 8 Magazine

während alle anderen Fahrzeuge nach wie vor die Bezeichnung Kleintraktor (Kl. Tr.) trugen. Die Fahrgestell-Nr. der Vorserienfahrzeuge begann ab 8001. Die Versuchsstelle in Kummersdorf beklagte sich darüber, daß zum Ausbau eines Zylinders der ganze Motor zerlegt werden mußte. Es war aber wegen der Wanne nicht möglich, den Motor breiter zu bauen. Die Motoren sollten vor dem Einbau in das Fahrzeug dreimal 8 Stunden in Essen einlaufen. Ab 1.12.1933 sollte von Krupp täglich ein Fahrgestell fertiggestellt werden. Als Anstrich wurde für die Fahrgestelle nach der Probefahrt auf dem Schießplatz der Fa. Krupp in Meppen feldgrau vorgeschrieben.

Henschel in Kassel, welches die Panzerentwicklung unter dem Firmennamen Hessische Industrie- und Handels-GmbH aufzog, führte dem Heereswaffenamt, WaPrüf 6, zu diesem Zeitpunkt ein Fahrzeug mit

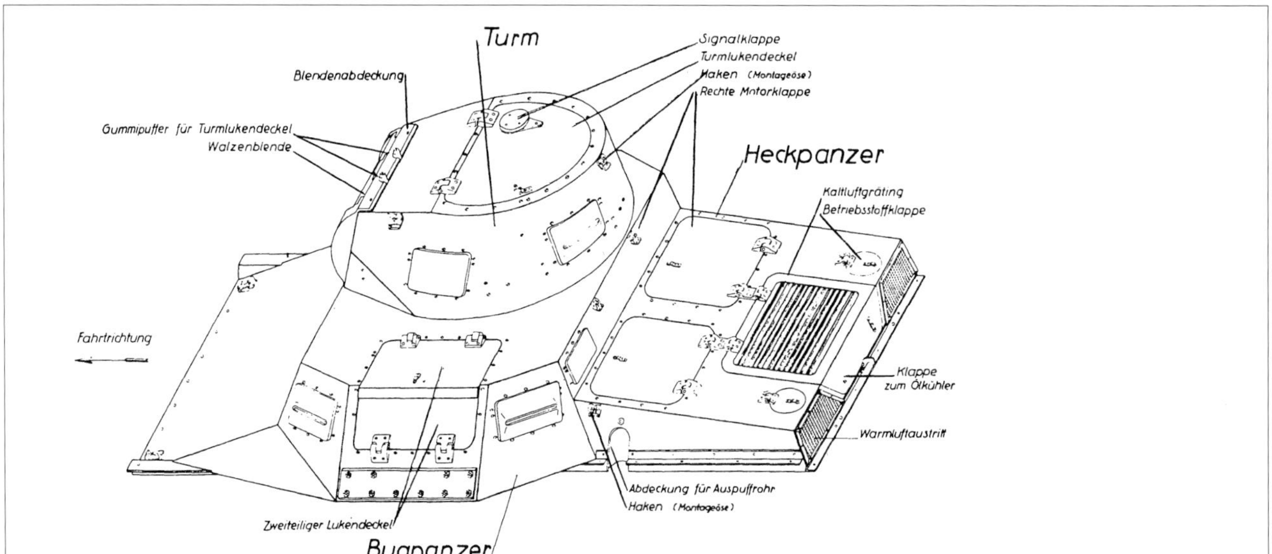

Komponenten von Panzerkastenoberteil und Drehturm

einer 150-PS-Dampfmaschine vor, dessen Entwicklung drei Jahre beanspruchte. Die 2-Zylinder-Dampfmaschine hatte 120 bar Betriebsdruck und Rohölfeuerung, ihre Bedienung war einfach. Im Verbrauch lag sie etwas über dem Dieselmotor, sie schien sich für den Einsatz als schwere Zugmaschine zu eignen.
Henschel hatte von Mitte Mai bis Ende August 1933 im Berliner Konstruktionsbüro verschiedene Projekte für 6- und 16-t-Panzerkampfwagen angefertigt. Einer dieser Entwürfe wurde, wie oben erwähnt, durch eine Dampfmaschine (System Doble) angetrieben.
Henschel schlug vor, die Dampfanlage in ein LaS-Fahrzeug einzubauen, wobei das Wechsel- und Lenkgetriebe entfallen konnte.
Im September 1933 wurde mit der Einrichtung der Werkstatt CS (Bezeichnung für Panzerfertigungshalle) für einen Versuchsauftrag auf drei LaS-Schlepper bei Henschel in Kassel begonnen. Die Fahrgestell-Montage begann Ende Dezember 1933. Das erste Fahrzeug war am 3.2.1934 fertiggestellt. Die Abnahme der drei Fahrzeuge erfolgte am 27.4.1934 durch einen Beauftragten des Heereswaffenamtes.
Gelegentlich einer Besprechung bei Krupp in Essen machte Henschel eine Reihe von Verbesserungsvorschlägen, die zum größten Teil in die Konstruktion der Serienfahrzeuge einflossen. Von den abgelieferten drei Fahrgestellen war eines mit einer von Henschel vorgeschlagenen neuartigen Lenkkupplung ausgerü-

MG-Kampfwagen (Vs.Kfz. 617) in der ursprünglichen Ausführung (oben) und in der verbesserten Ausführung (unten)

a Panzerwanne
b Antenne
c Walzenblende
d Turm
e Bugpanzer
f Heckpanzer

a Panzerwanne
b Heckpanzer
c Bugpanzer
d Montageösen
e Turm
f Antennenschutzrinne
g Antenne

a Edison-Sammler
b Werkzeugtasche für Nachrichten-Gerät u. Funk-Ersatz-Spule
c MG-Lauf-Behälter
d Flaggen
e Ersatzkettenglieder
f Motorgenerator
g Drehübertrager
h Fu.-Res.-Röhren
i Zielschiene
j Panzerschürze

Bugpanzer, Heckpanzer und Drehturm getrennt

Blick in das Fahrgestell des MG-Kampfwagens (VS Kfz 617) unten mit Bodenabdeckung

a Edison-Sammler
b MG-Lauf-Behälter
c Flaggen
d Trittleisten
e Zielschiene
f Drehübertrager
g Panzerschürze

Vierseitenansicht des Heckpanzers

Der Bugpanzer mit Fahrereinstiegluke

a Deckelstütze
b Einsteigluken-deckel
c Stangenschloß
d Kugellager
e Montageöse
f Fu-Gerät-Aufhängung
g Stellhebel zur Antenne
h Motorklappen-regulierung

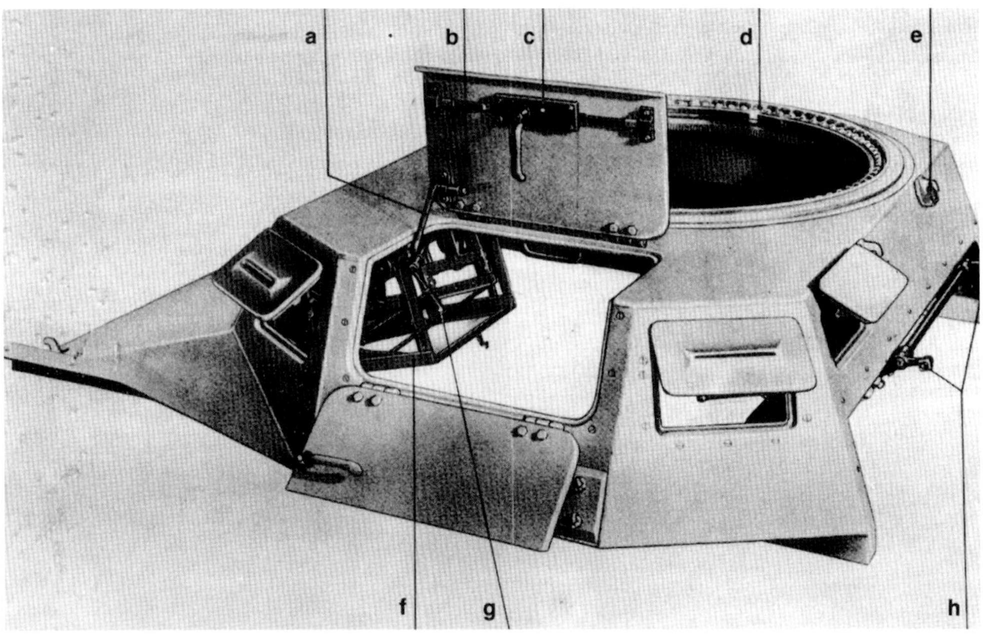

Dreiseitenansicht des Bugpanzers

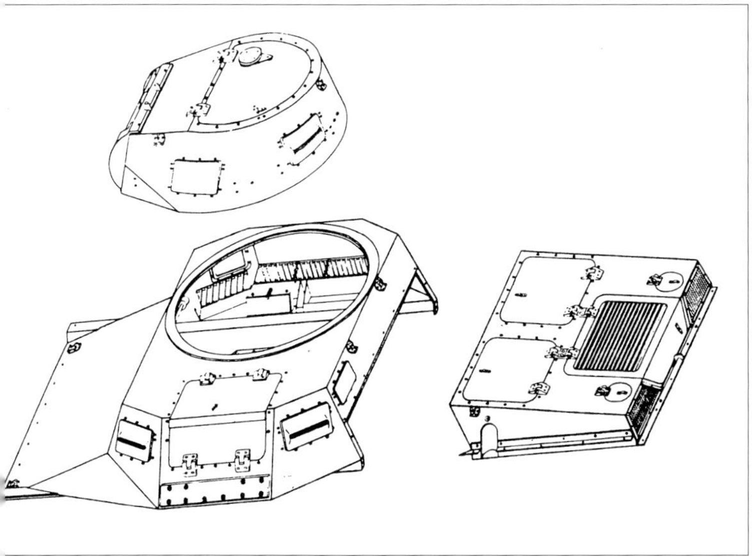

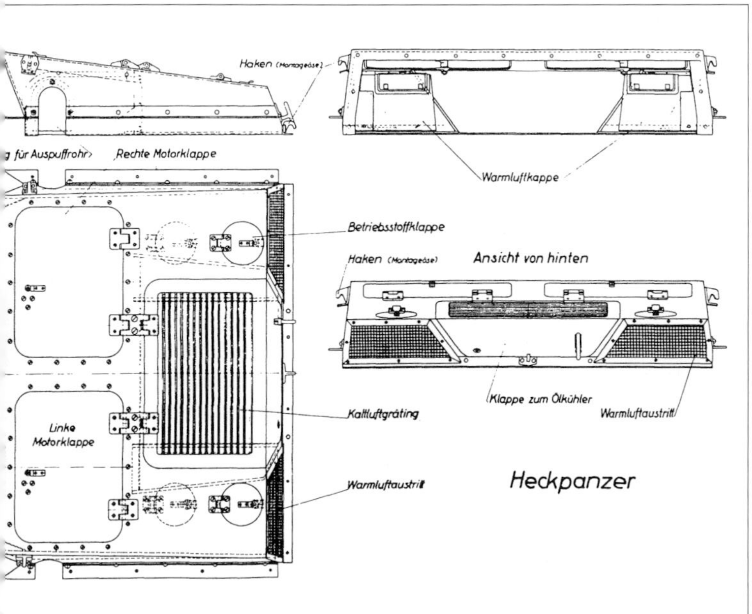

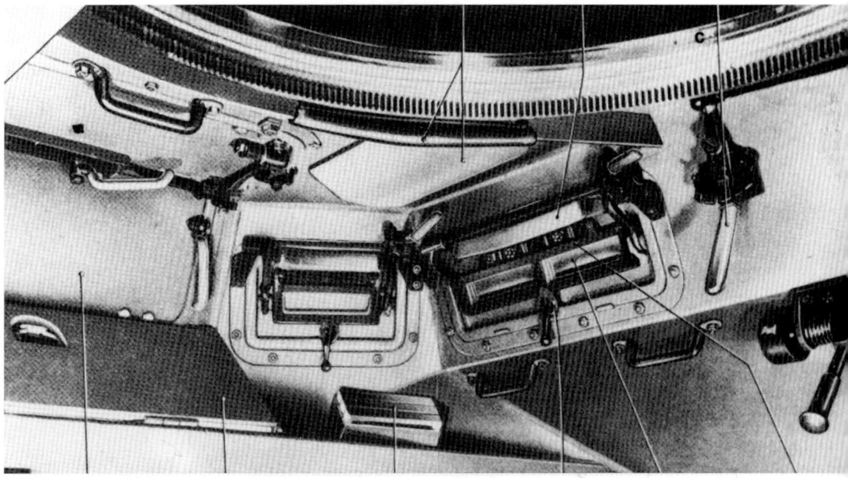

Oberes Bild:
a Betätigung für Sehklappe
b Behälter für Kopfhörer
c Gepäckschrank
d Stellhebel zur Antenne
e Fu-Gerät-Aufhängung
f Magazinkasten

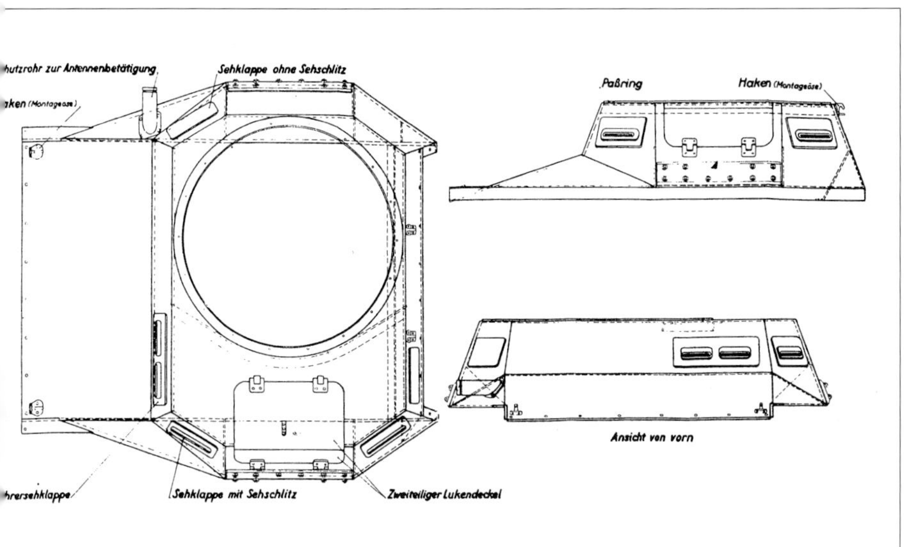

Unteres Bild:
a Polster
b Kopfpolster
c Betätigung für rechte Sehklappe
d Einsteiglukendeckel
e Werkzeugkasten 3
f Kasten für Reserveschutzgläser
bzw. Sehschlitzpanzer
g Verriegelung
h Fahrersehklappe
i Blechrahmen

a Motorklappen-regulierung
b Einsteigluken-deckel
c Polster
d Gasmasken
e Zielschiene
f Panzerschürze
g Handölkanne
h Behälter zur Magnet-Ableuchtlampe
i Werkzeug-kasten 3

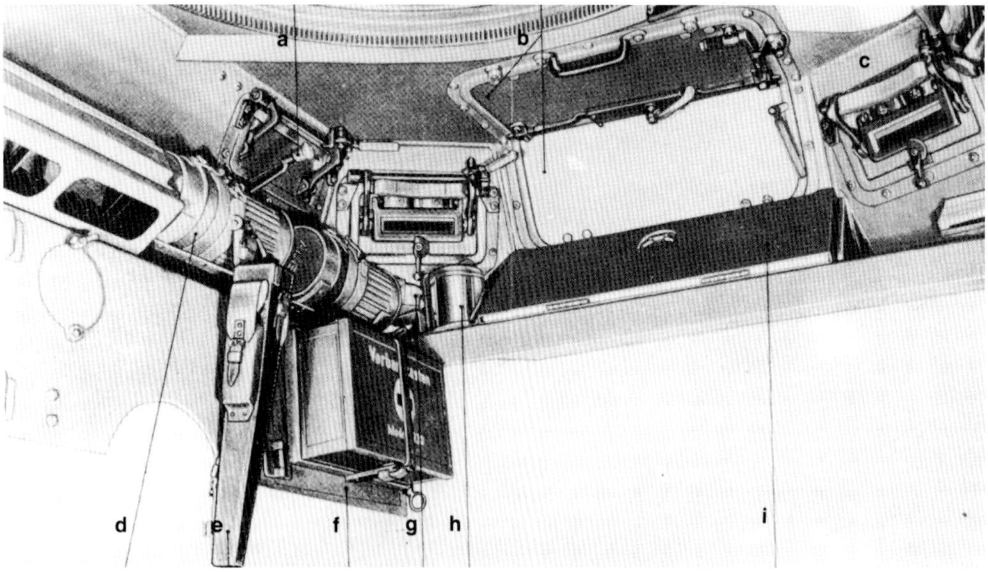

Turmanschluß

a MG-Werkzeug-kasten
b Magazinkasten
c Panzerschürze
d Behälter für Ersatzgläser
e Gasmaske
f Zielschiene

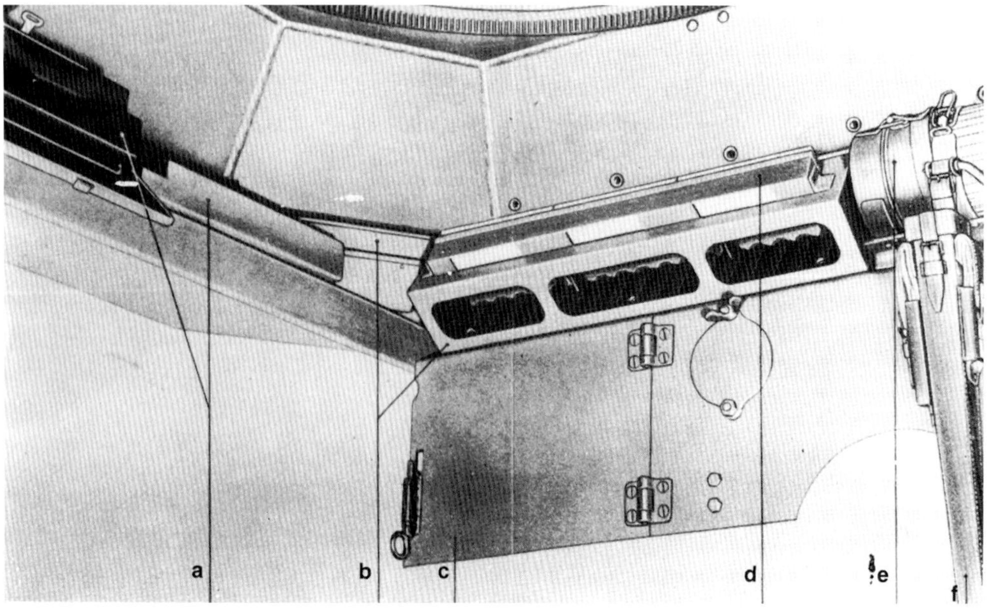

Dreiseitenansicht des Drehturms

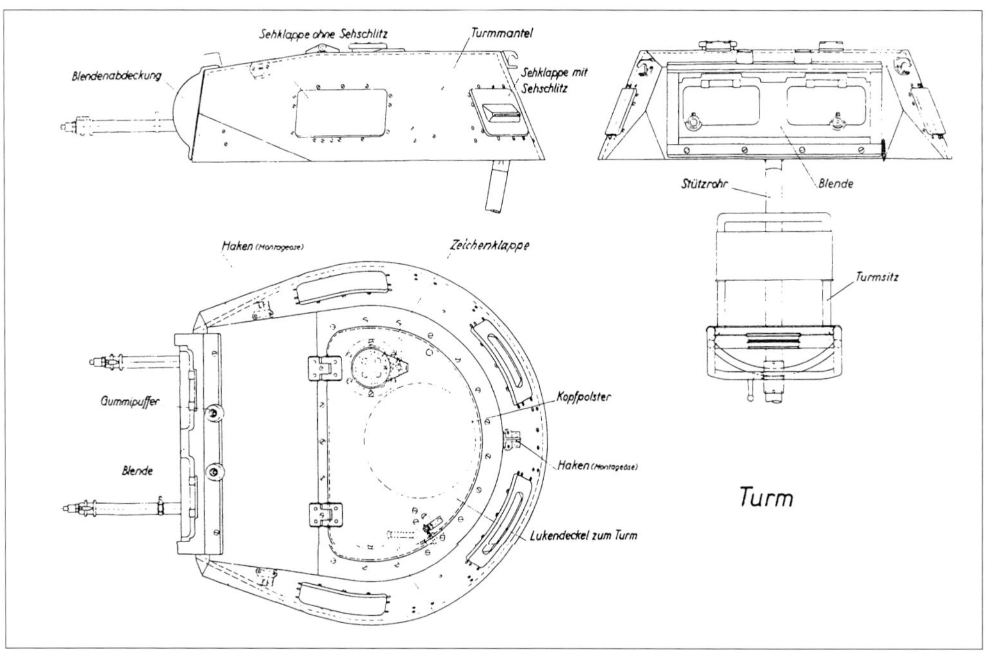

Bild li:nks
a Zielschiene
b Zielfernrohr
c Magazin
d MG
e Turmzurrung
f Gegenrolle
g Höhenrichtmaschine
h Blendenzurrung
i Magazinkasten
j Hülsensack
k Turmschwenkwerk
l MG

Bild rechts
a Zeichenklappe
b Entlüftung
c Kopfpolster
d Riegel
e Griffhebel für Sehklappe
f Kopfpolster
g Turmlukendeckel
h Walzenblende

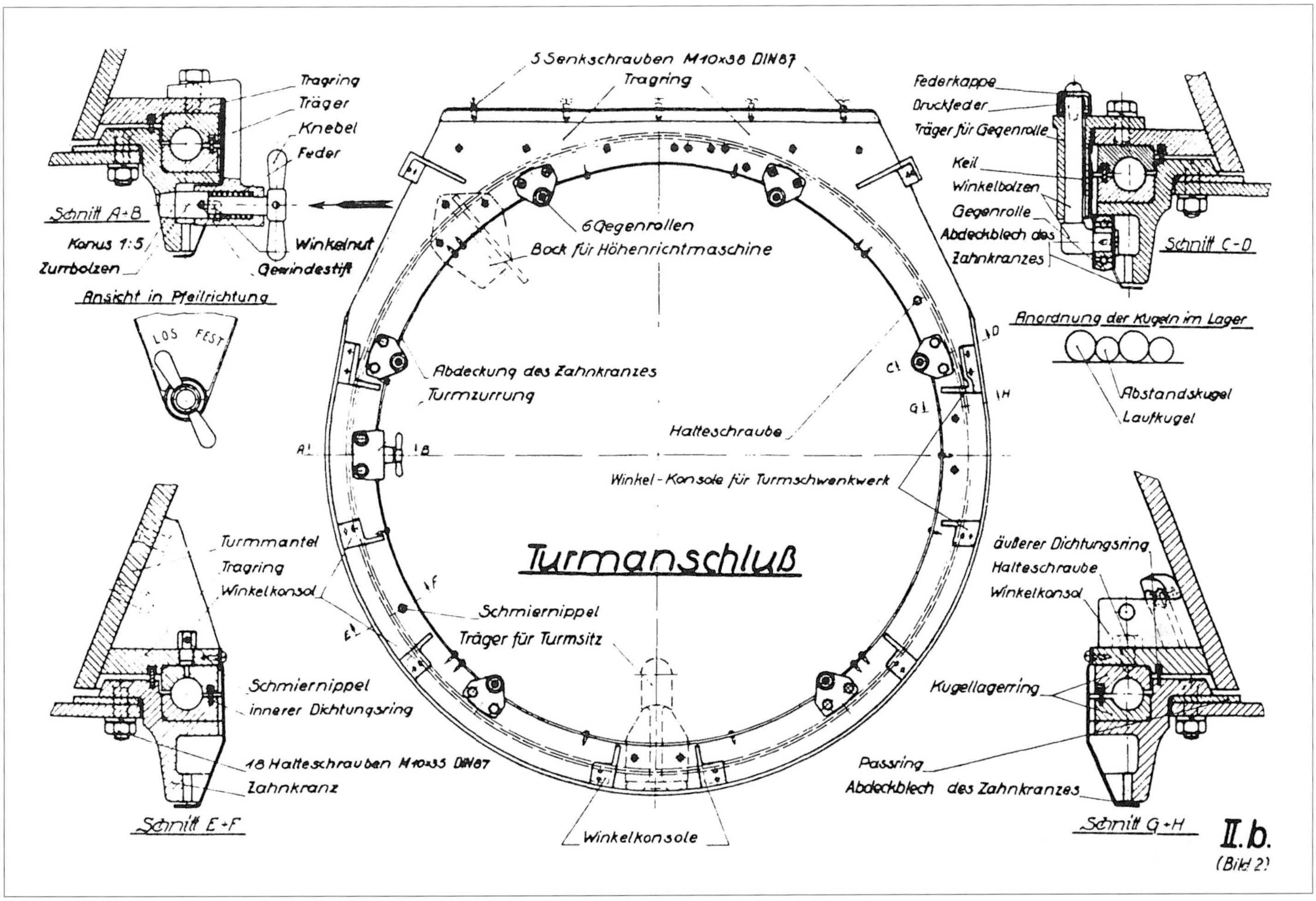
5 Senkschrauben M10x38 DIN87
Tragring
Träger
Knebel
Feder
Schnitt A÷B
Konus 1:5
Zurrbolzen
Winkelnut
Gewindestift
Ansicht in Pfeilrichtung
LOS
FEST
6 Gegenrollen
Bock für Höhenrichtmaschine
Abdeckung des Zahnkranzes
Turmzurrung
Halteschraube
Winkel-Konsole für Turmschwenkwerk
Federkappe
Druckfeder
Träger für Gegenrolle
Keil
Winkelbolzen
Gegenrolle
Abdeckblech des Zahnkranzes
Schnitt C-D
Anordnung der Kugeln im Lager
Abstandskugel
Laufkugel
Turmanschluß
Turmmantel
Tragring
Winkelkonsol
Schmiernippel
Träger für Turmsitz
Schmiernippel
innerer Dichtungsring
18 Halteschrauben M10x35 DIN87
Zahnkranz
Schnitt E÷F
Winkelkonsole
äußerer Dichtungsring
Halteschraube
Winkelkonsol
Kugellagerring
Passring
Abdeckblech des Zahnkranzes
Schnitt G÷H
II.b.
(Bild 2)

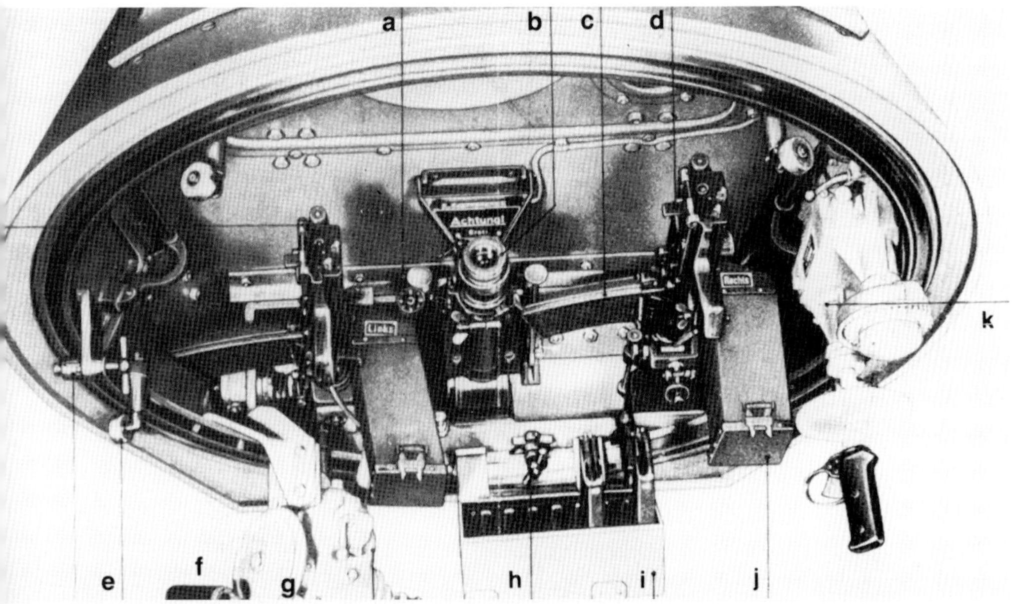
a
b
c
d
Achtung!
Links
Rechts
k
e
f
g
h
i
j

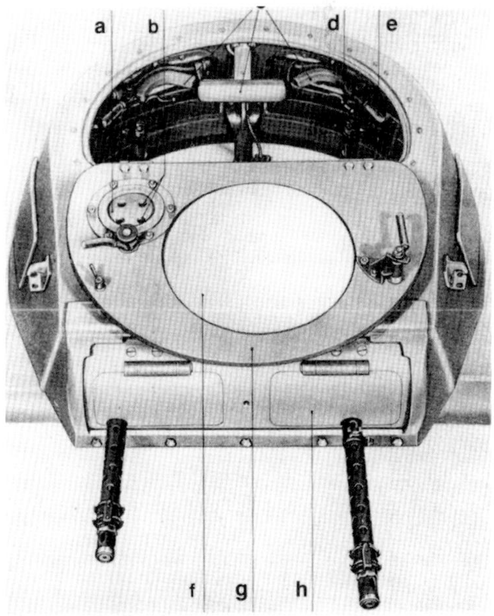
a
b
d
e
f
g
h

Die Walzenblende des Drehturmes

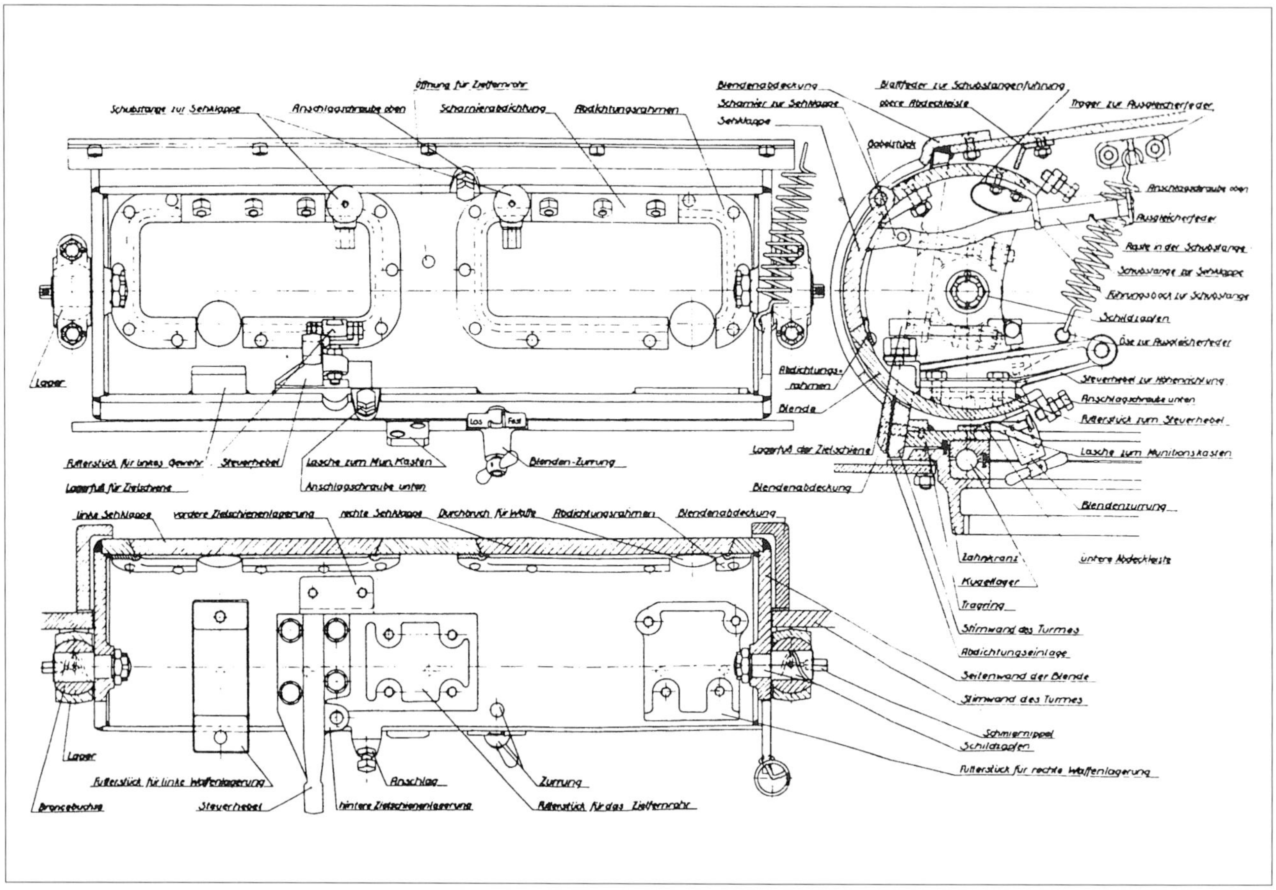

- a Schubstange zur Sehklappe
- b Einstellbare MG-Lagerung
- c Starre MG-Lagerung
- d Steuerhebel
- e Anschlagschraube
- f Zielschiene
- g Doppel-Augenschutz

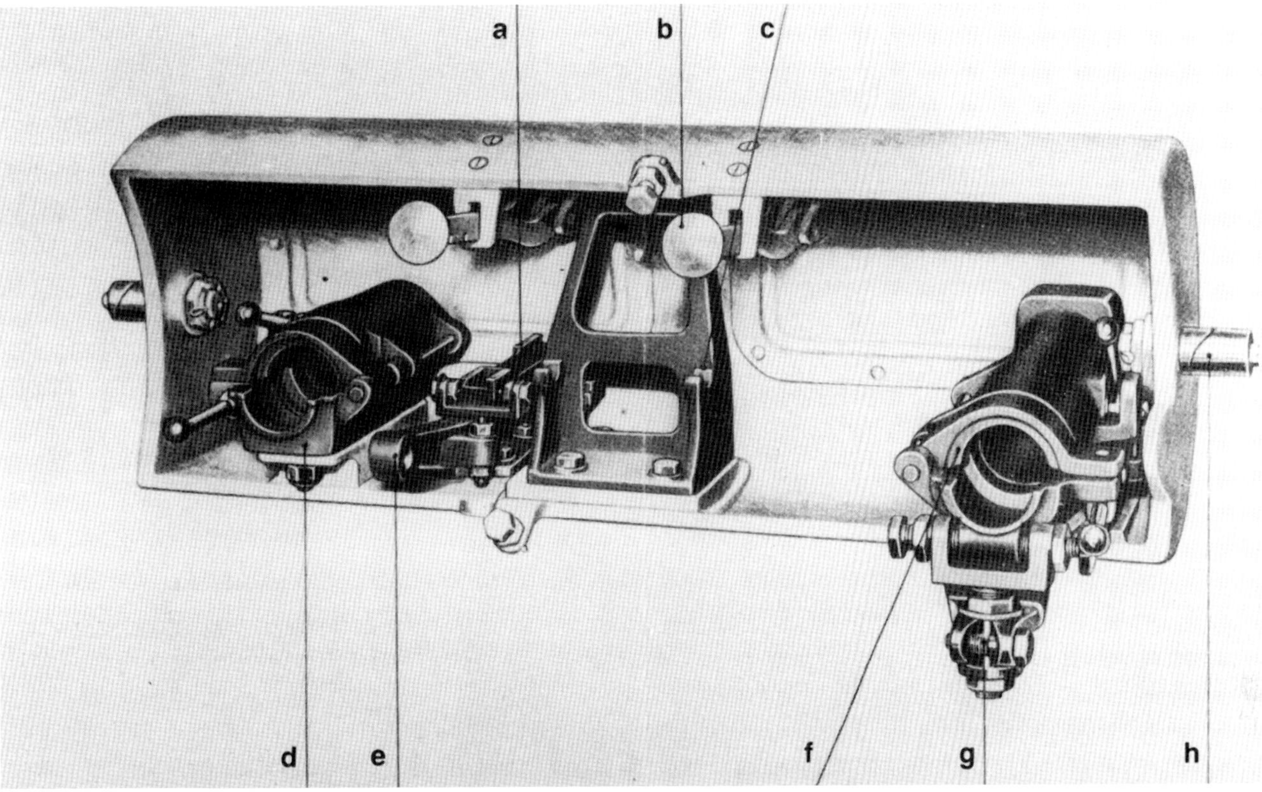

a Zielschienen-Lagerung
b Betätigung für Sehklappe
c Lagerbock für Zielfernrohr
d Starre MG-Lagerung
e Steuerhebel
f Einstellbare MG-Lagerung
g Justiervorrichtung
h Schildzapfen

stet. Eine Nachbestellung für weitere Lenkkupplungen dieser Konstruktion erhielt Henschel am 30.5.1935. Am 24.11.1935 wurde angeregt, bei der Schwimmvorrichtung eine Abstützung am vorderen Behälter unten zu prüfen.

Auf dem Truppenübungsplatz Ohrdruf (Thüringer Wald) wurden Anfang Dezember 1933 vergleichende Erprobungen mit den Kleintraktoren Fahrgestell Nr. 8001, 8005 und dem Carden-Loyd mit verschiedenen Gleisketten und Eisgreifern in Schnee und Eis durchgeführt. Die beiden Kleintraktoren nahmen vereiste Steigungen bis 12°, während der Carden-Loyd schon bei 6° zu gleiten anfing. Bei den Kleintraktoren zeigte die aufgelegte Carden-Loyd-Gleiskette günstige Werte und

Versuchsweiser Einbau eines Dieselmotors im LaS. Der Dieselmotor verlangte eine Änderung des Wannenhecks und der Auspuffanlage

Wegen ungenügender Kühlung wurde der Lufteinlaß am Motorraum später geändert

erreichte beinahe die gleiche Steigfähigkeit wie die bisherige Kleintraktor-Gleiskette mit aufgelegten Eisgreifern. Die Carden-Loyd-Gleiskette hatte ein Gewicht von etwa 24 bis 25 kg/m gegenüber 38 kg/m der Kleintraktor-Gleiskette, setzte sich aber leichter zu und riß wiederholt. Die Lebensdauer der Kleintraktor-Kette lag bei etwa 4000 km, die der Carden-Loyd-Kette bei 2700 km.

Der Truppe wurden zehn Satz Belastungsgewichte mit einem Sitz für ein zweites Besatzungsmitglied geliefert. Die Fahrzeuge wurden so als „Krupp-Traktor" zur Fahrausbildung verwendet. Über die Art der Anbringung der Luftfilter war zu dieser Zeit noch nicht entschieden. Das Boschhorn war vorerst im Fahrzeug anzubringen und nach Fertigstellung der Aufbauten nach außen zu verlegen.

Die Zahnradfabrik Friedrichshafen lieferte im Februar 1934 ein 6-Gang-Getriebe mit zwei Schalthebeln im gleichen Gehäuse wie bisher. Krupp sollte dem Heereswaffenamt ein Angebot über den Einbau eines 80 PS luftgekühlten Adler-Motors vorlegen, dessen größtes Drehmoment 24 mkg bei 2500 U/min betrug. Das Heereswaffenamt teilte Anfang 1934 Krupp mit, daß der Inspekteur der Kraftfahrtruppen, General Lutz, den Kleintraktor auch als Panzerjäger-Selbstfahrlafette (Hornisse) einsetzen möchte. Mit Aktenzeichen 76 g 1050s Wa Prw 6 (Va) vom 10.1.1934 schrieb das Heereswaffenamt, daß aus bestimmten Gründen die Firma Deutsche Edelstahlwerke aufgefordert wurde, spätestens vom 50. Gehäuse ab die vordere schräge Bugwand statt 10 mm nun 13 mm dick auszuführen. Es ergab sich dadurch ein Mehrgewicht von 8 kg. Die zusätzliche Belastung der vorderen Laufrollen wurde in Kauf genommen. Fa. Deutsche Edelstahlwerke wurde angewiesen, die bisherigen Innenmaße beizubehalten und die Aufdickung nach außen hin vorzunehmen.

Am 11.1.1934 veröffentlichte Krupp das folgende Verzeichnis der in das LaS-Bauprogramm eingeschalteten Unterlieferanten:

(Zu A. K. Nr. 16 610 vom 11. Januar 1934.)

Deutsche Edelstahlwerke	Hannover-Linden	Panzergehäuse
Zahnradfabrik Friedrichshafen	Friedrichshafen a. B.	Wechselgetriebe
Robert Bosch AG	Stuttgart	Ölfilter, Zünd-, Licht- und Anlasser-Anlage
Längerer u. Reich	Düsseldorf	Ölkühler
Moorburger Treckerwerke	Hamburg-Moorburg	Gleiskette
Pallas GmbH	Berlin	Vergaser
Glyko, Metallwerke	Wiesbaden	Motor-Lagerschalen
O. Ortlinghaus, Sohn	Remscheid	Kupplungsscheiben
Delbag	Berlin-Halensee	Verbrennungsluftfilter
Continental	Hannover	Bandagen für Laufrollen, Stützrollen und Leitrad
Deutsche Tecalemit	Bielefeld	Schmiernippel und Fettpressen
Fichtel u. Sachs	Schweinfurt	Hauptkupplung
A. E. Baecker	Stuttgart	Fernthermometer
Varta AG	Köln	Batterien
Akkumulatoren Fabr. Hoppecke AG	Hoppecke/Westf.	Batterien
Boge u. Sohn	Bad Godesberg	Stoßdämpfer
V. D. O. AG	Frankfurt/Main	Armaturenbeleuchtung und Tachometer

Fischer AG u. Vereinigte Kugellagerfabrik	Schweinfurt	Kugel- und Rollenlager
Kraftwagen u. Flugzeug-Zubehör	Berlin	versch. Meßapparate u. Ausrüstungsgegenstände
Ruppelwerk	Gotha	Kraftstoffbehälter
Kirchbach u. Co	Coswig	Kupplungs- u. Bremsbeläge
J. C. J. Kaufmann	Wuppertal-Vohwinkel	Messingarmaturen
Zeiss	Jena	Turmzielfernrohr
R. Belzer	Wuppertal-Cronenberg	Werkzeuge
Berlin-Karlsruher Industrie AG	Karlsruhe	Teleflex-Schlauch
J. Haarmann	Freudenberg	Winden
Minimax	Neuruppin	Handfeuerlöscher
E. Melcher	Haan bei Düsseldorf	Fahrersitze
Daimler-Benz	Berlin-Marienfelde	Drehturm, komplett
Germaniawerft	Kiel	Motor

Von den zum Nachbau des Landwirtschaftlichen Schleppers (LaS) vorgesehenen vier Firmen Daimler-Benz, Henschel, MAN und Rheinmetall stellte jede drei Nachbaufahrzeuge her. Krupp, Essen, verlegte die Produktion zu den Krupp-Gruson-Werken nach Magdeburg und lieferte dort den Auftrag über 135 LaS der Serie 1 aus. Diesem Auftrag folgte ein weiterer über 100 Fahrzeuge der Serie 2 und 215 der Serie 3. Insgesamt wurden vom LaS, Ausf. A 4 Serien aufgelegt.
Nach der Fertigung von drei Nachbaufahrzeugen verlegte die Firma Rheinmetall in Düsseldorf die Produktion zur Firma Borsig in Berlin-Tegel, die sich am 1.1.1936 mit Rheinmetall zusammenschloß. 50 Fahrzeuge der Serie 1 und 60 der Serie 2 wurden dort gebaut.
Daimler-Benz in Berlin-Marienfelde lieferte 50 Fahrzeuge der Serie 1 und 65 der Serie 2. Henschel erhielt am 8.2.1934 einen Auftrag über 30 LaS (später MG-Kampfwagen, Vs.Kfz. 617), ab 3.4.1936 Bezeichnung Panzerkampfwagen I (MG) (Sd. Kfz. 101), der am 18.7.1934 um 20 weitere aufgestockt wurde. Schließlich wurden am 31.7.1934 nochmals 100 LaS bestellt. 150 davon waren bis Oktober 1935 auszuliefern, anschließend daran kamen noch zu bestellende 35 Stück. Die Leistungsfähigkeit der Firma Henschel betrug zu diesem Zeitpunkt mit einer Belegschaft von etwa 100 Mann monatlich 25 LaS. In zwei Arbeitsschichten konnten bei Bedarf 45, bei drei Schichten bis zu 60 Fahrzeuge pro Monat gefertigt werden. Henschel erwog auch eine selbständige Fertigung von Wannen und anderen Panzerungsteilen.
Die Maschinenfabrik Augsburg-Nürnberg in Nürnberg hatte 50 LaS der Serie 1 und 110 der Serie 2 zu fertigen. Bei der MAN war das erste Versuchsfahrzeug im Februar 1934, die beiden weiteren im April 1934 fertiggestellt. Die Serienfertigung lief im Dezember 1934 mit drei Stück an. MAN lieferte bis Juni 1936 insgesamt 128 LaS-Krupp-Fahrzeuge.
Zur besseren Erklärung der 5,4 t schweren Serien-LaS dient die folgende *Gerätebeschreibung:* Der Landwirtschaftliche Schlepper (LaS) bestand aus folgenden Hauptgruppen:
- Panzerwanne mit Rohrachsen
- Antriebsteile
- Laufwerk
- Panzerkastenoberteil und Drehturm

Die Panzerwanne war der Hauptträger der Antriebsteile, sie wurde über die Rohrachsen durch das Laufwerk fahrbar.
Die Panzerwanne bestand aus mehreren miteinander

verschweißten Panzerplatten verschiedener Dicke. Die Wanne war versteift durch drei an den Wannenwänden und am Boden befestigte Rohrachsen sowie durch die Zwischenwand, die den Motor- und Kampfraum trennte. Am Übergang zwischen Bugkasten und dem offenen Wannenteil waren zur Verstärkung innen kräf-

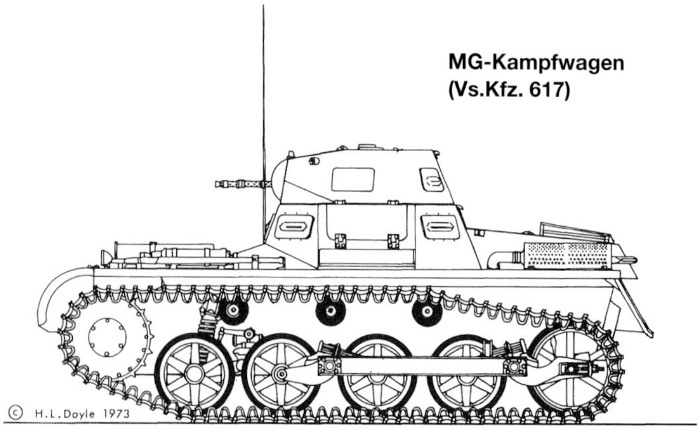

tige Laschen angeschraubt. Am Bug waren zwei Zughaken mit Abstützböcken, am Heck eine Anhängegabel mit Bolzen und zwei Stützwinkel zum Ansetzen von Fahrzeugwinden angeschraubt. Auf beiden Seiten der Wanne befanden sich geriffelte Kettenabdeckbleche, auf denen die Schalldämpfer, die Antennenverkleidung und das Schanzzeug angeordnet waren.

Im Inneren der Panzerwanne waren im vorderen Teil an beiden Seitenwänden die Seitenvorgelege befestigt. Zwischen diesen lag, durch Wellen mit Gelenkscheiben verbunden, das Kupplungslenkgetriebe. An diesen waren in Mittelachse des Fahrzeugs das Wechselgetriebe und die Hauptkupplung angeflanscht. Durch den Kampfraum führte eine Zwischenwelle über das Hauptvorgelege zum Motor, der im Fahrzeugheck untergebracht war. Dieser Raum war vom Kampfraum durch eine Zwischenwand getrennt, die nur die notwendigsten Öffnungen für Kraftübertragung, Anlasser, Gasgestänge, Kraftstoff- und elektrische Leitungen freiließ. Neben dem Motor waren in zwei Ecken des Motorraums die Kraftstoffbehälter gelagert.

Neben der Hauptkupplung befand sich der Fahrersitz. Vor diesem die Schalttafel, Gas-, Brems- und Kupplungshebel, zu beiden Seiten die Lenkhebel. Rechts neben dem Wechselgetriebe längs der Seitenwand war die Batterie angeordnet.

Der luftgekühlte 60-PS-4-Zylinder-Ottomotor vom Baumuster Krupp M 305 war eine Weiterentwicklung des Lastwagenmotors M 302 und hatte eine Bohrung von 92 mm, 130 mm Hub und eine Höchstdrehzahl von 2500 U/min. Der Motor war zusammen mit dem Hauptvorgelege an der Zwischenwand befestigt und an einem federnden Halter am Heck aufgehängt. Sein Leichtmetall-Kurbelgehäuse hatte zwei Deckel, von denen der obere Kraftstoffpumpe und Magnetzünder mit Antrieb trug und der untere die Ölwanne abschloß. Die Zylinder waren links und rechts paarweise nebeneinanderliegend angeordnet. Ausgerüstet war der Motor mit: Lichtmaschine, Anlasser, Magnetzünder, zwei Fallstromvergasern, Druckumlaufschmierung, Ölfilter, Ölkühlung und Gebläse für die Kühlung.

Das Kühlen des Motors wurde dadurch erreicht, daß die Zylinderwandungen mit zahlreichen, dicht nebeneinanderliegenden Rippen versehen waren, an denen ein starker Luftstrom vorbeistrich. Durch eine besondere Führung des Luftstroms wurden die Ventile gekühlt. Die hierfür erforderliche Luft wurde von dem auf der Kurbelwelle angeordneten Gebläse durch den Ölkühler, der zwischen den beiden Kraftstoffbehältern lag, von außen angesaugt. Durch Leitbleche wurde die Warmluft über die Kraftstoffbehälter zu den Luftaustritten geführt, die an beiden Seiten des Fahrzeughecks lagen. Die Verbrennungsluft wurde vom Kampfraum aus angesaugt und durch zwei Luftfilter gereinigt.

Der Kraftstoff wurde in zwei Kraftstoffbehältern von je 72 l Inhalt mitgeführt. Die Behälter waren in den hinteren Ecken des Motorraums eingebaut und von diesem durch Blechwände getrennt. In den Behältern waren Schwallbleche eingebaut. Ein Kugelventil diente der Belüftung der Behälter. Der Kraftstoff wurde von der Kraftstoffpumpe aus den Behältern abgesaugt und durch eine biegsame Leitung zu den Vergasern gedrückt. Die Kraftstoffpumpe wurde durch einen Nocken auf der Antriebswelle des Magnetzünders betätigt. Ein Dreiwegehahn an der Zwischenwand, der vom Kampfraum aus bedient werden konnte, ermöglichte eine wahlweise Entnahme von Kraftstoff aus beiden Behältern.

Das Hauptvorgelege diente dazu, die Zwischenwelle tiefer zu legen und gleichzeitig die Motordrehzahl im Verhältnis von 1,31 zu untersetzen. Die Zwischenwelle übertrug das Drehmoment vom Hauptvorgelege zur Hauptkupplung. Durch Keilwellenverzahnung an der Hauptkupplungsseite war die Zwischenwelle in der Längsrichtung beweglich, um Spannungen und Längenunterschiede auszugleichen. Die Hauptkupplung diente zum Unterbrechen des Antriebs vor dem Wechselgetriebe. Kupplung, Wechsel- und Lenkgetriebe waren in einem Block zusammengefaßt. Die Hauptkupplung war eine 2-Scheiben-Trockenkupplung. Das Wechselgetriebe war als 5-Gang-Aphon-Getriebe mit Synchronisiervorrichtungen für den 2. bis 4. Gang ausgelegt. Eine Synchronisierung des 5. Ganges war nur in den ersten Serien eingebaut. Diese bestand in der Hauptsache aus Lamellenpaketen, die ähnlich wie bei einer Kupplung beim Schalten durch Schiebemuffen zusammengedrückt wurden und dadurch Wellen und Räder, durch die die Kraftübertragung erfolgte, beschleunigte oder verzögerte und so eine Angleichung der Drehzahlen erreichte.

Beim Aphongetriebe FG 35 der Zahnradfabrik Friedrichshafen waren die Wellen übereinander angeordnet. Der Kraftfluß erfolgte von der unteren Welle aus.

Das Kupplungslenkgetriebe übertrug das Drehmoment nach beiden Seiten auf die Gleisketten. Es war an das Wechselgetriebe angeflanscht und bestand aus einem Kegeltrieb und zwei Lenkkupplungen, die sich zu beiden Seiten des Kegelrades für den Querantrieb befanden. Jede Kupplung hatte auf der Abtriebsseite eine Bandbremse. Die Lenkkupplungen trennten beim Anziehen der Lenkhebel durch Entkuppeln die Verbindung des Motors zur jeweiligen Gleiskette. Wurde die auf der Lenkkupplung angeordnete Bandbremse durch weiteres Ziehen der Lenkhebel betätigt, wurde die Gleiskette abgebremst und dadurch das Fahrzeug gelenkt. Im Lenkgetriebe entstehende Wärme wurde durch ein elektrisches Lüftergebläse abgesaugt.

Die beiden Seitenvorgelege waren von innen an die Seitenwände der Panzerwanne unter Zwischenlegen je eines Ausgleichsbleches angeflanscht. In jedem Seitenvorgelege waren ein Ritzel und ein Zahnrad gelagert; sie dienten zum Untersetzen der Drehzahlen zwischen Querantrieb und Triebrad.

Das Ritzel war mit dem Querantrieb durch zwei Gummigewebescheiben gelenkig verbunden. Das Zahnrad war mit dem Triebradkörper verschraubt. Das Gehäuse des Seitenvorgeleges war nach außen durch eine Labyrinthdichtung und einen Filzring gegen das Eindringen von Schmutz abgedichtet. Außerdem war das dahinterliegende Rollenlager durch eine Schmierstelle an der Panzerwand besonders zu schmieren. Auf der Vorderseite des Gehäuses war ein gebogenes Panzerblech angeschraubt.

Das Laufwerk einer jeden Fahrzeugseite bestand aus dem Triebrad, den Laufrollen, dem Leitrad und den drei Stützrollen. Um jedes Laufwerk war eine Gleiskette gespannt. Das Triebrad war mit einem auswechselbaren Zahnkranz verschraubt. Die vordere Laufrolle war an einem auf der vorderen Rohrachse befestigten Kurbelarm aufgehängt. Sie wurde durch eine gegen Ausknicken gesicherte Schraubenfeder, die sich unten gegen den Schwingarm, oben gegen ein an der Wanne befestigtes Kugelpfannenlager stützte, abgefedert. Das Dämpfen der Federschwingungen geschah durch einen Flüssigkeitsstoßdämpfer, Bauart Boge-Elastic. Der Hub des Schwingarmes wurde nach oben durch Gummipuffer in der Federführung, nach unten durch die an den Kurbelarm und das Kurbelarmlager angegossenen Anschläge begrenzt. Die zweite und dritte Laufrolle war an einem Schwingarm federnd aufgehängt, der in seinem Mittelpunkt auf der zweiten Rohrachse drehbar gelagert war. Ähnlich war die vierte Laufrolle mit dem Leitrad in einem Schwingarm aufgehängt, der in gleicher Weise auf der dritten Rohrachse drehbar gelagert war.

Die zweite und dritte Rohrachse waren an ihren Enden durch eine U-Schiene miteinander verbunden. Die Schwingarme der zweiten und dritten Laufrolle bestanden aus einem Stahlgußhebel, den Federpaketen und je zwei in den Hebeln liegenden Schraubenfederpaaren. Der Hebel für die vierte Laufrolle und das Leitrad waren dem für die zweite und dritte Laufrolle ähnlich. Jedes Leitrad konnte in einer entsprechenden Führung im Schwingarm durch zwei Spannschrauben verstellt werden. Der Hub des Hebels war durch zwei Anschlagblöcke an der Seitenwand und an der Verbindungsschiene nach oben und unten begrenzt. Die Laufrollen bestanden aus einem Leichtmetallkörper mit eingegossenen Buchsen und aufvulkanisierten Gummibandagen, die Leiträder aus Stahlguß mit aufgepreßten Stahlreifen und aufvulkanisierten Gummibandagen.

Die trockenen Gleisketten (Typ Kgs 57/280/70) bestanden aus einzelnen Kettengliedern, die durch Bolzen miteinander verbunden waren. Die Bolzen wurden durch den Bolzenkopf auf der einen Seite und durch eine S-Sicherung auf der anderen Seite in ihrer Lage gehalten. Gespannt wurden die Gleisketten durch Verstellen des Leitrades. Die elektrische Anlage bestand aus folgenden Hauptteilen:

- Stromerzeuger = Lichtmaschine (600 Watt),
- Stromspeicher = Batterie (12 Volt, 105 Ah),
- Stromverbraucher = Lampen, Anlasser usw.

Der Aufbau des Landwirtschaftlichen Schleppers (LaS) bestand aus dem Panzerkastenoberteil und dem Drehturm. Der Aufbau war raummäßig für zwei Mann Besatzung bemessen: den Schützen (gleichzeitig Kommandant) und den Fahrer. Die Panzerung schützte die Besatzung gegen Beschuß mit SmK*-Munition auf alle Entfernungen und bei allen Neigungen des Fahrzeuges bis 30°. Der Turm war als Drehturm mit 360° seitlichem Schußfeld ausgebildet. Als Bewaffnung waren zwei MG 13k eingebaut. Zum Zielen war ein Zielfernrohr und als Notvisier eine Zielschiene vorgesehen. Der Munitionsvorrat betrug 61 Magazine mit je 25 Schuß = 1525 Schuß. Der Kampfwagen war mit einer Lagerung für Funkempfängergerät für Ultrakurzwellen und der dazugehörigen Stabantenne ausgestattet. Der Aufbau war nicht gassicher; für die Besatzung waren zwei Gasmasken 30 vorgesehen.

Der Panzerkastenoberteil bestand aus dem Bug- und dem Heckpanzer. Der Heckpanzer konnte unabhängig vom Bugpanzer, der Bugpanzer nur nach Abnahme des Heckpanzers abgenommen werden, dabei schützte der Bugpanzer den Kampfraum und einen Teil des Fahrerstandes, während der Heckpanzer den Motorraum abdeckte. Auf dem Umfang des Bugpanzers waren sechs Sehöffnungen eingeschnitten, davon eine für den Fahrer. Die Sehöffnungen wurden durch Sehklappen verschlossen; die Sehöffnung nach halbrechts rückwärts war nur bei den ersten 300 Aufbauten vorhanden. An der linken Seite des Bugpanzers war eine Fahrer-Einstiegluke vorgesehen; sie wurde durch einen zweiteiligen Lukendeckel verschlossen. Auf der rechten Seite war das Schutzrohr aus Panzerstahl für die Antennenbetätigung angeschraubt. Auf dem Dach des Panzerkastenoberteils war ein Paßring für die Aufnahme des Turmanschlusses aufgenietet. Der Bugpanzer ragte an den Seiten über die Kettenabdeckungen; die dadurch entstehenden Räume wurden zur Munitions- und Zubehörlagerung ausgenützt. Durch eine an der Rückwand befestigte Panzerschürze wurde der Kampfraum bis etwa zum Fußboden gegen Durchschuß durch die Warmluftaustrittkanäle geschützt. Im Heckpanzer waren zwei Luken als Zugang zum Motor eingeschnitten und durch Motorklappen verschlossen. Der Kaltlufteintritt war durch eine Klappe mit Grätings gegen Beschuß gesichert. Die Kraftstoffbehälter waren durch vier runde, durch doppelte Klappen verschlossene Öffnungen, zugänglich; bei den ersten Fahrzeugen waren nur zwei Öffnungen – an jeder Seite eine – vorhanden. An den Seitenwänden befanden sich Ausschnitte für die Auspuffrohre; jeder Auspuffdurchlaß war im Inneren durch eine Panzerhaube geschützt. An der Rückseite trat die Warmluft durch zwei mit Maschendraht abgedeckte Öffnungen aus.

Der Turm, um 360° drehbar, war auf einem Kugellager gelagert. Der kegelförmige Turmmantel hatte eine Neigung von etwa 70°. Der Turmmantel ging vorne in einen breiten Ausbau mit geneigter Stirnwand über. In dieser war eine walzenförmige Blende gelagert. An der Stirnwand war eine Blendenabdeckung angeschraubt, sie deckte die Fuge zwischen Blende und Turmstirn-

* SmK = Gewehr-/MG-Munition mit Stahlkern zur Bekämpfung gepanzerter Ziele.

wand allseitig ab. Oben war der Drehturm durch ein Dach abgeschlossen, darin war eine Einstiegluke eingeschnitten, die ihrerseits durch einen Lukendeckel verschlossen wurde. Dieser wurde mit zwei Scharnieren gehalten und durch zwei Riegel verschlossen; an der Innenseite war ein Kopfpolster aus Moosgummi angebracht. Der geschlossene Lukendeckel wurde am Rand durch eine an das Turmdach angeschraubte Gummidichtung abgedichtet. Im geöffneten Zustand ruhte der Lukendeckel auf zwei Gummipuffern. In dem Lukendeckel war an der rechten Seite eine runde Zwischenöffnung eingeschnitten, die mit einer Klappe verschließbar war, in der vier Belüftungslöcher vorgesehen waren; diese waren wiederum durch eine Regenschutzklappe abgedeckt. Im Turmmantel waren vier – mit Sehklappen verschließbare – Sehöffnungen vorgesehen. Die beiderseitig vorderen Sehklappen waren ohne Sehschlitz, die zwei nach schräg rückwärts angebrachten Sehklappen mit Sehschlitz ausgeführt. An der Rückseite des Turmes war ein Träger mit dem Stützrohr für den Turmsitz des Schützen angeschraubt, dieser Sitz war der Höhe nach verstellbar. Der Turmmantel wurde am unteren Rand durch einen Tragring versteift und abgestützt. Zum Abheben und Aufsetzen des Drehturmes waren außen am Turmmantel drei Montageösen vorgesehen, die auch zur Befestigung von Tarnmitteln dienten. Der Drehturm war mit dem Panzerkastenoberteil durch den Turmanschluß verbunden. Ein Zahnkranz diente zur Drehung des Turmes mit dem Turmschwenkwerk; er hatte eine Innenverzahnung mit 390 Zähnen, Modul 2,5 und war mit seinem äußeren Flansch auf den am Panzerkastenoberteil angenieteten Paßring mit 18 Senkschrauben aufgeschraubt. Der Zahnkranz nahm den unteren stillstehenden Kugellagerring auf. Im Zahnkranz war eine Ringnut eingestochen; in diese war ein äußerer Dichtungsring aus Messing zur Abdichtung des Kugellagers nach außen hin eingesetzt. Der Zahnkranz war mit einem Abdeckblech abgedeckt.

Das Kugellager war ein Längslager von 1006 mm Außendurchmesser; es bestand aus zwei mit Kugellaufrillen versehenen Stahlringen, diese faßten 87 große Laufkugeln von 20 mm Durchmesser und 87 kleinere Abstandskugeln mit einem solchen von 15 mm; Lauf- und Abstandskugeln wechselten sich in ihrer Reihenfolge ab.

Mit dem Tragring stützte sich der Turm auf Kugellager, am Tragring waren 10 Winkelkonsolen angeschweißt. An zwei dieser Winkelkonsolen war das Turmschwenkwerk befestigt. Weiterhin waren am Tragring angeschraubt: der Bock für die Höhenrichtmaschine, 6 Gegenrollen zur Sicherung des Turmes gegen ein Abheben vom Kugellager, die Turmzurrung, die Blendenzurrung, der Träger für die vorderen Munitionskästen und der Träger für den Turmsitz des Schützen. Mit der Turmzurrung konnte der Drehturm in einer bestimmten Stellung zur Fahrtrichtung festgehalten werden.

Die Sehklappen dienten zum Verschließen der Sehöffnungen. Im Aufbau gab es solche mit und ohne Sehschlitz. Der Sehschlitz war 4 mm breit. Zum Schutz der Augen gegen Bleispritzer und Splitter lag hinter dem Sehschlitz eine 12 mm dicke, durchsichtige Platte aus Luglas, ein Mehrschichtenglas. Sie schützte nicht gegen Durchschuß durch den Sehschlitz. Die Fahrersehklappe war eine Sehklappe von doppelter Breite der normalen Sehklappe.

Der Fußbodenbelag bestand aus Waffelblech; er war auf Halterahmen über dem Wannenboden mit Schrauben befestigt und hatte rechts und links neben der Antriebswelle je zwei herausnehmbare, mit Griffriegeln versehene Klappen.

Der Kampfwagen führte einen UKW-Empfänger (UKW-Empfänger a); als Antenne war eine 1,40 m hohe Stabantenne eingebaut. Der Rahmen für das Funkgerät war mit vier Schrauben an der vorderen schrägen Wand des Bugpanzers und mit einem Zwischenstück an der rechten Wand des Fahrzeuges befestigt. Die Stabantenne – ein hohler, kegelförmiger Stab aus dünnem Hartkupferblech (Cuprodur) – hatte für Empfängerbetrieb eine Länge von 1,4 m, für Sendebetrieb eine solche von 2 m. In Ruhestellung lag der Stab 90° umgelegt in einer hölzernen Schutzrinne, das Umklappen konnte vom Inneren des Fahrzeuges aus vorgenommen werden. Die Walzenblende am Drehturm diente zur Einlagerung von zwei MG 13, einem Zielfernrohr und einer Zielschiene; sie war im Turmvorbau drehbar gelagert. Die Blende bestand aus einem halbkreisförmigen gebogenen Panzerblech, welches beiderseits durch angeschweißte Seitenwände abgeschlossen war. In diese war je ein Schildzapfen eingesetzt, diese ruhten in balligen Bronzebüchsen in den an der Stirnwand des Turmes angeschraubten Lagern. Vor die Blende wurde eine Blendenabdeckung aus Panzerstahl gelegt. Die Blendenabdeckung deckte die Fuge zwischen Blende und Turmstirnwand ab; sie wurde am vorderen Rand des Turmdaches und an der Turmstirnwand durch Schrauben befestigt. Dazwischen war eine Abdichtungseinlage aus Leder eingelegt. In der gebogenen Vorderwand der Blende waren zwei Sehklappen eingepaßt, sie hatten keilförmig zugeschärfte Ränder und wurden durch außenliegende Scharniere gehalten.

Zur Aufnahme der MG 13 war an jeder Seite der Blende eine Waffenlagerung vorgesehen, die linke war mit der Blende starr verbunden, die rechte dagegen in einer Justiervorrichtung einstellbar gelagert. Zu jedem MG gehörte ein Hülsenfänger, dessen Ausführung rechts und links in Länge und Form verschieden war.

Das Zielfernrohr war mit dem Ausblickkopf auf einem Lagerbock in der Blende gelagert, das Einblickrohr mit einem Dreieckträger an der Turmdecke schwingend aufgehängt. Der Drehturm wurde durch einen auskuppelbaren Zahnradantrieb geschwenkt, dabei griff das Antriebsritzel in den Zahnkranz ein, welcher, am Panzerkastenoberteil befestigt, einen Teil des nicht beweglichen Turmanschlusses bildete. Eine Umdrehung des Seitenrichtrades ergab 6° Turmdrehung. In die Handradwelle war der Abzug für das rechte MG eingearbeitet. Eine Kupplung ermöglichte das schnelle Herumwerfen des Turmes von Hand.

Die Blende wurde durch eine mechanisch auskuppelbare Höhenrichtmaschine gesteuert. Dabei ging der Kraftweg von dem senkrechten Handrad auf die Handradwelle, über Schnecke mit Schneckenrad und eine Steuerstange zum Steuerhebel der Walzenblende. Eine Umdrehung des Handrades ermöglichte eine Erhöhung der Waffen um 4°30‘. In die Höhenrichtmaschine war der Abzug für das linke MG eingebaut. Die Waffen wurden durch Abfeuerungsverbindungen betätigt, diese waren als Bowdenzüge ausgelegt. Die Sehklappen im Drehturm waren ebenso ausgebildet wie die des Panzerkastenoberteils.

Unter dem Turmsitz war, im Fußbodenblech eingelassen, ein Schleifringübertrager eingebaut. Dieser diente zur Überleitung des Hörstromes vom Funkgerät und des Lichtstromes aus der Batterie in den Drehturm. Das Turm-Zielfernrohr 2 diente zum direkten Richten der Waffen, die in Drehtürmen von Kampfwagen eingebaut waren und bei denen die Seitenrichtung durch Schwenken des Turmes eingestellt wurde. Der Okulararm wurde in geeigneter Weise im Turm aufgehängt, während der zum Okulararm in der Höhenrichtung schwenkbare Ausblickkopf in der Blende, welche die Waffe trug, starr eingebaut wurde und dadurch die Höhenwinkelbewegungen der Waffe mitmachte. Der Vorzug dieser Bauart bestand darin, daß die Zieloptik starr mit der Waffe verbunden war und deshalb keine Übertragungsfehler zwischen Seelenachse und Ziellinie des Zielfernrohres entstehen konnten. Der bewegliche Okulararm war an der Genauigkeit der Ziellinie nicht beteiligt, er sollte nur dem Schützen bei verschiedenen Geländewinkeln gleiche Einblicklage ermöglichen. In der Blende war eine kleinste Ausblicköffnung von nur etwa 12,5 mm bei etwa 12 mm Panzerdicke vorhanden, so daß das Zielfernrohr nahezu unverletzlich war. Der an der Blende befestigte Ausblickkopf wurde zusammen mit der Blende nach dem Rohrerhöhungswinkel innerhalb +20° und -10° bewegt. Die optischen Werte betrugen: Vergrößerung 2,5x, Gesichtsfeld 28°, Gesichtsfeld linear 498 m auf 1000 m Entfernung, Austrittspupillendurchmesser 5 mm.

Im Gesichtsfeld des Zielfernrohres erschien ein Strichbild, bestehend aus einer Zielmarke in der Mitte und drei kleineren Zielmarken in einem Abstand von 4 Strich voneinander. Der Abstand der äußeren linken und rechten kleineren Zielmarke von der mittleren betrug demnach 12 Strich. Die kleineren Zielmarken wurden zum Berücksichtigen der Zielauswanderung während der Geschoßflugzeit verwendet. Die Bildschärfe konnte entsprechend der persönlichen Sehschärfe des Schützens eingestellt werden. Für den Gebrauch bei Dunkelheit konnte das Strichbild durch einen elektrischen Beleuchtungskörper beleuchtet werden. Zusätzlich stand zum Anrichten von Zielen eine Zielschiene zur Verfügung, welche für wechselweise bewegten oder festen Standort des Schützen eingerichtet war. Sie gestattete ein Anrichten auf Entfernungen von 200, 400, 600 und 800 m; außerdem diente die Zielschiene als Richtungsgeber für Nahvisierung. Die Zielschiene bestand aus der Lagerung und dem Oberteil. Die Lagerung war fest in die Blende eingebaut. Das Oberteil wurde im allgemeinen in einer Ledertasche aufbewahrt und bei Gebrauch in die Lagerung eingeschoben.

Das Werkzeug für das Fahrzeug wurde in drei Werkzeugkästen gelagert. Ein Kasten war unter dem Fahrersitz untergebracht. Ein weiterer Kasten war in einem Winkelrahmen unter dem Bodenblech gelagert, während der dritte Kasten unterhalb der Fahrereinstiegluke im Panzerkastenoberteil angebracht war. Für das Schanzzeug, bestehend aus halblanger Axt, langem Spaten und der großen Drahtschere, waren auf den Kettenabdeckblechen Halterungen angebracht. Am Fahrgestell waren ferner folgende Teile untergebracht: Wagenwinde auf der rechten Kettenabdeckung, Unterleg-

Einzug in die neu errichteten Kasernen

Mit dem MG-Kampfwagen (Vs. Kfz. 617), dem späteren Panzerkampfwagen I Ausf. A (Sd. Kfz. 101), begann die Ausbildung der neuen Deutschen Panzertruppe. Die Bildfolge zeigt die Fahrzeuge beim Einsatz

Die ortsfeste Werkstatt des Panzerregiments 3 der 2. Panzer-Division in Bamberg, die den Anfall an LaS-Reparaturfahrzeugen zeigt

Ein Motorprüfstand, auf dem ein Krupp-Motor des PzKpfw I abgebremst wird

Fahrzeughallen des Panzer-Regiments 6 (3. Panzer-Division) in Neuruppin

Schadpanzer werden auf Tieflade-Anhänger (Sd. Anh.115) verladen. Zugmittel ist der Zugkraftwagen 8t. Zum Verladen wurde die hintere Achse des Anhängers abgenommen

Um die Kasernen sauber zu halten, wurden die Panzerkampfwagen nach Geländefahrten durch eine Watwanne mit Wellenbahn gefahren und so das Laufwerk gesäubert (Putlos)

Versuche mit Fahrgestellen des PzKpfw I als Brückenlegepanzer. Über das im Wasser stehende turmlose Fahrgestell wurde eine Bohlenbrücke geschlagen und so anderen Panzerfahrzeugen der Übergang ermöglicht

Ausbildung im Fahrzeug und (unten) am Funkgerät

Der erste öffentliche Marsch der Panzertruppe (Kraftfahrlehrkommando Zossen) von Zossen nach Potsdam und zurück im Juni 1935

Rechte Spalte oben: Auf dem Fahrgestell des Panzerkampfwagens I Ausf. A wurde auch ein Befehlspanzer entwickelt. Bezeichnung: kleiner Panzerbefehlswagen (Sd. Kfz. 265)

Ein Gedenkteller des Panzer-Regiments 6 in Neuruppin, welches den Weg der Deutschen Panzertruppe aufzeigt. Vom 4. (Preuß.) Reiter-Regiment Potsdam (1920-1935) und Kraftfahrlehrkommando Zossen (1933-1935) zum Panzer-Regiment 6 (ab 1935)

PANZER-REGIMENT 6
NEU-RUPPIN
15·10·1935
4.(PREUSS) REITER-REGIMENT
POTSDAM 1920-1935
KRAFTFAHR-LEHR-KDO. ZOSSEN 1933-1935

Daß die neue Panzertruppe auch als politisches Machtmittel eingesetzt wurde, zeigen diese Bilder von zahlreichen Paraden, Demonstrationen und Vorführungen

klotz zur Winde an der hinteren Panzerwand, Feuerlöscher auf der linken Kettenabdeckung, S-Haken und eine Andrehkurbel unter dem Panzerdeckel für den Ölkühler, Abschleppseil zwischen den Zughaken der Bugwand.

Für die Bedarfsdeckung der Truppe mit dem LaS wurden bis 31.12.1934 folgende Stückzahlen festgelegt: 150 Fahrgestelle für 7,5 Millionen RM (Stückpreis 50 000,– RM) und 300 Panzerkastenoberteile mit Turm für 2,8 Mio. RM (Stückpreis 9333,– RM). Von Dezember 1934 bis März 1935 wurde mit einem monatlichen Ausstoß von 40 bzw. 75 Stück gerechnet. Da zur Bewaffnung 1934 noch keine EMG* 33 (später MG 34) zur Verfügung standen, mußte, da MG in größerer Anzahl zum Einbau in Panzerkampfwagen verlangt wurden, zunächst das MG 13 (Dreyse) in einer Flußeisenblende verwendet werden. Die Fahrzeuge wurden ab Ende 1934 an die Truppe ausgeliefert und bildeten dort den Nukleus des Fahrzeugbestandes der neuen Panzerverbände. Mit ihnen wurde die Ausbildungsgrundlage für das Gefecht im Verband für den späteren Einsatz der Panzerdivisionen erarbeitet.

Nach Auflösung des Unternehmens Kama wurde Ende 1933 der erste Panzerverband als Kraftfahrlehrkommando Zossen in Zossen bei Berlin aufgestellt. Der Stamm wurde aus Offizieren, die am Lehrgang in Kama teilgenommen hatten, und aus Abstellungen aller 7 Kraftfahrabteilungen gebildet. Am 1. April 1934 wurden auf dem Truppenübungsplatz Zossen die ersten drei Panzerkompanien des Kraftfahrlehrkommandos Zossen unter dem Abteilungskommandeur Oberstleutnant Harpe (ab 1.5.1935 Major Streich, der von 1930

* EMG = Einheits-Maschinengewehr.

bis 1934 im Heereswaffenamt, Wa-Prüf 6, für die Entwicklung des LaS verantwortlich war) aufgestellt. Im Sommer 1934 wurden die ersten LaS als Fahrschulwagen dem Kraftfahrlehrkommando zugewiesen, so daß die Gelände-Fahrausbildung beginnen konnte*). Im Juni 1935 führte das Kraftfahrlehrkommando Zossen, das inzwischen auf 8 Kompanien vergrößert war, einen Marsch mit LaS von Zossen nach Potsdam und zurück durch. Im Lustgarten in Potsdam wurde dabei die erste Parade eines deutschen Panzer-Regiments vor dem Inspekteur der Kraftfahrtruppen, Generalleutnant Lutz und seinem Chef des Stabes, Oberst Guderian, durchgeführt. Die LaS traten damit als Panzerkampfwagen zum erstenmal in der Öffentlichkeit auf.

Zu Hitlers Geburtstag am 20. April 1936 trat auch die neue Panzertruppe zu einer großen Parade an. Die Bilder zeigen die Panzer des Panzer-Regiments 6 (3. Panzer-Division) in Berlin-Grunewald beim Auftanken durch private Tankkraftwagen

3.6 Entwicklung von Motoren und Wechselgetrieben für Zugkraftwagen und Panzerkampfwagen

3.6.1 Entwicklung von Motoren

In der Anfangsphase standen der Reichswehr zum Einbau in Spezialfahrzeuge nur handelsübliche Lastkraftwagen-Motoren zur Verfügung. Bei schweren Gleiskettenfahrzeugen behalf man sich mit Flugmotoren, die aber den Bedürfnissen des neuen Anwendungsgebietes nur unzureichend genügten.

Schon früh hatte sich der für dieses Aufgabengebiet verantwortliche Sachbearbeiter im Heereswaffenamt, Dipl.-Ing. Kniepkamp, mit den Erzeugnissen der Maybach-Motorenbau GmbH befaßt und die von dieser Firma gebauten Personenkraftwagen-Motoren auch für eine Verwendung in Panzer und Zugmaschinen vorgesehen.

Die Entwicklung des »mittleren Traktors«, des Prototyps der späteren Panzerkampfwagen III und IV, war weitgehend von der Verfügbarkeit von eigens für eine Verwendung im Panzer geeigneten Motors abhängig. Maybach hatte einen 12-Zylinder-Personenwagenmotor vom Typ DSO 8 mit einer Leistung von 200 PS im Bauprogramm, welcher versuchsweise von Kniepkamp 1934 in Maffei-Zugkraftwagen, Typ KMZ100, eingebaut wurde. Am 23.10.1935 gab das Waffenamt bekannt, daß es beabsichtige, den DSO 8-Motor durch einen stärkeren zu ersetzen, der etwa 280 PS leisten sollte. Es wurde nach einer Möglichkeit gesucht, aus Elementen des NL 38-Personenwagenmotors, der serienmäßig im Panzer I Ausf. B eingebaut wurde, einen

* Den aus Kama zurückgekehrten Offizieren blieb es unverständlich, warum nicht die jahrelang erprobten Prototypen, sondern die in der Zwischenzeit in Deutschland entwickelten LaS und LaS 100 eingeführt werden sollten. Genaue Angaben gibt es darüber nicht mehr. Die angebliche »Panzerfeindlichkeit« des Chefs des Truppenamtes (Generalstabes), Generaloberst Beck, ist aber mit Sicherheit nicht der entscheidende Grund gewesen, denn dieser war zur Zeit dieser Entscheidung über die Typen einzuführender Panzerkampfwagen noch nicht Chef des Truppenamtes und nicht in Berlin.

12-Zylinder-Motor zu entwickeln, der bei 2800 U/min eine Literleistung von 25 bis 26 PS erbringen sollte. Maybach sagte am 31.10.1935 die Entwicklung eines derartigen Motors zu.

Der erste von der Maybach-Motoren-Gesellschaft entwickelte, für den Einbau in Panzerfahrzeugen bestimmte, Hochleistungsmotor, der Typ HL 100, mit einer Leistung von 280 PS

Am 24.10.1935 forderte das Heereswaffenamt von Maybach ein Nachbaurecht von Motoren, die von Maybach im Auftrag des Waffenamtes entwickelt bzw. weiterentwickelt wurden. Diese Forderung war mit der Zusage verbunden, in Zukunft alle Zugmaschinen und Panzerkampfwagen mit Maybach-Motoren auszurüsten. Das Heereswaffenamt bezahlte zu diesem Zeitpunkt neben beträchtlichen Entwicklungskosten einen Unkostenzuschlag von 400%. Firma Daimler-Benz, welche mit allen Mitteln versuchte, das sich anbahnende Maybach-Monopol zu verhindern, hatte die Entwicklung von zwei Panzer-Motoren kostenlos angeboten. Kniepkamp bat Maybach um Zusage zur Entwicklung von Motoren für die beiden kleinsten Zugkraftwagen mit 40 bzw. 70 PS Leistung. Vertraulich wurde erwähnt, daß die Zahl der Panzerfahrzeuge im Bestand der Reichswehr auf über 10 000 steigen würde.

Bis zum 30.10.1935 wurden vom Heereswaffenamt für die Entwicklung des HL 100-12-Zylinder-Motors an Maybach RM 150 000,– bezahlt. Dieser Motor war für die Prototypen der ZW- bzw. BW-Fahrzeuge (die späteren Panzerkampfwagen III und IV) bestimmt. Bei diesem Motor wurde erstmals bei einem Ottomotor der Firma Maybach eine rollengelagerte Kurbelwelle verwendet, welche eine reduzierte Baulänge ermöglichte und daher für den Einbau in gepanzerte Fahrzeuge prädestiniert war. Außerdem erhielt Maybach RM 60 600,– für die Entwicklung des 6-Zylinder-Ottomotors HL 57, der vorwiegend im Panzer II, aber auch im Zugkraftwagen eingebaut werden sollte. Der HL 57 (HL = Hochleistungsmotor 5,7 l Hubraum) verwendete übrigens eine Anzahl von Teilen des HL 100. Dipl.-Ing. Blasberg vom Heereswaffenamt bat Fa. Maybach um Untersuchung, den HL 100-Motor durch Aufbohren auf 10,8 Liter Hubraum zu bringen, da eine höhere Leistung erwünscht war. Maybach hielt eine Vergrößerung auf 12 l für möglich. Zwei dieser Motoren wurden bestellt. Interessant ist die Tatsache, daß das Heereswaffenamt, WaPrüf 6 III, keine Motoren mit 300 PS Leistung, sondern einen 9-l-Motor mit 230 PS bei 2600 U/min forderte.

Aus Gründen der Vereinheitlichung schlug Maybach

neben dem NL38 als 6-Zylinder, aus gleichen Bauteilen einen 12-Zylinder und außerdem einen 4-Zylinder mit 70 PS vor. Daneben wurde ein HL 57 als 6-Zylinder, ein HL 120 als vergrößerter 12-Zylinder und eine kleinere 12-Zylinder-Ausführung HL 90 in Erwägung gezogen.

Auf Vorschlag der Fa. Maybach vom 21.11.1935 sollte das Heereswaffenamt nicht mit weiteren Entwicklungskosten für die Motorentypen NL 35, NL 38, HL 57 und HL 100 belastet werden, falls die Fa. Maybach Entwicklungsaufträge für HL 95, HL 108, HL 120, HL 76 (12-Zylinder 2 x NL 38, Ersatz für DSO 8), HL 25 (4-Zylinder aus NL38) und HL 265 (12-Zylinder, 600 PS) erhalten würde.

Am 24.10.1935 wurde vom Heereswaffenamt, WaPrüf 6, die Enwicklung eines 600- bis 700-PS-Motors eingeleitet. Maybach sollte dabei untersuchen, inwieweit eine Anhebung auf 700 PS Größe und Gewicht des Motors beeinflußten. Weitere Besprechungen auf dem Truppenübungsplatz Münsingen am 26.10.1935 ergaben einen 700-PS-Motor mit einer Marschleistung von 600 PS. Maybach schlug hierfür eine 16-Zylinder-Auslegung vor. Die Firma Maybach bezeichnete den Schritt vom 300- zum 600-PS-Motor als ungewöhnlich groß und sah eine Leistung von 600 PS als Grenze für einen 12-Zylinder-Motor an. Einen 16-Zylinder-Motor wollte man wegen seiner Länge, er baute 500 mm länger, nicht in Betracht ziehen. Die Aufgabenstellung würde wesentlich erleichtert, wenn man sich zunächst mit einer Leistung von 600 PS begnügen würde. Oberbaurat Augustin vom Heereswaffenamt, WaPrüf 6, brachte jedoch zum Ausdruck, daß später vielleicht doch 700 PS verlangt würden. Dieser Forderung sollte dadurch Rechnung getragen werden, daß bei der Ausbildung des Motors mit einer Höchstleistung von 600 PS die Hubzapfen kräftiger durchgebildet wurden als in einem 12-Zylinder erforderlich war, da die Gehäuselager ohnedies bei den großen Rollenlagern nach dem Prinzip des HL 100-Motors überdimensioniert waren. Bei der Konstruktion der Scheibenwelle konnte dann ohne weiteres aus dem 600-PS-12-Zylinder- ein 800-PS-16-Zylinder-Motor entwickelt werden. Eine max. Motordrehzahl von 2400 U/min war vorgesehen. Der 600-PS-Motor war zum Einbau in ein 30-t-Fahrzeug (VK. 3001) vorgesehen, jedoch war dessen Entwicklung nicht sonderlich dringend, da eine Forderung für einen derartigen Panzerkampfwagen noch nicht erteilt war. Der Motor sollte jedoch trotzdem entwickelt werden. Am 10.12.1936 erklärte sich das Heereswaffenamt, WaPrüf 6, mit der Entwicklung des 16-Zylinder-Motors einverstanden. Die Kosten dafür lagen zwischen 250 000,– bis 300 000,– RM. Eine Aufstellung der Firma Maybach über von ihr gebaute Hochleistungsmotoren zeigt bis Ende 1935 folgende Baumuster:

HL 35	PS	U/min	Bohrung/Hub	Zylinder	Motor-Nr.
	140	4500	90/90 mm	6	ab 11001

(Wagenmotor SW 35, 330 kg, für SW 35 Personenkraftwagen-Fahrgestell, der bald durch Vergrößerung des Hubs als HL 38 ausgeführt wurde).

HL 35 Special	PS	U/min	Bohrung/Hub	Zylinder	Motor-Nr.
	90	3000	90/90 mm	6	

Einbau Büssing-NAG (Zugkraftwagen 5 t)

HL 35 TR	PS	U/min	Bohrung/Hub	Zylinder	Motor-Nr.
	90	3000	90/90 mm	6	

Trockensumpfschmierung (1 Umlaufpumpe, 2 Absaugpumpen), Ölbehälter, ohne Windflügel, dafür eine Riemenscheibe an der Schwungradseite. Kraftabnahme an der Schwingungsdämpferseite, UKW-entstört, 600-W-Lichtmaschine. Einbau Krupp (Panzerkampfwagen I).

HL 57 TR	PS	U/min	Bohrung/Hub	Zylinder	Motor-Nr.
	130	2600	100/120 mm	6	ab 16001

Einbau durch MAN im Panzerkampfwagen II – Trockensumpfschmierung mit drei Ölpumpen. 89 Motoren geliefert.

HL 57 TU	PS	U/min	Bohrung/Hub	Zylinder	Motor-Nr.
	130	2600	100/120 mm	6	ab 16001

Einbau durch Krauss-Maffei im Zugkraftwagen 8 t – Tiefes Unterteil.

HL 62 TR	PS	U/min	Bohrung/Hub	Zylinder	Motor-Nr.
	140	2600	105/120 mm	6	ab 16101

Einbau durch MAN im Panzerkampfwagen II – Trockensumpfschmierung mit drei Ölpumpen (1 Absaugpumpe, 2 Umlaufpumpen), Auspuffrohr mit Endabführung, Kurbelgehäuse mit größeren Zylinderbohrungen, ab Motor Nr. 16271, neues Kurbelgehäuse mit innen liegenden Ölleitungen, damit geänderter Anschlußdeckel für Ölpumpe und Spaltfilter, neuer Ölkühler und Ölbehälter, neue Ölpumpenantriebswelle und Kraftstoffpumpe.

Nicht ausgeführt wurde der Typ HL 92.

HL 100	PS	U/min	Bohrung/Hub	Zylinder	Motor-Nr.
	400	4000	100/106 mm	12	

HL 100 TR	PS	U/min	Bohrung/Hub	Zylinder	Motor-Nr.
	400	4000	100/106 mm	12	ab 14001

860 kg, Einbau Krupp (ZW-Prototypen – Panzerkampfwagen IV), 10 Versuchsmotoren, Trockensumpfschmierung (1 Umlaufpumpe, 2 Absaugpumpen), Kurbelwelle mit Rollenlagerung, Schmierung über Schleifringe, Blechsaugrohre, 4 Vergaser, bearbeitete Pleuel, Schwungkraftanlasser mit Stirnantrieb. Es wurde Maybach von seiten des Heereswaffenamtes nicht gestattet, den Motortyp HL 100 auf der Internationalen Berliner Automobil-Ausstellung vorzustellen. Dieser Motor konnte dagegen im Ausland angeboten werden.

HL 108 TR	PS	U/min	Bohrung/Hub	Zylinder	Motor-Nr.
	300	3000	110/115 mm	12	ab 14011

Einbau durch Fa. Krupp und Daimler-Benz in BW- und ZW-Prototypen (Panzerkampfwagen III und IV). Weiterentwicklung des HL 100 TR, Kurbelgehäuse mit eingegossenen Saugrohren von 50 mm Ø, neue Kurbelwelle mit vergrößertem Hub, 2 Vergaser statt 4, durchgezogenes Unterteil, damit Wegfall der Leitungen vom und zum Ölbehälter, UKW-entstört, Druckölfilter, Aluminium-Ventilhaube, Kraftstoffumlaufventil (Normalausführung Daimler-Benz/ZW). Sonderausführung Krupp (BW) unterscheidet sich hauptsächlich durch Riemenscheibe für Windflügelantrieb, Ölkühler (Wasserzulaufkrümmer), Ölbehälter (Öleinfüller), Gasgestänge (Deckel) und kein Wasserausgleichbehälter.

HL 265	PS	U/min	Bohrung/Hub	Zylinder	Motor-Nr.
	600			12	

3.6.2 Entwicklung von Wechselgetrieben

Der Gedanke, das Schalten von Halbketten- und Vollkettenfahrzeugen zu erleichtern, fand schon in den zwanziger Jahren seine konstruktiven Voraussetzungen. Bei einigen Personenwagen-Typen der Maybach-Motorenbau GmbH wurden Schalterleichterungen eingeführt, welche die Voraussetzung für die Entwicklung von sog. Schaltreglergetrieben für Spezialfahrzeuge der Reichswehr bzw. Wehrmacht bildeten. Typisch für diese Schaltung war ein am Lenkrad angebrachter kleiner Schalthebel, der die Schaltung der Gänge pneumatisch durch Saugrohrunterdruck bewerkstelligte. Das Wechselgetriebe konnte somit unter Vermeidung

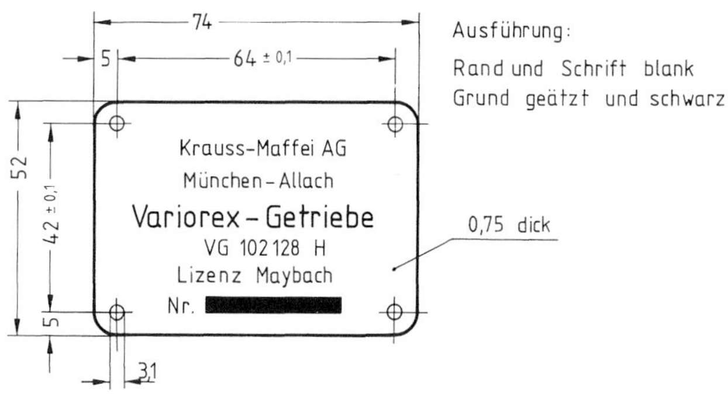

Typenschild für in Lizenz gebaute Maybach-Variorex-Getriebe

der üblichen Schaltarbeit durch Einstellen des kleinen Schalthebels und Betätigen des Gasfußhebels geschaltet werden. Das Heereswaffenamt, WaPrüf 6, schloß Ende 1937 mit der Maybach-Motorenbau GmbH einen Entwicklungsauftrag über Getriebe für Heereszwecke ab, welcher wiederum zur Vergabe von Lizenzrechten zum Nachbau von derartigen Getrieben bei anderen Firmen führte.

Für derartige Getriebe, welche die Bezeichnung SRG = Schaltreglergetriebe hatten, gab Maybach eine dreiteilige Nummernbezeichnung in folgender Reihenfolge:

- eine Hunderter- und Zehnerzahl als Leistung (PS)
- eine Hunderter- und Zehnerzahl als Drehmoment (mkg)
- eine Zehnerzahl für den Gesamtsprung des Getriebes.

1938 wurde die Bezeichnung SRG in VG = Variorex-Getriebe umgewandelt und dieses Wortzeichen für Maybach gesetzlich geschützt. Alle in Lizenz nachgebauten Wechselgetriebe dieser Art mußten mit der Bezeichnung »Variorex-Getriebe, Lizenz Maybach«, versehen werden.

Der von Maybach bis zum Juli 1937 erreichte Stand der Getriebe-Entwicklungsarbeiten für Schaltreglergetriebe, welche bereits in Arbeit waren, zeigte sich wie folgt:

- SRG 102128 für Motor NL 38, 7 Vorwärts- und Rückwärtsgänge für Zugkraftwagen D 6 der Firma Demag. Acht Stück im Juli 1937 geliefert, zwei davon an Adler
- SRG 102128 für Motor NL 38 – Serienausführung. Davon waren 1380 bei der Zahnradfabrik Friedrichshafen, welche in Lizenz die Gesamtfertigung dieser Getriebe übernommen hatte, in Arbeit. Weitere 300 Stück lieferte Büssing-NAG, Berlin-Oberschöneweide
- SRG 14479 für Motor HL 62, 7 Gänge, Abtriebswelle unten für LaS 100 der Firma MAN. ZF hatte vier dieser Getriebe in Auftrag, mit Aussicht auf weitere 85 Getriebe
- SRG 328145 für Motor HL 120 – 10 Vorwärtsgänge, ein Rückwärtsgang für Fahrzeuge ZW (Panzer III, Daimler-Benz) und IW (VK 3001, Henschel). ZF hatte 7 Getriebe in Arbeit, mit Aussicht auf weitere 96 Stück
- SRG 123149 für Motor 49 – 10 Vorwärtsgänge, ein Rückwärtsgang, für Hanomag-Heckmotorfahrzeug, Typ H 8 H. ZF hatte 24 Stück in Auftrag

Getriebe-Typen, für welche Maybach noch Entwürfe und Teilzeichnungen zu liefern hatte:

- SRG 102128 H für Motor NL 38 – 7 Vorwärtsgänge, ein Rückwärtsgang für Zugkraftwagen 1 t. Büssing-NAG hatte 300 Getriebe im Auftrag
- SRG 102149 für Motor NL 38 mit Hohlwelle für kleinen Zugkraftwagen (Hanomag) – 10 Vorwärtsgänge, ein Rückwärtsgang
- SRG 123149 für Motor HL 49 mit Hohlwelle für leichten Zugkraftwagen (Büssing-NAG) – 10 Vorwärtsgänge, ein Rückwärtsgang
- SRG 144172 für Motor HL 62 mit Hohlwelle für mittleren Zugkraftwagen (Krauss-Maffei) – 10 Vorwärtsgänge, ein Rückwärtsgang
- SRG 185149 für Motor HL 76 mit Hohlwelle für schweren Zugkraftwagen (Daimler-Benz) – 10 Vorwärtsgänge, ein Rückwärtsgang
- SRG 16579 für Motor HL 75 mit 7 Gängen ohne Rückwärtsgang wie für LaS 100 am Motor angeblockt und Abtriebswelle unten. Gesamtuntersetzung wie für SRG 14479
- SRG 602145 für 30-l-Motor, Gangabstufung wie für ZW-Fahrzeug – 10 Vorwärtsgänge, ein Rückwärtsgang.

Bekanntlich wurden der leichte Zugkraftwagen 1 t sowie ein Teil der Panzerkampfwagen III-Baureihe serienmäßig mit diesen Getrieben ausgestattet.

Da die Unterdruckschaltung zum Teil gravierende Nachteile aufwies, verlegte Maybach bei der Neukonzeption dieser Getriebe sich auf eine Öldruckschaltung. Solche Getriebe wurden als öldruckgeschaltete Variorex-Getriebe bezeichnet und erhielten das Wortzeichen Olvar. Die dahinter geführte Nummerbezeichnung blieb gegenüber dem VG-Getriebe unverändert. Der Fortschritt zwischen beiden Getriebearten zeigt sich wie folgt:

Variorex 328 145	Olvar 40 12 16
1. *Getriebesprung vom ersten bis obersten Gang* Gesamtsprung 14,5 aus 5 Radpaaren und 10 Gängen.	1. *Getriebesprung vom ersten bis obersten Gang* Gesamtsprung 16 aus 4 Radpaaren und 8 Gängen
2. *Kupplung* Ölkupplung mit ständigem Druck auf dem Muffenlager und mit der Notwendigkeit des großen Öl-Akkus	2. *Kupplung* Federkupplung mit entlastetem Muffenlager und ohne Öl-Akku
Anschleppen fraglich	Anschleppen sichergestellt
Betrieb durch Schräglage begrenzt	Unabhängig von Schräglage
Starke Wärmeentwicklung durch Pantschen der Kupplungstrommel im Öl	Keine Pantscharbeit (Trockensumpf-Betrieb)
Lamellen empfindlich gegen Rutschen	Schlupfunempfindliche Lamellen (großes Wärmespeichervermögen)
3. *Schaltung* Vakuum-Schaltung mit zusätzlichen Raumbedarf für Schaltkasten, außenliegende Rohrleitungen	3. *Schaltung* Ölschaltung eingebaut im Getriebe, also ohne zusätzlichen Raumbedarf und ohne außenliegende Rohrleitungen
Gasgeber am Motor	Gasgeber in Getriebe eingebaut
Schaltauslösung mit Kupplungsfußhebel	Schaltauslösung durch Fingerdruck am Wählhebel (Voraussetzung für Hochsitz)
Handschaltung schlecht zugänglich	Handschaltung leicht zugänglich
Schaltet bei Stillstand nur in ersten Gang	Schaltet bei Stillstand in alle Gänge, weil Bremse angetrieben wird
Schaltzeiten verschieden von Gang zu Gang, weil nur eine Getriebebremse vorhanden	Schaltzeiten kurz und gleichmäßig, weil 3 Getriebebremsen vorhanden

3.7 Panzerentwicklung »LaS 100«

Ein Ferngespräch vom 18.6.1934, welches die Maschinenfabrik Augsburg-Nürnberg mit dem Heereswaffenamt, WaPrüf 6, (Chef WaPrüf 6 vom 1.2.1934 - 30.9.1937 Oberstlt. Dipl.-Ing. Wilhelm Philipps) führte, bestätigte, daß die MAN mit der Entwicklung des MG-Kampfwagens (2 cm) (Vskfz. 622)*, der intern die Tarnbezeichnung LaS 100 erhalten hatte, beauftragt worden war. Als Motor war der Maybach-Hochleistungs-Ottomotor HL 52 vorgesehen. Alternativ sollte der Einbau des von der MAN entwickelten luftgekühlten Motors untersucht werden. Ein entsprechendes Wechselgetriebe vom Typ SSG 45 mit 6 Vorwärts- und einem Rückwärtsgang wurde von der Zahnradfabrik Friedrichshafen entwickelt. Das Laufwerk war dem des Krupp LaS – jedoch in verstärkter Ausführung – anzugleichen. Ein Gesamtgewicht von 6 t durfte nicht überschritten werden, wobei 2 t für Aufbau und Drehturm einzukalkulieren waren. Der Durchmesser des Bedienungskreises war mit 1200 mm festgelegt. Ein Entwurf des LaS 100 sollte möglichst

* Panzerdicke 13 mm rundum, Panzerfestigkeit 180 kg/mm²

vor dem 30.6.1934 beim Heereswaffenamt, WaPrüf 6, vorgelegt werden. Die Hessische Industrie- und Handels GmbH, Kassel, unter der sich der Rüstungsbetrieb der Firma Henschel verbarg, erhielt am 5.7.1934 vom Heereswaffenamt, WaPrüf 6, ebenfalls einen Auftrag für den Entwurf eines MG-Kampfwagens (2 cm), dem LaS 100. Bis Ende August 1934 waren bei Henschel die Konstruktionsarbeiten soweit gediehen, daß mit der Anfertigung von Detailzeichnungen begonnen werden konnte. Um die Raumverhältnisse bei diesem Projekt besser untersuchen zu können, wurde von Henschel ein Holzmodell im Maßstab 1:1 in Auftrag gegeben. Das Gewicht des Krupp-Prototyps für den LaS 100 lag bei 6,3 t. Es wurden bei den Prototypen der drei Firmen geschmierte Gleisket-

Am 18.6.1934 wurde der Maschinenfabrik Augsburg-Nürnberg in Nürnberg mitgeteilt, daß sie mit der Entwicklung des MG-Kampfwagens (2 cm) (Vs. Kfz. 622) beauftragt war. Das Bild zeigt einen der ersten Prototypen des späteren Panzerkampfwagens II

Henschel, ebenfalls in die Entwicklung des MG-Kampfwagens (2 cm) (Vs. Kfz. 622) eingeschaltet, lieferte im Jahre 1935 diesen Prototyp an das Heereswaffenamt

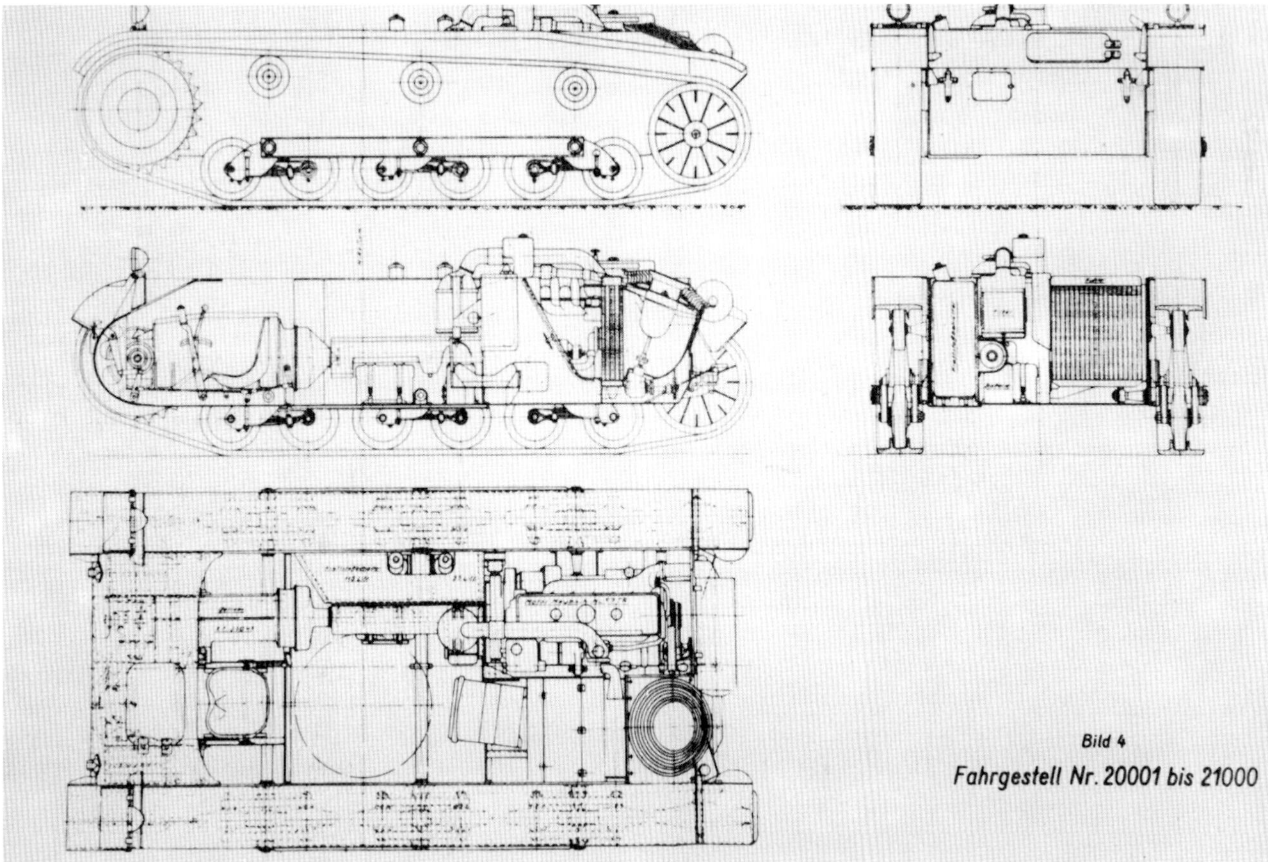

Eine Übersicht über das erste Produktionsmodell des Panzerkampfwagens II, eine Entwicklung der Maschinenfabrik Augsburg-Nürnberg, Nürnberg

ten mit 300 mm Breite und 150 mm Teilung oder ungeschmierte der Kettentypen Kgs 67/280/90 und Kgs 67/300/90 verwendet. Die Außenmaße der Fahrzeuge betrugen:

		Krupp	Henschel	MAN
Länge	mm	4700	4625	4650
Breite	mm	2300	2200	2075
Höhe	mm	1760	1800	1830

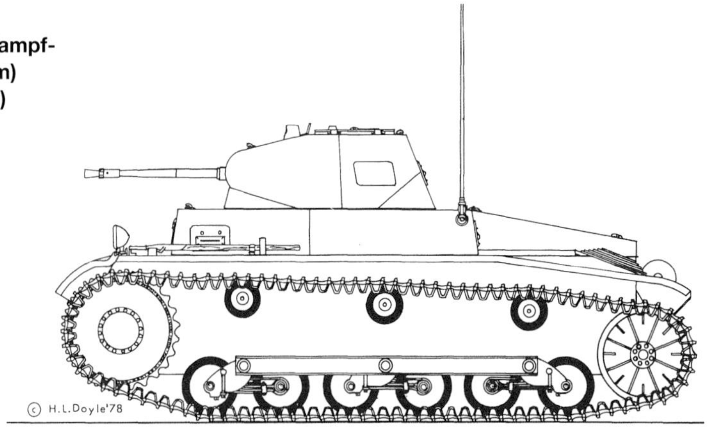

MAN MG-Kampfwagen (2 cm) (Vs.Kfz. 622)

Die Bodenfreiheit war mit 300 mm bei allen Fahrzeugen gleich. Die Spurweite des LaS 100 betrug bei Krupp 1960 mm, bei Henschel 1800 mm, bei MAN 1780 mm, die Kettenauflagelänge in derselben Reihenfolge 2500, 2640 bzw. 2426 mm. Ein Wilson-Lenkgetriebe wurde von allen drei Herstellern verwendet. Die Höchstgeschwindigkeit aller Fahrzeuge lag bei 40 km/h.

Ursache für die Entwicklung des MG-Kampfwagens (2 cm), dem LaS 100, war die Tatsache, daß sich die Fertigung der geplanten Haupttypen zur Ausstattung der Panzerverbände, Geschützkampfwagen (3,7 cm) (Vskfz. 619) und Geschützkampfwagen (7,5 cm) (Vskfz. 618), also die späteren Panzerkampfwagen III und IV, länger hinauszögerte, als ursprünglich erhofft wurde. Daraufhin entschloß sich General Lutz, der Inspekteur der Kraftfahrtruppen, zu einer weiteren Zwischenlösung, dem mit einer 2-cm-Maschinenkanone und einem MG bestückten LaS 100.

Die ersten Prototypen wurden im Frühjahr 1935 Vertretern des Heereswaffenamtes, WaPrüf 6, vorgeführt.

3.8 Panzerentwicklung »Zugführerwagen/Bataillonsführerwagen (ZW und BW)«

Auf Grund der Erfahrungen mit den verschiedenen Panzertypen in Kama, stellte sich rasch die Notwendigkeit heraus, für die endgültige Ausrüstung der Panzertruppe grundsätzlich neue Panzerkraftwagen zu entwickeln. Die bisher gewählten Laufwerkauslegungen hatten in keiner Weise dem Wunsch nach hoher Geländegeschwindigkeit entsprechen können, wie auch die Aufgabenteilung im Panzer noch nicht geklärt war.

Daimler-Benz Geschützkampfwagen (3,7 cm) (Vs.Kfz. 619)

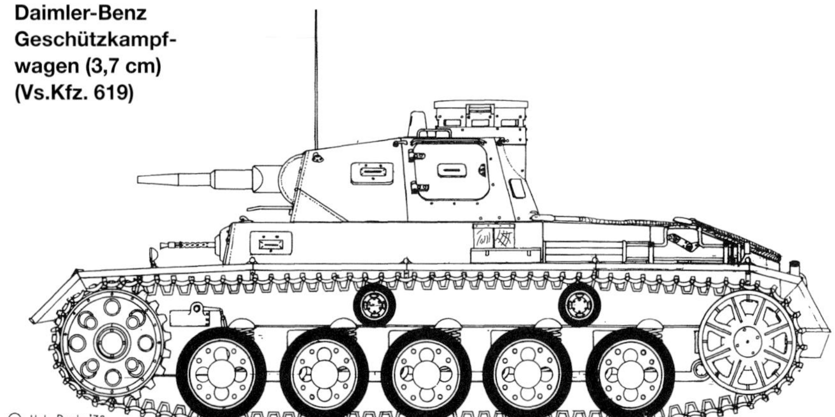

Dem Arbeitskreis um den späteren Generaloberst Heinz Guderian kommt das Verdienst zu, die Wichtigkeit jener Forderungen, die von der Taktik her an moderne Kampfpanzer gestellt wurden, in die richtige und richtungsweisende Rangfolge gebracht zu haben. Dabei ergaben sich als Wertordnung Feuerkraft, Beweglichkeit und Panzerschutz. Ebenso weitschauend war die damals festgelegte sinnvolle Verteilung aller anfallenden Aufgaben im Panzer auf Kommandant, Richtschützen, Ladeschützen, Funker und Fahrer. Entscheidend hat sich später die großzügige Ausstattung der deutschen Panzer mit Fernmeldemitteln ausgewirkt. Daß jedes einzelne Fahrzeug ein Funkgerät und eine Bordsprechanlage erhielt, hat Generaloberst Guderian, der während des Ersten Weltkrieges u. a. Erfahrungen als Führer einer FM-(Funk-)Einheit sammeln konnte, von Anfang an gefordert und solange zäh vertreten, bis es bewilligt war.

Der Krupp-Prototyp M.K.A. nach den Ausschreibungen des Heereswaffenamtes für einen mittleren Kampfwagen, der in zwei Ausführungen (später Panzerkampfwagen III und IV) gebaut werden sollte

Auf der technischen Seite wurde die Frage des Front- bzw. Heckantriebs kritisch erörtert. Beim Heckantrieb versprach man sich folgende Vorteile: Die Gleiskette war nur von der ersten Laufrolle bis zum Triebrad hinten gespannt. Dadurch ergab sich eine Knickung der Gleiskette an nicht gespannten Stellen und eine geringere Abnutzung der Gleiskette in den Gelenken. Günstig war auch die kurze Kraftübertragung bei hintenliegenden Antriebsaggregaten. Dem gegenüber standen als Nachteile: Für die Lenkübertragung wurden lange Betätigungen notwendig. Ferner kam die stark verschmutzte Gleiskette sofort zum Triebkranz, was auf einen stärkeren Verschleiß hindeutete. Die Vorteile beim Frontantrieb lagen hauptsächlich in der Eigenreinigung der Gleiskette vor Erreichen des Triebrades, dadurch eine geringere Abnutzung von Kette und Zahnkranz. Die Lenkübertragung konnte möglichst kurz gehalten werden. Als Nachteil ergab sich eine Biegung der Gleiskette im gespannten Trumm mit einer daraus resultierenden höheren Abnutzung. Auch verlangte diese Auslegung eine verhältnismäßig lange Kraftübertragung bei hintenliegendem Motor. Bezüglich der Wendefähigkeit wurde ermittelt, daß ein kurzes, breites Vollkettenfahrzeug leichter zu beherrschen war, da die treibende Kraft an dem großen Hebel angriff, während widerstrebende Bodendrücke auf den kurzen Hebel wirkten. Auch ergab sich bei dieser Auslegung eine größere Sicherheit gegen seitliches Kippen.

Bodenfreiheit, Grabenüberschreitfähigkeit, Kletter- und Watfähigkeit wurden eingehend untersucht und den Entwicklungsfirmen dahingehend Auflagen gemacht. Das Heereswaffenamt, WaPrüf 6, forderte als Endausstattung der Panzertruppe zwei Grundtypen an Panzerkampfwagen, und zwar einen Wagen mit panzerbrechender Waffe sowie ein Unterstützungsfahrzeug mit einem Geschütz größeren Kalibers. Dabei handelte es sich um

- den Geschützkampfwagen (3,7 cm) (VsKfz. 619) mit der Tarnbezeichnung Zugführerwagen (ZW);
- den Geschützkampfwagen (7,5 cm) (VsKfz. 618) mit der Tarnbezeichnung Bataillonsführerwagen (BW).

Über die Bewaffnung des Zugführerwagens ergaben sich von Anfang an grundsätzliche Meinungsverschiedenheiten. Während das Heereswaffenamt und die Inspektion der Artillerie eine 3,7-cm-Kanone für ausreichend erachteten, forderte die Inspektion der Kraftfahrtruppen sofort eine 5-cm-Bewaffnung. Da die Infanterie jedoch bereits mit der 3,7-cm-Pak ausgerüstet worden war und man aus Gründen der Vereinheitlichung nur eine panzerbrechende Waffe bauen und munitionieren wollte, wurde der Einbau einer stärkeren Waffe abgelehnt. Vorausschauend konnte jedoch erreicht werden, daß der Turmdrehkranz des Zugführerwagens einen Durchmesser erhielt, der den nachträglichen Einbau einer größeren Kanone ermöglichte.

Der von der Firma Rheinmetall-Borsig entwickelte Drehturm war mit einer 3,7-cm-Kanone bestückt, welche eine Mündungsgeschwindigkeit von 760 m/s aufwies. Rechts von der Kanone waren zwei MG 34 in einer gesonderten Blende eingebaut. Bei einem Seitenrichtfeld von 360° ergab sich ein Höhenrichtbereich von -10° bis +20°. Die schon beim »Neubaufahrzeug« erstmals verwendete Kommandantenkuppel wurde zwingend auch für die Fahrzeuge ZW und BW vorgeschrieben.

Die noch offenen Fragen über die Panzerausrüstung für das geplante, auf 36 Divisionen erweiterte Reichsheer wurden am 11.1.1934 anläßlich einer Amtschef-Besprechung im Heereswaffenamt weitgehend geklärt. Dabei sollten die drei leichten Kompanien der neuen Panzerabteilungen mit den ZW-Fahrzeugen ausgestattet werden, während der Bataillonsführerwagen als Unterstützungsfahrzeug für die vierte Kompanie der Abteilung bestimmt war. Die Bewaffnung dieses Fahrzeuges mit einer Kanone größeren Kalibers und mit je einem Turm- und Bug-MG sollten es befähigen, leichteren Panzern im Kampf Rückhalt zu bieten und Ziele zu bekämpfen, für die die kleinere, panzerbrechende Waffe des Zugführerwagens nicht ausreichte. Man legte sich daher auf ein Geschützkaliber von 7,5 cm fest, eine Waffe, deren Vorläufer bereits bei den Großtraktoren und Neubaufahrzeugen verwendet wurden.

Noch im Jahr 1934 vergab das Heereswaffenamt, Wa-Prüf 6, Entwicklungsaufträge über Panzerfahrzeuge der 15-t-Klasse (ZW) und 18-t-Klasse (BW). Aufgefordert wurden die Firmen Maschinenfabrik Augsburg-Nürnberg, Werk Nürnberg, Daimler-Benz AG, Werk Berlin-Marienfelde, Rheinmetall-Borsig, Werk Berlin und Friedrich Krupp AG, Werk Essen. Eine Gegenüberstellung der ZW-Prototypen ergab folgende Vergleichswerte:

		Daimler-Benz	MAN	Rheinmetall-Borsig
Gesamtgewicht	kg	12000	12000	12000
Länge über alles	mm	5335	5400	5100
Breite über alles	mm	2605	2600	2600
Höhe über alles	mm	2120	–	2420
Bodenfreiheit	mm	350	350	400
Spurweite	mm	2280	2275	2150
Kettenauflagelänge	mm	3200	3200	3200

Rheinmetall Geschützkampfwagen (7,5 cm) (Vs.Kfz. 618)

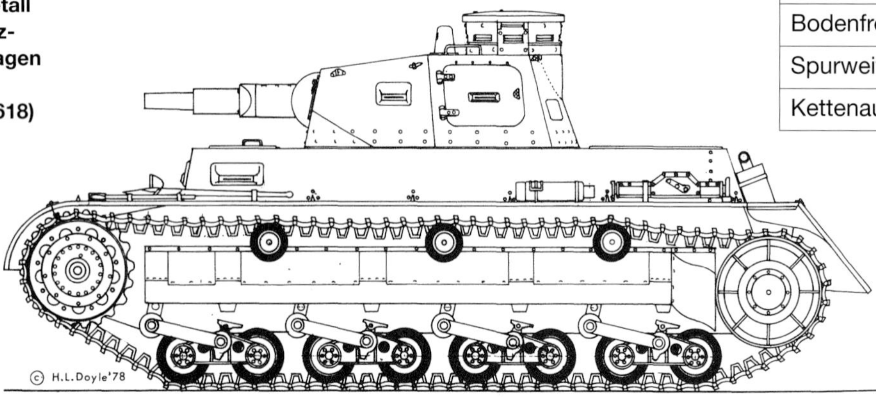

Krupp Geschützkampfwagen (7,5 cm) (Vs.Kfz. 618)

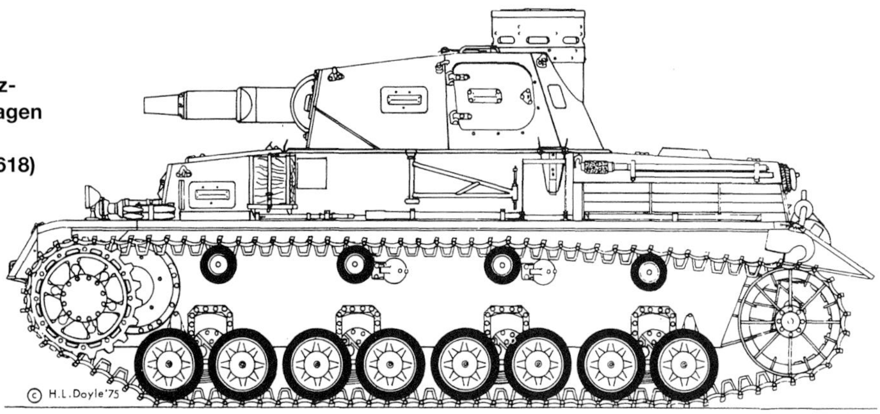

Als Motor war der flüssigkeitsgekühlte Maybach-V-12-Ottomotor mit 300 PS Leistung, Typ HL 108, bzw. dessen Vorläufer HL 100 vorgesehen. Der Kraftfluß ging über ein 6-Gang-Synchron-Wechselgetriebe SSG 75 der Zahnradfabrik Friedrichshafen. Es wurden Wilson- und Cletrac-Lenkgetriebe eingebaut. Der Gleiskettentyp Kgw 65/326/100 läßt erkennen, daß es sich um gegossene Kettenglieder von 326 mm Breite und 100 mm Teilung handelte.

Mit dem 18-t-Fahrzeug befaßte sich die Rheinmetall-Borsig AG im Wettbewerb mit der Firma Krupp. Vom Rheinmetall-Prototyp wurden zwei Ausführungen gefertigt:

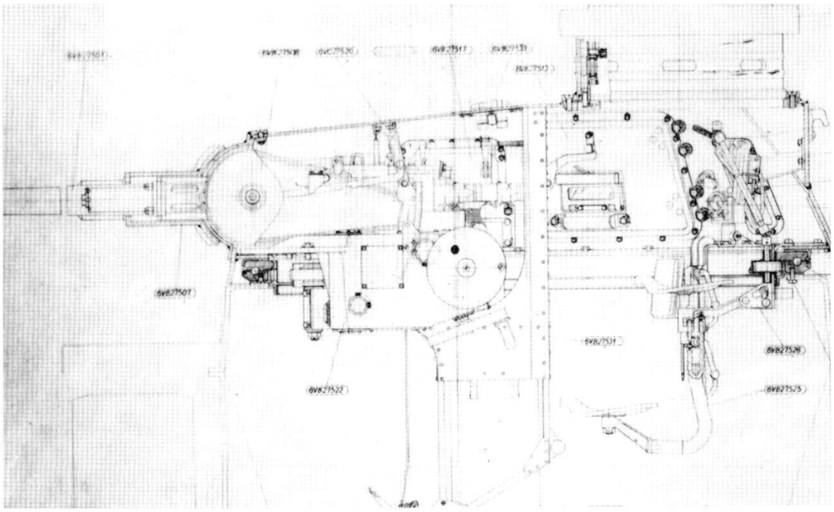

Der Drehturm des Zugführerwagens (Vs.Kfz. 619), Geschützkampfwagen (3,7 cm) als Zeichnung und im Bild (unten)

- ein Kampfpanzer-Prototyp mit Geschützturm und vorneliegendem Antrieb;
- ein Beobachtungswagen mit Turm und eingebauten Meßgeräten, vorneliegender Antrieb.

Wannen und Türme beider Fahrzeuge waren aus Weichstahl. Das Laufwerk zeigte auf jeder Seite acht doppelt aufgehängte Laufrollen kleineren Durchmessers nach Art der »Neubaufahrzeuge«. Die Leitradanordnung wurde mehrmals geändert. Die Laufrollen hatten Gummibandagen, ihr Durchmesser wurde gegenüber den »Neubaufahrzeugen« vergrößert. Im übrigen wurde eine Hebelkonstruktion mit eingebauten Schraubendruckfedern verwendet. Die Gleisketten wurden vom »Neubaufahrzeug« übernommen, sie waren ohne Gummipolster. Die Kettenbolzen blieben ohne Schmierung. Die Triebräder wiesen doppelte Antriebszahnkränze auf. Die Kraftübertragung erfolgte vom Motor über ein handgeschaltetes 6-Gang-ZF-Getriebe mit Synchronisierung auf die vorneliegenden Triebräder. Das Lenkgetriebe, Bauart Rheinmetall, bremste die Innenkette vom Antrieb. Die Außenkette lief mit der Geschwindigkeit für Geradeausfahrt. Flachere Kurven mußten durch Schleifenlassen von Bremsen erzwungen werden, daraus ergab sich ein großer Verschleiß der Bremsbeläge und eine hohe Erwärmung des Getriebes.

Der Beobachtungswagen war im Fahrgestell dem Panzerkampfwagen baugleich, hatte jedoch einen zusätzlichen Anschluß für das Turmfernrohr. Im Turm war ein Scherenfernrohr, durch Klappen von außen verschließbar, angeordnet. Ferner stand ein Spezial-Beobachtungsfernrohr zur Verfügung, welches absenkbar angeordnet war. Zwischen Fernrohr und Ortungsgerät bestand eine Verbindung. Zusätzlich war ein Funkgerät mit ausziehbarer Antenne vorhanden. Vorne betrug die Panzerdicke 16 bis 20 mm, seitlich 13 mm.

Der Krupp-Entwurf hielt sich genau an die vorgegebenen Richtwerte des Heereswaffenamtes, WaPrüf 6. Er zeigte Außenmaße von 5600 x 2900 x 2650 mm und sah Blechdicken von 5 bis 14,5 mm vor. Neben einer Höchstgeschwindigkeit von 30 km/h ergaben sich eine Steigfähigkeit von 30° und eine Grabenüberschreitfähigkeit von 2,2 m. Für die 7,5-cm-Kanone wurden 140, für die beiden MG (eines davon in Kugelblende beim Funker) 3000 Schuß Munition mitgeführt.

Nach eingehenden Versuchen wurde die Krupp-Entwicklung – nach verschiedenen Änderungen und bei

Neben der 3,7-cm-Kanone waren im Drehturm zwei MG unterzubringen. Das Bild zeigt die in einer gesonderten Blende angeordneten Maschinengewehre vor dem Einbau in den Drehturm

Hier sieht man beide MG nach dem Einbau im Drehturm, rechts neben der 3,7-cm-Kanone

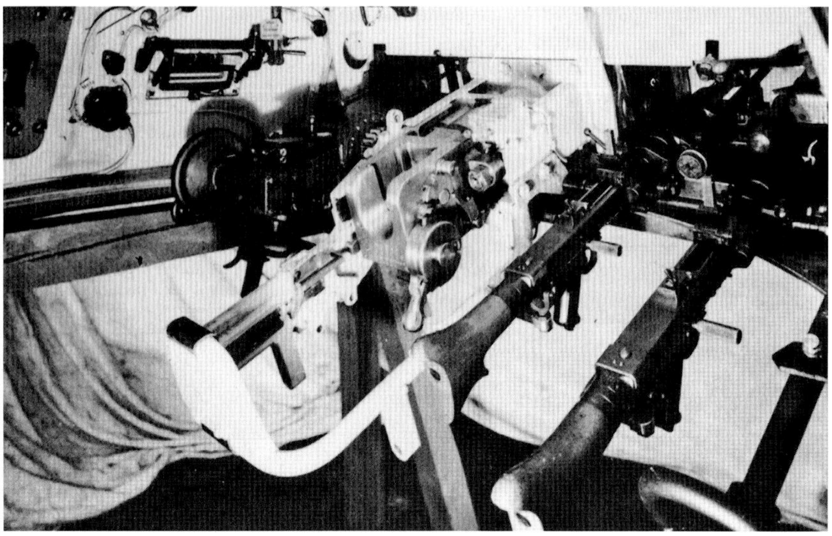

Eine Seitenansicht des ersten Produktionsmodells des Panzerkampfwagens III Ausf. A

Ein Holzmodell des BW-Fahrzeuges, welches von Krupp entwickelt und gefertigt wurde

Das Rheinmetall-BW-Fahrzeug mit geänderter Leitrad-Aufhängung

Drei Aufnahmen des Rheinmetall-Prototyps für den Geschützkampfwagen (7,5 cm) (Vs.Kfz. 618), dem späteren Panzerkampfwagen IV. Tarnname Bataillonsführerwagen

teilweiser Anlehnung an die Rheinmetall-Borsig-Konstruktion – zur Fertigung bestimmt. Beim Zugführerwagen wurde wegen der Dringlichkeit des Projektes die Firma Daimler-Benz, Berlin-Marienfelde, mit der Serienbetreuung beauftragt, den Drehturm entwickelte im Auftrag des Heereswaffenamtes die Firma Rheinmetall-Borsig in Düsseldorf. Mit den Fahrzeugen ZW und BW, den späteren Panzerkampfwagen III und IV, erhielt die junge deutsche Panzerwaffe Kampffahrzeuge modernster Konzeption. Sie vereinigten eine für ihre Zeit überdurchschnittliche Beweglichkeit, ausreichende Feuerkraft- und Schutzkomponenten, sowie eine sinnvolle Verteilung der Aufgaben innerhalb der Besatzung, die führungstechnisch durch eine großzügige Funkausstattung unterstützt wurde. Bei der technischen Konzeption zeigte sich das Streben nach einer optimalen Laufwerksauslegung, die bei den ersten ZW-Fahrzeugen Einzelaufhängung von Laufrollen größeren Durchmessers an Schraubenfedern vorsah. Krupp konnte sich dagegen von der Anordnung gekoppelter Laufrollen kleineren Durchmessers an Blattfedern nicht lösen und nahm bewußt die kleineren Federwege und die dadurch bedingten geringeren Laufwerkleistungen in Kauf. Die Hochleistungsmotoren von Maybach, für diese beiden Fahrzeuge konzipiert, bestachen durch ihren geringen Raumbedarf und das daraus resultierende günstige Leistungsgewicht. Synchronisierte Wechselgetriebe wurden bevorzugt. Eine Entscheidung, Wilson- oder Cletrac-Lenkgetriebe zu standardisieren, stand zu diesem Zeitpunkt noch aus. Geschichtlich betrachtet haben diese beiden Fahrzeuge dem modernen Panzerbau neue Wege gewiesen.

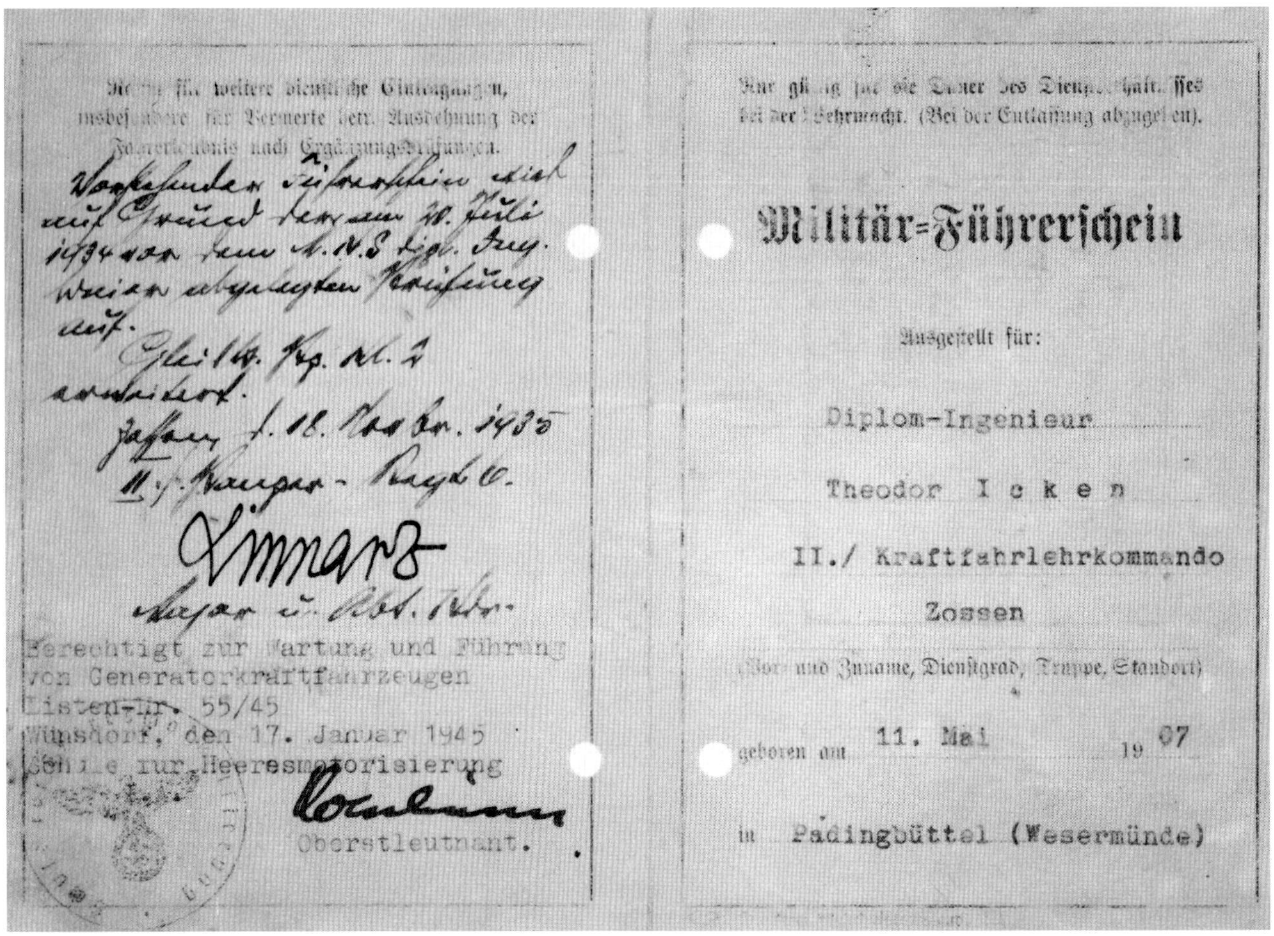
Berechtigt zur Wartung und Führung
von Generatorkraftfahrzeugen
Listen-Nr. 55/45
Wünsdorf, den 17. Januar 1945
Schule für Heeresmotorisierung
Oberstleutnant.

Militär=Führerschein

Ausgestellt für:

Diplom-Ingenieur
Theodor Icken
II./ Kraftfahrlehrkommando
Zossen
(Vor- und Zuname, Dienstgrad, Truppe, Standort)

geboren am 11. Mai 1907

in Padingbüttel (Wesermünde)

Einer der ersten Panzer-Führerscheine, nach der im Juli 1934 abgelegten Prüfung

4. Anlagen

4.1 Zeittafel vom 9.11.1918 bis 16.3.1935

1918

9.11. Friedrich Ebert übernimmt die Geschäfte des Reichskanzlers
9.11. Der Rat der Volksbeauftragten übernimmt die Regierungsaufgaben
11.11. Unterzeichnung des Waffenstillstandes zwischen dem Deutschen Reich und den Entente-Mächten
26.11. Rückmarsch der deutschen Truppen aus den besetzten Gebieten im Westen beendet
27.12. Beginn der Freikorps-Kämpfe im Baltikum (Ende: 16.12.1919)
28.12. Eroberung Rigas durch bolschewistische Truppen

1919

9.1. Aufruf des Rates der Volksbeauftragten zur Bildung von Freiwilligenverbänden zum Schutz der Ostgrenzen
5. – 9.1. Kämpfe der Regierungstruppen gegen rote Revolutionäre unter Karl Liebknecht in Berlin
15.1. Ermordung der führenden Mitglieder des Spartakus-Bundes, Karl Liebknecht und Rosa Luxemburg, durch eine nationalistische Gruppe ehemaliger Offiziere
1.2. – 27.4. Kämpfe zwischen Revolutionären und Freiwilligenverbänden der Regierung in zahlreichen Städten Nord- und Mitteldeutschlands
11.2. Friedrich Ebert durch die Deutsche Nationalversammlung in Weimar zum vorläufigen Reichspräsidenten gewählt
13.2. Gustav Noske wird Reichswehrminister
21.2. Ermordung Kurt Eisners, des Ministerpräsidenten der bayerischen (USPD/Mehrheitssozialistischen) Regierung in München, durch rechtsradikale politische Gegner
21.2. – 1.5. Bayerische rote Räterepublik in München
6.3. Inkrafttreten des Gesetzes zur Bildung einer vorläufigen Reichswehr
3. – 15. 3. Erneute Kämpfe und kommunistischer Umsturzversuch in Berlin. Einmarsch von Regierungstruppen in Berlin
1.4. Stärke des Reichsheeres: 400 000 Mann
1.5. Ermordung von 10 Geiseln durch Angehörige der »Roten Armee« in München
24.6. Bewaffneter kommunistischer Aufruhr in Stettin
28.6. Unterzeichnung des Friedensvertrages von Versailles
3.7. Auflösung der Obersten Heeresleitung (OHL)
11.8. Inkrafttreten der Reichsverfassung
14.8. Generalmajor Walther Reinhardt wird Chef der Heeresleitung
15.9. Beginn der Tätigkeit der Interalliierten Militär-Kontroll-Kommission (IMKK)
1.12. Stärke des Reichsheeres: 300 000 Mann
ganzjährig Wiederholtes Aufflammen von Kämpfen der Einwohnerwehren gegen illegale polnische Aufstände und Übergriffe in Oberschlesien und an den deutschen Ostgrenzen

1920

10.1. Inkrafttreten des Versailler Vertrages
12.3. – 18.3. Kapp-Putsch in Berlin
22.3. Rücktritt des Reichswehrministers Gustav Noske
26.3. Generalmajor Reinhardt, Chef der Heeresleitung, nimmt seinen Abschied
27.3. Dr. Otto Geßler wird neuer Reichswehrminister
27.3. Generalmajor Hans von Seeckt wird mit der Wahrnehmung der Geschäfte des Chefs der Heeresleitung betraut. (Ernennung folgte am 5.6.1920)
1.3 – 30.6. Erneute Kämpfe in Oberschlesien (2. polnischer Aufstand)
20.3. – 31.5. Bewaffnete Aufstände der »Roten Armee« im Ruhrgebiet, in Thüringen und im Vogtland
1.5. Stärke des Reichsheeres: 200 000 Mann
6.6. Wahlen zum ersten Reichstag

1921

1.1. Stärke des Reichsheeres: 100 000 Mann

21.3. Nach der Abstimmung in Oberschlesien: »3. polnischer Aufstand«. Beim Objektschutz unterstützen alliierte Truppen die deutschen Verbände

5.5. Londoner Ultimatum erzwingt beschleunigte Durchführung noch ausstehender Versailler Bedingungen, u.a.:
- Entlassung von 300 Offizieren
- Verschrotten der schweren Festungsartillerie

26.8. Ermordung des ehemaligen Reichsfinanzministers Mathias Erzberger durch rechtsradikale Fanatiker

1921 Beginn der Zusammenarbeit der Reichswehr mit der Roten Armee der Sowjetunion. Vorbereitungen zu späterer deutscher Waffenerprobung im Ausland

1922

1922 Inflation in Deutschland. Äußerste Lebensmittel- und Rohstoffknappheit. Hoher Anstieg der Arbeitslosigkeit

16.4. Unterzeichnung des Vertrages von Rapallo zwischen dem Deutschen Reich und der Sowjetunion: Gegenseitige diplomatische Anerkennung und Aufnahme wirtschaftlicher Beziehungen nach dem Meistbegünstigungsrecht. Sowjetischer Verzicht auf Reparationsforderungen

24.6. Ermordung des Reichsaußenministers Walther Rathenau durch eine Gruppe ehemaliger Offiziere. Friedrich Ebert wird vom Reichstag als erster Deutscher Reichspräsident bestätigt

1923

11.1. Einmarsch französischer und belgischer Truppen in das Ruhrgebiet.

19.1. Die Reichsregierung ruft den passiven Widerstand im Ruhrgebiet aus

13.8. Gustav Stresemann wird Reichskanzler und Reichsaußenminister. (Rücktritt als Reichskanzler am 4.10. 23; aber Verbleib als Reichsaußenminister bis 1927)

26.9. Abbruch des passiven Widerstands gegen die Ruhrbesetzung aus wirtschaftlichen Gründen

26.9. Ausrufen des Ausnahmezustandes durch die Reichsregierung. Die Reichswehr übernimmt die vollziehende Gewalt

29.9. Rechtsradikaler Putschversuch nationalistischer Offiziere in Küstrin und Berlin-Spandau. (Buchrucker-Putsch)

13.10. Beendigung der Inflation. Einführung der Rentenmark

16.10. Bürgerkriegsversuch kommunistischer bewaffneter Kräfte in Thüringen durch die Reichswehr verhindert

19. – 24.10. Bewaffnete kommunistische Aufstände in Hamburg

29.10. Kommunistischer Umsturzversuch in Sachsen

9.11. Hitler-Putsch in München fehlgeschlagen

1924

28.2. Ende des Ausnahmezustandes im Reich

1.4. Der Dawes-Plan soll für den Zahlungsmodus der Reparationslasten des Reiches Erleichterungen und Kompensationsmöglichkeiten bringen

ganzjährig Stabilisierung der innenpolitischen Lage, ungestörte Aufbauphase der Reichswehr, beginnende Erholung der Wirtschaft

1925

15.2. Die Interalliierte Militär-Kontroll-Kommission (IMKK) beanstandet die Kaderbildungen in der Reichswehr und die als zu stark bezeichnete Stellung des Chefs der Heeresleitung

28.2. Tod Friedrich Eberts

12.5. Generalfeldmarschall v. Hindenburg zum zweiten Reichspräsidenten der Republik gewählt

16.11. Der Vertrag von Locarno leitet die deutsch-französische Verständigungspolitik ein

1926

1926 Stresemann erhält den Friedensnobelpreis

15.1. Beginn erster Planungen des Heereswaffenamtes für eine zukünftige Rüstungswirtschaft

31.1. Erste Teilräumung des Rheinlandes von Ententetruppen

1.2. Bildung einer Wehrmachtabteilung im Reichswehrministerium unter Oberst von Schleicher; dem Minister direkt unterstellt

24.4. Freundschafts- und Neutralitätsvertrag zwischen Deutschland und der Sowjetunion in Berlin unterzeichnet

1.7. Beginn erster Planungen für die Verstärkung

des Friedensheeres für den Mobilmachungsfall (A-Heer)

10.9. Deutschland wird Mitglied des Völkerbundes

8.10. Generaloberst von Seeckt in den Ruhestand versetzt

8.10. General Wilhelm Heye wird neuer Chef der Heeresleitung

31.12. Rahmen-Planung für einen »Grenzschutz Ost« als Teil der Landesverteidigung abgeschlossen

1927

31.1. Beendigung der Tätigkeit der Interalliierten Militär-Kontroll-Kommission

16.2. Marschall Foch gibt im Namen des »Versailler Komitees« bekannt, daß Deutschland abgerüstet habe

3.10. Tod Stresemanns

1928

19.1. Rücktritt des Reichswehrministers Dr. Otto Geßler

19.1. Generalleutnant a. D. Wilhelm Groener wird neuer Reichswehrminister

27.8. Kellogg-Pakt in Paris unterzeichnet. Inhalt: Ächtung des Krieges, Bildung internationaler Schiedsgerichte im Konfliktfall

1.10. Über zwei Millionen Arbeitslose in Deutschland

1928 - 1933 Erstes Beschaffungsprogramm der Reichswehr

1929

1.3. Bildung eines Ministeramtes unter Generalmajor von Schleicher, der damit den Reichswehrminister im Reichstag und in politischen Angelegenheiten vertritt; (praktisch in der Stellung eines politischen Unterstaatssekretärs)

15.7. Beginn von Erprobungen – in Deutschland entwickelter – Panzerkampfwagen-Prototypen in »Kama« bei Kasan in der Sowjetunion

29.10. Kursstürze an der New Yorker Börse lösen die Weltwirtschaftskrise aus. Zahlreiche Banken-Zusammenbrüche und Massenarbeitslosigkeit in den Industriestaaten sind die Folge

22.12. Der Young-Plan soll Erleichterungen der deutschen Reparationslasten durch Verteilung des Zahlungsplanes auf 59 Jahre bringen. Er löst damit den Dawes-Plan von 1924 ab

1930

30.6. Endgültige Räumung des Rheinlandes durch die Entente-Truppen

17.7. Reichskanzler Brüning beginnt mit »Notverordnungen« unter Ausschaltung des Parlamentes zu regieren

14.9. Reichstagswahl: Stimmengewinne von Hitlers NSDAP von 12 auf 107 Mandate

23.9. Ulmer Reichswehrprozeß: Vor dem Reichsgericht in Leipzig wird gegen drei Leutnante wegen Hochverrats verhandelt, die zur Übernahme der Macht durch die NSDAP und andere rechte Gruppen unter Führung der Reichswehr aufgerufen hatten

30.10. Generaloberst Heye tritt in den Ruhestand

1.11. General von Hammerstein-Equord wird Chef der Heeresleitung

1931

1.1. Die Zahl der Arbeitslosen in Deutschland steigt auf 4,887 Millionen

7.7. Das »Hoover-Moratorium« des Präsidenten der USA zugunsten Deutschlands wird von den beteiligten Westmächten einstimmig angenommen

10.10. Demonstrativer Zusammenschluß der NSDAP und der DNVP in der »Harzburger Front« zu einer – im Parlament wenig wirksamen – nationalen Opposition

1932

1.2. Die Arbeitslosigkeit in Deutschland steigt auf 6,128 Millionen

15.2. Groener tritt als Reichswehrminister zurück

10.4. Hindenburg wird mit Hilfe der Stimmen der Mittel- und gemäßigten Linksparteien erneut zum Reichspräsidenten gewählt

13.4. Verbot von Hitlers SA und SS durch Verordnung des Reichsinnenministers

30.5. Demission Reichskanzler Brünings und Reichswehrminister Groeners

1.6. Franz von Papen wird Reichskanzler

2.6. General v. Schleicher wird Reichswehrminister

9.7. Der Vertrag von Lausanne bringt für Deutschland Auslandskredite und alliierte Teilverzichte auf Reparationen

31.7. Reichstagswahl: Die NSDAP erringt 230 Mandate

9.8. Verordnung des Reichspräsidenten gegen politischen Terror verfügt Todes- und hohe Freiheitsstrafen gegen Waffengebrauch bei politischen Auseinandersetzungen

6.11. Reichstagswahl: Hitler verliert 34 Mandate, so daß ihm 196 Mandate verbleiben

17.11. Rücktritt Reichskanzler von Papens

11.12. Die Genfer Fünfmächtevereinbarung spricht Deutschland die grundsätzliche Gleichberechtigung in Fragen der Rüstung zu

3.12. von Schleicher wird Reichskanzler unter Beibehaltung des Amtes des Reichwehrministers in Personalunion

1933

10.1. Die Arbeitslosigkeit in Deutschland steigt auf über 7 Millionen

28.1. Rücktritt von Schleichers von den Ämtern des Reichskanzlers und des Reichswehrministers

30.1. Der Reichspräsident beruft Hitler als Reichskanzler

30.1. General v. Blomberg wird Reichswehrminister

1.2. General von Reichenau wird Chef des Ministeramtes im Reichswehrministerium

5.3. Reichstagswahl: Die NSDAP gewinnt 288 Mandate. Durch Koalitionsbildung kann Hitler mit den Deutschnationalen eine absolute Mehrheit im Reichstag bilden

15.9. Auflösung der deutschen Erprobungsplätze und Dienststellen in der Sowjetunion

1.10. General Ludwig Beck wird Chef des Truppenamtes; (ab 1.6. 35: Chef des Generalstabes des Heeres)

14.10. Austritt Deutschlands (und Japans) aus dem Völkerbund

20.10. Ernennung des Reichswehrministers, General von Blomberg, zum Oberbefehlshaber der Wehrmacht

13.12. Memorandum der Reichsregierung mit der Forderung auf Gleichberechtigung Deutschlands in Fragen der Abrüstung und Vorschlag zur Verstärkung des Reichsheeres auf 300 000 Mann

1933 – 1938 Zweites Beschaffungsprogramm der Reichswehr

1934

31.1. Generaloberst von Hammerstein-Equord tritt in den Ruhestand

1.2. General Frhr. von Fritsch wird Chef der Heeresleitung (ab 1.6. 1935: Oberbefehlshaber des Heeres)

13.2. Umwandlung des Ministeramtes in »Wehrmachtamt«

17.4. Frankreich bricht die Abrüstungs- und Gleichberechtigungsverhandlungen ab

30.6. Ermordung des Stabschefs der SA, Roehm, und zahlreicher SA-Führer auf Anordnung Hitlers wegen angeblicher Putschversuche, General a. D. von Schleicher und seine Ehefrau, General von Bredow und weitere Unbeteiligte werden ebenfalls ermordet

2.8. Tod des Reichspräsidenten Generalfeldmarschall von Hindenburg.
Hitler vereinigt das Amt des Reichspräsidenten und das des Reichskanzlers auf seine Person

30.9. Verdreifachung des Reichsheeres unter gleichzeitiger Übernahme von Teilen der Landespolizei

1.11. Übernahme der Wirtschaftsgruppe des Heereswaffenamtes als »Abteilung Wehrwirtschaft und Waffenwesen« in das Wehrmachtamt

1935

1.3. Wiedereingliederung des Saarlandes in das Deutsche Reich nach einer Volksabstimmung, die 90,8% Ja-Stimmen für Deutschland brachte

1.3. Die Luftwaffe wird selbständiger Wehrmachtteil

16.3. Gesetz über den Aufbau der Deutschen Wehrmacht: Einführung der Allgemeinen Wehrpflicht. Verkündigung des Zieles für den Heeresaufbau:
12 Armeekorps mit 36 Divisionen. An die Stelle der Reichswehr tritt die Deutsche Wehrmacht, mit den drei Wehrmachtteilen: Heer, Marine und Luftwaffe.

4.2 Die Organisation der Reichswehr 1920-1926

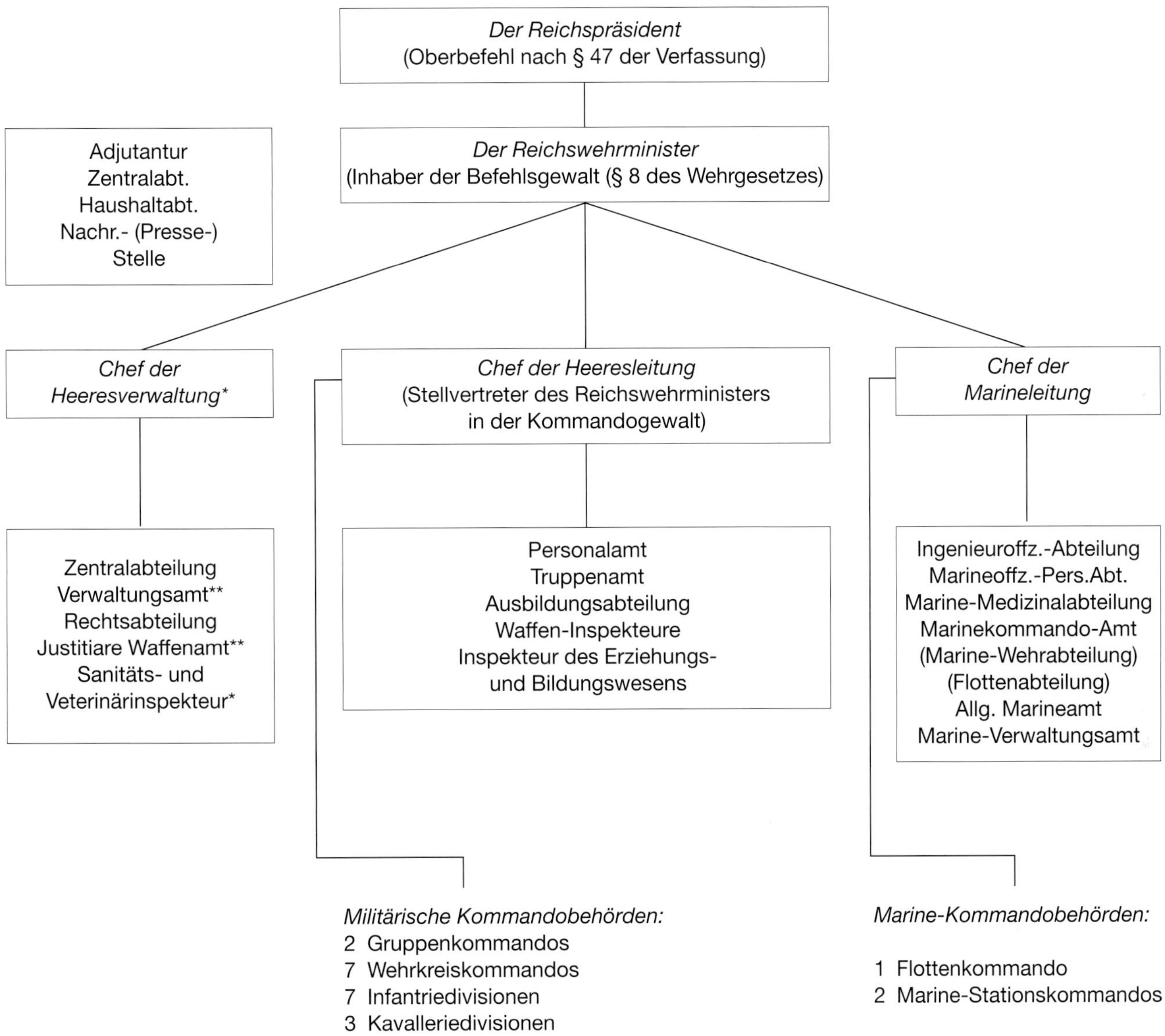

* bis 1922 noch: Generalquartiermeister

** ab 1.10.1922 dem Chef der Heeresleitung unterstellt

4.3 Anstrich der Kraftfahrzeuge

Ein einheitlicher Anstrich der Kraftfahrzeuge des Reichsheeres und der Reichsmarine wurde mit Schreiben vom 16.5.1922 (Rw. M.H.L., Nr. II D 1007/3.22 In. 6 (K) festgelegt:

Auf Grund von eingegangenen Vorschläge wurde der Anstrich der Kraftfahrzeuge des Reichsheeres und der Reichsmarine wie folgt festgesetzt:

Fahrzeugart	Fahrgestell*	Aufbau	Kotflügel
Personen- und Kleinkraftwagen	schwarz, lackiert	handelsüblich dunkelgrün oder dunkelblau oder dunkelgrau oder dunkelbraun, lackiert	schwarz, lackiert
Krankenkraftwagen, Krankenanhänger	schwarz, matt	taubengrau, matt	schwarz, matt
Kraftomnibusse	schwarz, lackiert	taubengrau, lackiert	schwarz, lackiert
Lastkraftwagen, Anhänger, einschl. Feldküchen, Beleuchtungs- und Betriebsstoffanhänger)	schwarz, matt	feldgrau, matt	schwarz, matt
Krafträder	schwarz, lackiert		schwarz, lackiert
Kraftzugmaschinen	buntfarbig, matt	buntfarbig, matt	buntfarbig, matt
Sonderkraftfahrzeuge der Artillerie	buntfarbig, matt	buntfarbig, matt	buntfarbig, matt
Sonderkraftfahrzeuge der Nachr.-Truppen a) omnibusartige b) nach Art der gewöhnlichen Lastkraftwagen	 schwarz, lackiert schwarz, matt	 taubengrau feldgrau, matt	 schwarz, lackiert schwarz, matt

Gepanzerte Kraftwagen buntfarbig, matt buntfarbig, matt buntfarbig, matt (Gp. Kw.). Dieser neu festgesetzte Anstrich ist erst dann anzuwenden, wenn die vollständige Auffrischung eines Fahrzeuges erforderlich wird.

4.6.1 noch: Anstrich der Kraftfahrzeuge

Mit dem *Anstrich des Heeresgerätes* befaßte sich erneut die Heeresdienstvorschrift (HDv) 488/1 aus dem Jahr 1932 und legte für das Kraftfahrgerät folgende Einzelheiten fest:

lfd. Nr.	Fahrzeugart	Fahrgestell (ohne Räder und Kotflügel)	Aufbau und Räder
1	Alle nicht unter 2 und 3 aufgeführten Kraftfahrzeuge	buntfarbig**, matt	buntfarbig**, matt
2	Krafträder, einschl. Beiwagen; Personenkraftwagen handelsüblicher Art für Truppen und Stäbe bis einschl. Rgts.-Stäbe (Ausnahmen s. unter lfd. Nr. 1 und 3); Aktenkraftwagen; Kraftwagen für Wirtschaftszwecke, sofern sie nur im Standort verwendet werden	feldgrau, matt	feldgrau, matt
3	Personenkraftwagen handelsüblicher Art: für höhere Stäbe; für Dienststellen, deren Pkw nur im Standort gefahren werden, z. B. Standortärzte, Zeugämter usw.; alle geschlossenen Personenkraftwagen, soweit sie nicht für besondere taktische Zwecke – z. B. im Nachrichten-, Melde-, Beobachtungs- und Aufklärungsdienst der Truppe – Verwendung finden	handelsüblicher Anstrich	handelsüblicher Anstrich

* Räder wie Aufbau ** Die Innenseiten der Türen und Klappen durften nicht hell gestrichen werden

Kennzeichen	Benennung und Farbton	Farbstoff	Verwendung
G 1	Rostschutzgrundierfarbe, rot, matt für Stahlteile;	a) Grundierfarben Eisenoxydrot	Eisen- und Stahlteile des Geräts (1. Anstrich)
G 2	Grundierfarbe für Holz, hellgrau; Abtönung mit matt	Zinkoxyd, Abtönung mit Beinschwarz	Holzteile des Geräts (1. Anstrich)
D 4	feldgrau; matt	b) Deckfarben Zinkoxyd und Ocker mit nötigen Abtönungen v. Beinschwarz und Chrommischgrün	Deckanstrich des Geräts, welches keinen Buntfarbenanstrich erhielt (2. Anstrich)
D 5	erdgelb; matt	Zinkoxyd und Ocker, Abtönung mit Umbra	Buntfarbenanstrich des Geräts (2. Anstrich)
D 6	grün;	Zinkoxyd und Ocker, Abtönung mit Chrommischgrün	Buntfarbenanstrich des Geräts (2. Anstrich)
D 7	braun;	Zinkoxyd, Abtönung mit braunem Ocker	Buntfarbenanstrich des Geräts (2. Anstrich)

Der Buntfarbenanstrich wurde mit erdgelber, grüner, brauner und schwarzer Deckfarbe ausgeführt. Das Gerät wurde mit unregelmäßigen erdgelben, grünen und braunen, möglichst nicht geradlinig zu begrenzenden Farbflecken überdeckt, die mit einer schwarzen, unregelmäßigen Umrandung von verschiedener Breite (etwa 1 bis 3 cm) versehen werden konnten (nicht mußten). Wurden sie nicht umrändert, dann war es nicht nötig, daß die aneinanderstoßenden Farbflecke scharf gegeneinander abgesetzt wurden, sie konnten beliebig ineinander übergehen.
Es war darauf zu achten, daß es auf Fernwirkung (300 m und mehr) ankam und nicht auf das Aussehen des Anstrichs in der Nähe. Der Zweck des Tarnanstrichs war erreicht, wenn durch die Farbwirkung die eigentümlichen Formen des Geräts auf jeden Hintergrund nach Möglichkeit vermischt oder unkenntlich gemacht wurden.

4.4 Synthetischer Kautschuk (Buna) / Einheimischer und synthetischer Kraftstoff

4.4.1 Synthetischer Kautschuk
Bereits im Ersten Weltkrieg wurde zur Beseitigung der Rohstoffnot eine großtechnische Buna*-Produktion (synthetischer Gummi) aufgenommen, die sich auf unzureichende Laboratoriumsvorarbeiten aus der Vorkriegszeit stützte.
Nach Beendigung des Ersten Weltkrieges wurde die Fabrikation synthetischen Kautschuks eingestellt, da an eine Konkurrenzfähigkeit zu Naturkautschuk unter den damaligen Verhältnissen nicht gedacht werden konnte.
Die Versuchsarbeiten wurden erst 1926 von der I.G.-Farbenindustrie wieder aufgenommen. Die Aussichten für eine wirtschaftliche Herstellung von synthetischem Kautschuk schienen zu dieser Zeit durchaus günstig, da der Preis für Naturkautschuk bei Aufnahme der Entwicklungen 5 bis 7 RM per Kilogramm betrug, gegenüber 0,30 RM per Kilogramm im Jahre 1933. Im Jahre 1928 begannen die ersten Versuche zur Verwendung des synthetischen Kautschuks in Reifen. In der Folgezeit liefen die Arbeiten der I.G.-Farbenindustrie darauf hinaus, besondere Kautschukarten zu entwickeln, die hinsichtlich Öl-, Wärme- und Alterungsbeständigkeit sowie Abriebfestigkeit dem Naturkautschuk weitaus überlegen waren.

Im Februar 1935 entschied der Reichswehrminister:
- das Heereswaffenamt, WaPrüf 6, tritt in Großversuche zur beschleunigten Sicherstellung des Reifenersatzes auf synthetischer Basis ein;
- die Reichswehr übernimmt die aus einzurichtender Serienfabrikation produzierten Reifen zu den tatsächlich entstehenden Kosten;

* »Butadien« und »Natrium«

- die Reichswehr ist entschlossen, ihren Gesamtbedarf aus Buna abzudecken.

In der Folgezeit dehnte das Heereswaffenamt die versuchsweise Herstellung von synthetischen Reifen auf sämtliche deutsche Reifenfabriken aus. Für die Versuchsdurchführung wurde die Versuchsabteilung der Kraftfahrkampftruppenschule in Wünsdorf bei Berlin zur Verfügung gestellt.

Da die Verwendung von synthetischem Kautschuk aus wehrpolitischen Gründen von größter Bedeutung war, mußten die Entwicklungsarbeiten darauf gerichtet sein, ein Material zu gewinnen, welches für die Reifenverwendung, aber auch für Laufrollenbandagen, beste Eigenschaften besaß. Das Heereswaffenamt lehnte daher den Gedanken des bloßen Ersatzes des Naturkautschuks ab und betrachtete die Kostenfrage als zunächst sekundär.

Im April 1935 wurden im Rahmen eines Truppenversuches mit 20 Kübelwagen bei täglich etwa 600 Fahrkilometer je Wagen die synthetischen Reifen geprüft. Bei der ersten größeren Versuchsreihe hielt die Masse der Reifen etwa 20 000 km. An den weiteren Versuchen waren mehr als 200 Menschen beschäftigt; mit über 60 Fahrzeugen wurden dabei über 4 Mill. Kilometer gefahren. In der Folge wurde die Masse der deutschen Heeresfahrzeuge mit Reifen aus synthetischem Kautschuk ausgerüstet.

Bereits 1934 wurden vom Heereswaffenamt Aufträge an die deutsche Reifenindustrie zur Schaffung von »schußsicherer Bereifungen für bestimmte Reifengrößen« erteilt. Sie kamen vor allem bei Panzerspähwagen zum Einbau.

4.4.2 Einheimischer Kraftstoff

Die Abhängigkeit des Deutschen Reiches von Rohstoffen für die Kraftstoffgewinnung zwang das Reichswehrministerium, gleichzeitig mit der Heeresmotorisierung, auch Überlegungen zur Verwendung einheimischer Kraftstoffe in Angriff zu nehmen. Kraftstoffe wurden üblicherweise nach der Herkunft in zwei Klassen eingeteilt:

- Erzeugnisse aus mineralischen Rohstoffen (sogenannte Kohlenwasserstoffe):
- Benzin und verwandte Kraftstoffe
- Benzol und verwandte Kraftstoffe
- Erzeugnisse aus pflanzlichen Stoffen (Kohlenwasserstoffe mit im Molekül enthaltenem Sauerstoff):
  Spiritus (Alkohol) und verwandte Kraftstoffe.

Benzin wurde vorwiegend aus Erdöl gewonnen, Benzol aus der Verkokung von Steinkohle; während Spiritus aus stärke- und zellstoffhaltigen (pflanzlichen) Stoffen, in Deutschland hauptsächlich durch Vergärung aus stärkehaltigen Kartoffeln geschaffen wurde.

Zur vollständigen Verbrennung bedurften Kraftstoffe einer gewissen Luftmenge. Der Luftbedarf betrug für:

- Benzin .... 11,5 m^3/kg Kraftstoff
- Benzol .... 10,2 m^3/kg Kraftstoff
- Spiritus .... 7,0 m^3/kg Kraftstoff

Die Hauptforderungen an den Kraftstoff waren: Vergasbarkeit, Reinheit, Energieausnutzung, Klopffestigkeit und Freisein von schädlichen Eigenschaften.

Die Reichswehr verlangte vertraglich von den Lieferfirmen ein Kraftstoffgemisch gleichbleibender Qualität, das sich aus 35% Benzol, 45-50% Benzin und 10-15% Spiritus zusammensetzte.

Daneben wurde die Herstellung synthetischer Kraftstoffe mit Nachdruck gefördert und seitens des Reichswehrministeriums mit Haushaltsmitteln unterstützt.

Bereits 1914 war es gelungen, durch Wasserstoffanlagerung aus Kohle erdölähnliche Stoffe herzustellen, indem man Wasserstoff bei sehr hohem Druck auf Kohlebrei bei mäßig hoher Temperatur einwirken ließ. Trotz aller Bemühungen gelang es im Ersten Weltkrieg nicht, das Verfahren ausreichend weit zu entwickeln. Der für dieses Verfahren entscheidende Gedanke, nach giftfesten Katalysatoren zu suchen, entstand erst in den zwanziger Jahren bei der Badischen Anilin- und Soda-Fabrik, später einem Bestandteil der I.G.-Farbenindustrie AG. Das im Leuna-Werk bei Merseburg hergestellte sog. »Leuna-Benzin«, welches erst durch die Beherrschung hoher Drücke und Temperaturen im Stickstoffverfahren möglich wurde, ebnete den Weg zum synthetischen Kraftstoff. Das erste großtechnisch hergestellte synthetische Benzin war ein Weltwunder, aber wegen ungenügenden Zollschutzes noch kein wirtschaftlicher Erfolg. Nur wenig jünger als die I.G.-Synthese war ein anderes bekanntes Verfahren zur Herstellung von Benzin aus Kohle über Wassergas, welches von Fischer und Tropsch (Nobelpreisträger) entwickelt wurde, und welches, wenn auch in kleinerem Umfang, neben der katalythischen Hochdruckhydrierung, für das Deutsche Reich eine weitgehende Unabhängigkeit vom Erdöl verbürgte. Vom Jahre 1936 an deckte synthetisches Benzin bis zu 60% des gewaltig angestiegenen deutschen Kraftstoffbedarfs.

Technisch führte die Kohlehydrierung und die dadurch gewonnenen neuen Erkenntnisse zu Otto-Kraftstoffen von in Benzin nicht vorkommenden Klopffestigkeiten, zu gewöhnlichen und über dem Durchschnitt liegenden Dieselölen, sowie zu überdurchschnittlichen Schmierölen für Motor und Getriebe.

4.5 Stand der Versuche mit Kraftfahrzeugen (Stand 1.1.1930)

Geheime Kommandosache

Lfd. Nr.	Gegenstand des Versuches	Stand der Versuche am 1. 1. 1930	Voraussichtlicher endgültiger Abschluß des Truppenversuches	Kosten 1930/31 RM	Kosten 1931/32 RM	Bemerkung
I. Jetzige Ausrüstung des Friedensheeres						
1)	Kampfwagennachbildungen					
	a) auf handelsüblichen Kleinkraftwagen (Hanomag, Dixi/BMW)	vor dem Abschluß	–	–	5000.–	Für Verbesserungen
	b) auf handelsüblichen, militärisch verbesserten, mit Hilfskettenantrieb versehenen Radschleppern (Maffei)	vor dem Abschluß	–	–	–	–
	c) auf handelsüblichen, militärisch verbesserten Raupenschleppern (Linke-Hofmann)	vor dem Abschluß	–	–	–	–
2)	Gepanzerte Kraftwagen – Neukonstruktionen					
	a) Achtradwagen (A.R.W.) (Daimler)	vor dem Abschluß	Spätherbst 1930	250 000	275 000	–
	b) Zehnradwagen (Z.R.W.) (Büssing)	vor dem Abschluß	Spätherbst 1930	250 000	275 000	–
3)	Gelände-Personenkraftwagen					
	a) vollgeländegängiger Personenkraftwagen mit sechs Sitzen (Horch, Daimler, Selve)	Im Truppengebrauch, nicht bewährt	–	–	–	Einführung nicht beabsichtigt
	Krupp-Baersch	noch in Entwicklung	Herbst 1930	85 000	85 000	–
	b) Geländegängige Personenkraftwagen auf handelsüblichen Fahrgestellen, vier Räder und leichtem Sonderaufbau					
	Adler	abgeschlossen	1. 3. 1930	18 000	18 000	weitere Fabrikate sind zu untersuchen
	Daimler-Benz	vor dem Abschluß	1. 3. 1930	18 000	18 000	
	BMW/Dixi-Kleinkraftwagen	vor dem Abschluß	1. 3. 1930	18 000	18 000	
4)	Geländegängige Lastkraftwagen					
	a) leichtere					
	NAG	vor dem Abschluß	noch im laufenden Winter	60 000	60 000	weitere Fabrikate sind zu untersuchen
	Daimler-Benz	vor dem Abschluß		60 000	60 000	
	b) mittlere					
	Büssing	abgeschlossen	–	50 000	50 000	Weiterentwicklung ist notwendig, Geländegängigkeit erhöhen
	Krupp	abgeschlossen	–	50 000	50 000	
	Henschel	abgeschlossen	–	50 000	50 000	
	Mannesmann-Mulag	nicht bewährt	–	50 000	50 000	
5)	Krafträder	vor dem Abschluß	–	5 000	5 000	
6)	Kraftwagen für Sonderkraftstoff					
	a) mit Dieselmotor	vor dem Abschluß	im laufenden Jahr	30 000	–	–
	b) mit Gasgenerator	vor dem Abschluß	im laufenden Jahr	30 000	–	–

7) Normung und Typisierung (Vereinheitlichung der Kraftfahrzeuge und deren Aufbauten)	laufende Beeinflussung	–	9 000	8 500	–
8) Motoren					
a) luftgekühlter Motor	noch in Entwicklung	fraglich	–	80 000	–
b) Motoren für einheimische Kraftstoffe (Dieselmotoren)	vor dem Abschluß	–	–	–	sh. lfd. Nr. 6
9) Kraftstoffe					
a) Verbesserungen					
Spiritus-Gemisch	vor dem Abschluß	in Wirtschaft als*	25 000	25 000	Höherzüchtung erforderlich
Einheitsöl	in Entwicklung, drei besonders wertvolle Öle als Einheitsöl vorgesehen	in Wirtschaft als**	25 000	25 000	
Rohöl	Gewinnung in vorläufig unzureichenden Mengen im Erdölgebiet Hannover	fraglich	25 000	25 000	–
b) Neuerungen					
Deutsches Motorenöl	vor dem Abschluß	im laufenden Jahr angestrebt	25 000	25 000	–
II. Notrüstung (außer dem unter I. angeführten)					
1) Behelfsmäßige Panzerung handelsüblicher 4- und 6-Rad-Personenkraftwagen und Lastkraftwagen-Fahrgestelle	noch in Entwicklung	Spätherbst 1930	60 000	60 000	vordringlich
2) Zugmaschine für Minenwerfer und Infanteriegeschütz als Waffenträger oder Zugmittel	bisherige Fabrikate abgeschlossen	–	25 000	25 000	–
3) Zugmaschine für leichte und mittlere Artillerie und Pioniere					
a) militärisch umgebaute Radschlepper					
W. D.*)	vor dem Abschluß	im laufenden Jahr	–	25 000	Verwendung einer möglichst großen Zahl von Schleppern des Wirtschaftslebens
Komnick	in Entwicklung	im laufenden Jahr		25 000	
Lanz-Bulldog	in Entwicklung	im laufenden Jahr		25 000	
b) Kettenschlepper					
M.T.W. (Moorburger Trecker-Werke)	vor dem Abschluß	im laufenden Jahr	–	–	–
L.H.B. (Linke-Hofmann-Busch)	vor dem Abschluß	im laufenden Jahr	–	–	–
4) Kraftstoffe					
a) Verbesserungen					
Schweröl	vor dem Abschluß	Einführung im Wirtschaftsleben	–	–	–
Brauchbarmachung minderwertiger Kraftstoffe, z. B. Naphtalin, Tetralin, Dekalin, Metanol	in Entwicklung	fraglich	–	–	–
Höherzüchtung minderwertiger Notöle	in Entwicklung	fraglich, da zahlreiche Mängel	–	–	–

b) Neuerungen					
Synthetisches Motorenöl	in Entwicklung	fraglich	–	–	Im Interesse der Landesverteidigung
Erschließung neuer heimischer Rohstoffquellen z. B. Ölschiefer	Wegen Unwirtschaftlichkeit aufgegeben	z. Z. fraglich	–	–	–
Erhöhte Ausnutzung der Braunkohle als Kraftstoff	in Entwicklung	fraglich	–	–	günstige Lage der Braunkohlevorkommen in Mitteldeutschland
Weitere Ausnutzung der Steinkohle (Verflüssigte Gase als Kraftstoff)	Verflüssigung der Steinkohle in Entwicklung	fraglich			Großer Mittelaufwand
III. Idealbedarf (Ideallösung) (außer dem unter I. und II. aufgeführten Gerät, soweit dieses neben den nachstehend aufgeführten Ideallösungen noch benötigt wird)					
1) Großtraktor	Versuchsstücke vor dem Abschluß	fraglich	450 000	1 000 000	–
2) Leichttraktor	Versuchsstücke vor dem Abschluß	fraglich	400 000	150 000	–
3) Kleintraktor	Ideenentwurf in Bearbeitung	fraglich	–	400 000	Falls Großtraktor entfällt, stehen Mittel für Kleintraktor zur Verfügung
4) Leichte Selbstfahrlafette für Kampfwagenabwehr					
a) Kettenfahrzeug Krupp	in der Fertigung	fraglich, da erst nach Erprobungsabschluß Auswahl getroffen werden kann	80 000		für drei Einheitsfahrzeuge (Endlösung sind 300 000 vorgesehen)
b) Räder-Kettenfahrzeug Horch	in der Fertigung		80 000		
c) Selbstfahrlafette auf Fahrgestell Leichttraktor	in der Fertigung		80 000		
5) Schwere Selbstfahrlafette (Waffenträger) für Kraftwagenflak und Kraftwagengeschütz				300 000	
a) Dürkopp	vor dem Abschluß	fraglich, da erst nach Erprobungsabschluß Auswahl getroffen werden kann			
b) Maffei	in der Fertigung				
6) Zugmaschine für schwere Artillerie	vorläufig zurückgestellt	fraglich	–	50 000	Entwicklung für 1931 dringlich
7) Leichte Zugmaschine für schwere Infanteriewaffen	vorläufig zurückgestellt	fraglich	–	30 000	für 1931 dringlich
8) Selbstschaltende und Ausgleichsgetriebe für Geländefahrzeuge	in Entwicklung	fraglich	50 000	50 000	–

5. Technische Daten

Die folgenden technischen Daten sind nach Fahrzeug-Kategorien gegliedert

- *Personenkraftwagen*
- *Lastkraftwagen*
- *Radzugmaschinen*
- *Halbkettenzugmaschinen*
- *Vollkettenzugmaschinen*
- *gepanzerte Radfahrzeuge*
- *gepanzerte Räder/Kettenfahrzeuge*
- *gepanzerte Vollkettenfahrzeuge*

Innerhalb der einzelnen Kategorien sind die Fahrzeuge aufsteigend nach Baujahren geordnet.

Personenkraftwagen (leichte)

Herstellungsland	Deutschland	Deutschland	Deutschland	Deutschland
Hersteller	BMW	Hanomag	Hanomag	BMW
Typ	3/15*)	3/16*)	4/20*)	3/20
Baujahr	1929–1931	1929–1930	1930–1931	1932–1933
Informationsquelle	BMW-Unterlagen	verschiedene	verschiedene	BMW Prospekt A104.6.33
Motor: Hersteller/Typ	BMW, Lizenz Austin	Hanomag 3/16 PS	Hanomag 4/20 PS	BMW 3/20 PS
Zylinderzahl/Anordnung	4, Reihe	4, Reihe	4, Reihe	4, Reihe
Bohrung/Hub (mm)	56x76	55x79	63x88	56x80
Hubraum (cm³)	748,5	750	1089	782
Verdichtungsverhältnis	5,6	5,2	5,2	5,6
Drehzahl normal/maximal	2400	3500	3200	3500
Höchstleistung (PS)	15	16,5	20	20
Ventilanordnung	stehend	stehend	stehend	hängend
Kurbelwellenlager	2	2 Gleit-	2 Gleit-	2 Gleit-
Vergaser	1 Solex	1 Solex	1 Solex	1 Solex 26 FV
Zündfolge	1-3-4-2	1-2-4-3	1-2-4-3T	1-3-4-2
Anlasser	Bosch AEA oder Poge	Bosch AE 0,4/6	Bosch AEA	Bosch AEA 6 V
Lichtmaschine	Bosch Lichtbatteriez.	Bosch RE 60/6	Bosch RIB	Bosch REA bzw. REE 6 V
Batterie: Zahl/Volt/Ah	1/6/45	1/6/45	1/6/60	1/6/60
Kraftstofförderung	Gefälle	Gefälle	Gefälle	Gefälle
Kühlung	Flüssigkeit	Flüssigkeit	Flüssigkeit	Flüssigkeit
Kupplung	Einscheiben, tr.	Einscheiben, tr.	Einscheiben, tr.	Einscheiben, tr.
Wechselgetriebe	Schubvorgelege	Schubvorgelege	Schubvorgelege	Schubvorgelege
Anzahl der Gänge: V/R	3/1	3/1	3/1	3 (ab 1933 4)/1
Treibende Räder	hinten	hinten	hinten	hinten
Triebachsenübersetzung 1:	5,35	5,9	5,9	5,85
Höchstgeschwindigkeit (km/h)	70	75	80	80
Fahrbereich (km)	330	S=250/G=130	S=250/G=130–180	350
Vorderachse	Einzelrad	Starrachse	Starrachse	Einzelrad
Art der Lenkung	Schnecken-	Schnecken-	Schnecken-	Schnecken-
Wendekreisdurchmesser (m)		10,0	12,0	10,0
Federung: vorne/hinten	Halbfeder quer/Ausleger	Halbfeder/Viertelfeder	Halbfedern, längs	Halbfedern, quer
Fahrgestellschmierung	Hochdruck	Zentral, Vogel	Zentral, Vogel	Hochdruck
Bremsanlage: Hersteller	BMW	Hanomag	A. Teves	BMW
Wirkungsweise	mechanisch	mechanisch	hydraulisch	mechanisch
Bremsart	Innenbacken	Innenbacken	Innenbacken	Innenbacken
Fußbremse wirkt auf	4 Räder	4 Räder	4 Räder	4 Räder
Handbremse wirkt auf	Vorderräder	Hinterräder	Hinterräder	Hinterräder
Art der Räder	Drahtspeichen	Stahlblechscheiben	Stahlblechscheiben	Stahlblechscheiben
Reifengröße: vorne/hinten	27x4, ab 1931 4,00–19	27x4	4,00–18	4,50–17
Spurweite: vorne/hinten (mm)	1000/1030	1000	1200	1100
Radstand (mm)	1900	2300	2450	2150
Bodenfreiheit (mm)	220	190	190	200
Länge x Breite x Höhe (mm)	3050x1290x1570	3320x1260x1605	3450x1460x1630	3160x1400x1550
zul. Gesamtgewicht (kg)	590	1045	1200	950
Nutzlast (kg)	210	S=350/G=200	S=350/G=200	290
Sitzplätze	2	3–4	4	4
Kraftstoffverbrauch (l/100 km)	5–6	6	9	7
Kraftstoffvorrat (l)	20	20	20	25
Bemerkungen	*) BMW Werkbezeichnung DA 2/4 (Vorläufer bekannt als „Dixi")	*) Typ P-Serie	*) Typ 63	

Deutschland Hanomag 4/23*) 1932–1934 verschiedene	Deutschland Neue Röhrwerke Röhr-Junior*) 1933–1935 verschiedene	Deutschland BMW 303 1933–1934 BMW Unterlagen	Deutschland BMW 309 1934–1936 RDA Typenbuch 1934	Deutschland BMW 315 1934–1937 BMW Handbuch A 149
Hanomag 4/23 PS	Röhr/Tatra	BMW 303	BMW 309	BMW 315
4, Reihe	4, Boxer	6, Reihe	4, Reihe	6, Reihe
63x88	75x84	56x80	58x80	58x94
1089	1486	1173	845	1490
5,4	5,2	5,6	5,6	5,6
3200/3500	3200	3500	4000	4250
24	30	30	22	34
stehend	hängend	hängend	hängend	hängend
2 Gleit-	1 Gleit-, 1 Kugel-	4 Gleit-	2 Gleit-	4 Gleit-
1 Solex 26 BVLV	1 Solex 30 BFL	2 Solex 26 FV	1 Solex 26 BFLV	2 Solex 26 BFLV
1-2-4-3	1-3-2-4	1-5-3-6-2-4	1-3-4-2	1-5-3-6-2-4
Bosch AEA	Bosch CG 0,6/6	Bosch 6 V	Bosch AEA 0,4/6	Bosch BGC 0,5/6
Bosch RIB	Bosch RIC 75/6–900	Bosch RG	Bosch REA 60/6-1800	Bosch RG 90/6-1500
1/6/60	1/6/75	1/6/75	1/6/45	1/6/75
Gefälle	Gefälle	Gefälle	Gefälle	Gefälle
Flüssigkeit	Luft, Gebläse	Flüssigkeit	Flüssigkeit	Flüssigkeit
Einscheiben, tr.	Einscheiben, tr.	Einscheiben, tr.	Einscheiben, tr. F&S K 8	Einscheiben, tr.
Schubvorgelege	Schubvorgelege	Hurth, Schub-	Hurth Schub-	Hurth Schub-
3/1	4/1	4/1	4/1	4/1
hinten	hinten	hinten	hinten	hinten
5,9	4,72	5,15	5,85	5,15
80	95	95	75	100
S=250/G=130–180	300	300	400	330
Starrachse	Einzelrad	Einzelrad	Einzelrad	Einzelrad
Schnecken-	Zahnstangen-	Zahnstangen-	Zahnstangen-	Zahnstangen-
12,0	12,0	10,0	10,0	10,0
Halbfedern, längs	Halbfedern, quer	Halbfedern quer/längs	Halbfeder quer/längs	Halbfeder quer/längs
Zentral, Vogel	Hochdruck	Zentral, Vogel	Zentral	Zentral
A. Teves	Perrot	BMW, später A. Teves	BMW	BMW
hydraulisch	mechanisch	mech., später hydr.	mechanisch	mechanisch
Innenbacken	Innenbacken	Innenbacken	Innenbacken	Innenbacken
4 Räder	4 Räder	4 Räder	4 Räder	4 Räder
Hinterräder	4 Räder	Hinterräder	Hinterräder	Hinterräder
Stahlblechscheiben	Stahlblechscheiben	Stahlblechscheiben	Stahlblechscheiben	Stahlblechscheiben
4,50–17	4,75–17	5,25–16	5,25-16	5,25-16
1200	1250	1153/1220	1153/1220	1153/1270
2450	2660	2400	2400	2400
190	180	200	200	180
3450x1460x1630	3800x1550x1530	3900x1440x1550	3700x1440x1550	3900x1500x1550
1300	1245	1150	1150	1195
S=350/G=200	400	350	350	380
4	4	4	4	4
8–9	10	10–12	8–9	11–12
25	30	35	35	40
von 1931 bis 1933 auch mit 892-cm³-Motor geliefert *) Typ 11	*) Lizenz Tatra		Motoren-Nr. 60 001–66 000	Motoren Nr. 66 101–71 065

	Personenkraftwagen (leichte)			Personenkraftwagen (mittlere)
Herstellungsland	Deutschland	Deutschland	Deutschland	Deutschland
Hersteller	Hanomag	Hanomag	Hanomag	Protos, ab 1926 NAG
Typ	Garant	6/32-15 K Rekord	Kurier	C 1 L
Baujahr	1934–1938	1934–1939	1934–1938	1924–1927
Informationsquelle	verschiedene	D 632/25 vom 2. 9. 1942	Kfz-Typenbuch	RDA Typenbuch
Motor: Hersteller/Typ	Hanomag 4/23 PS	Hanomag 15 K	Hanomag 4/23 PS	Protos 10/45 PS
Zylinderzahl/Anordnung	4, Reihe	4, Reihe	4, Reihe	4, Reihe
Bohrung/Hub (mm)	63x88	71x95	63x88	80x130
Hubraum (cm³)	1097	1504	1089	2613
Verdichtungsverhältnis	5,4	5,5 ab 1937 6,2	5,4	4,7
Drehzahl normal/maximal	3500/4000	3000	3500/4000	2000/2400
Höchstleistung (PS)	23	32 ab 1937 35	23	45
Ventilanordnung	stehend	hängend	stehend	hängend
Kurbelwellenlager	2 Gleit-	3 Gleit-	3 Gleit-	3 Gleit-
Vergaser	1 Solex 26 BFLV	1 Solex 30 BFLV	1 Solex 26 BFLV	1 Zenith
Zündfolge	1-2-4-3	1-2-4-3	1-2-4-3	1-2-4-3
Anlasser	Bosch AEA 0,4/6	Bosch CG 0,6/6	Bosch AEA 0,5/6	Bosch 6 V
Lichtmaschine	Bosch RJC 75/6-900	Bosch RJH 90/6-1800	Bosch RJC 75/6-900	Bosch 6 V
Batterie: Zahl/Volt/Ah	1/6/60	1/6/77	1/6/77	1/6/77
Kraftstofförderung	Gefälle	Gefälle ab 213 501 Pumpe	Gefälle	Unterdruck
Kühlung	Flüssigkeit	Flüssigkeit	Flüssigkeit	Flüssigkeit
Kupplung	Einscheiben, tr. F&S K 8	Einscheiben, tr. F&S K 10	Einscheiben, tr. F&S K 8	Lederlamellen-Konus
Wechselgetriebe	Schubvorgelege	ZF AKS 15, Schub-	Schubvorgelege	Schubvorgelege
Anzahl der Gänge: V/R	4/1	4/1	4/1	4/1
Treibende Räder	hinten	hinten	hinten	hinten
Triebachsenübersetzung 1:	5,9 - Berg 6,5	4,5, ab 1934 5,1	5,9 – Berg 6,5	4,54
Höchstgeschwindigkeit (km/h)	82	95	82	80
Fahrbereich (km)	310	265	370	
Vorderachse	Starrachse*	Einzelrad	Einzelrad	Starrachse
Art der Lenkung	Schnecken-	Schnecken-	Schnecken-	Schnecken-
Wendekreisdurchmesser (m)	9,0	11,0	10,0	12,0
Federung: vorne/hinten	Halbfedern, längs**	Halbfeder quer/längs	Halbfeder quer/längs	Halbfedern, längs
Fahrgestellschmierung	Zentral, Vogel	Zentral	Zentral, Vogel	Hochdruck
Bremsanlage: Hersteller	A. Teves	A. Teves	A. Teves	Protos*
Wirkungsweise	hydraulisch	hydraulisch	hydraulisch	mechanisch
Bremsart	Innenbacken	Innenbacken	Innenbacken	siehe unten
Fußbremse wirkt auf	4 Räder	4 Räder	4 Räder	Getriebe=Außenbacken
Handbremse wirkt auf	Hinterräder	Hinterräder	Hinterräder	Hinterräder=Innenbacken
Art der Räder	Stahlblechscheiben	Stahlblechscheiben	Stahlblechscheiben	Stahlgußspeichen
Reifengröße: vorne/hinten	4,50-17	4,75-17 ab 1937 5,25-17	4,50–17	820x120/825x175
Spurweite: vorne/hinten (mm)	1200 ab 1936 1250	1200 ab 1934 1250	1250	1350
Radstand (mm)	2450 ab 1936 2472,5	2450 ab 1934 2825	2725	3500
Bodenfreiheit (mm)	200	200	200	
Länge x Breite x Höhe (mm)	3610x1440x1600	4150x1540x1740	4100x1520x1600	4900x1700x2200
zul. Gesamtgewicht (kg)	1350	1600	1450	2330
Nutzlast (kg)	400	540	400	1250
Sitzplätze	4	4	4	4–6
Kraftstoffverbrauch (l/100 km)	7–8	11–12	9	12,5
Kraftstoffvorrat (l)	25	32	34	
Bemerkungen	* ab Fgst. Nr. 77 000 Schwingachse ** ab Fgst. Nr. 77 000 Halbfeder quer/längs			* ab 1926 mechanische 4-Rad-Bremse

Deutschland	Deutschland	Deutschland	Deutschland	Deutschland
Adlerwerke	Wanderer	Daimler-Benz	Adlerwerke	Stoewer
6/25 PS	W 11–10/50	Stuttgart 260 (W 11)	12 N-RW-Standard 6	M 12 RW-Marschall
1925–1929	1928–1936	1929–1934	1932–1933	1935–1936
verschiedene	Auto-Union Unterlagen	RDA Typenbuch 1928	D 600, Blatt 402	Stoewer Unterlagen
Adler 6/25 PS	Wanderer 10/50 PS	Daimler-Benz M 11	Adler Standard 6	Stoewer M 12
4, Reihe	6, Reihe	6, Reihe	6, Reihe	8, Reihe
67x110	72x104	74x100	75x110	68x102
1550	2540	2581	2895	2963
5,3	5,6	5	5,3	5,2
2400/2700	3400	3200/3400	3000/3200	3000
25	50	50	60	60
stehend	hängend	stehend	stehend	stehend
3 Gleit-	7 Gleit-	7 Gleit-	7 Gleit-	5 Gleit-
1 Pallas M 26	1 Zenith 30 UP	1 Solex 35 MOHLT	1 Pallas SAD	1 Schebler-
1-3-4-2	1-5-3-6-2-4	1-5-3-6-2-4	1-5-3-6-2-4	1-6-2-5-8-3-7-4
Bosch BG 0,6/12	Bosch 1,2 PS	Bosch BJG	Bosch AJ	Bendix 12 W
Bosch oder Eisemann	Bosch 90 W	Bosch RJB	Bosch RJVC	Bosch
1/12/40	1/12/45	1/12/40	1/6/140	1/12
Gefälle	Pumpe	Gefälle	Unterdruck	Pumpe
Flüssigkeit	Flüssigkeit	Flüssigkeit	Flüssigkeit	Flüssigkeit
Einscheiben, tr.	Einscheiben, tr.	Einscheiben, tr.	Einscheiben, tr.	Einscheiben, tr.
Schubvorgelege	Schubvorgelege	Schubvorgelege	Schubvorgelege	Schubvorgelege
4/1	4/1	3/1	4/1	4/1
hinten	hinten	hinten	hinten	hinten
5,3	4,8	5,3	6,1	5,55
80	97	90	65	95
400	360	250	240	
Starrachse	Starrachse	Starrachse	Starrachse	Starrachse
Schraubenspindel-	Schnecken-	Schrauben-	Schnecken-	Schnecken-
	12,0	12,0	15,0	
Halbfedern, längs	Halbfedern, längs	Halbfedern, längs	Halbfedern, längs	Halbfedern, längs
Hochdruck	Zentral	Zentral	Zentral	Hochdruck
Adler	A. Teves	Daimler-Benz	A. Teves	A. Teves
mechanisch	hydraulisch	mechanisch	hydraulisch	hydraulisch
Innenbacken	Innenbacken	Innenband	Innenbacken	Innenbacken
4 Räder	4 Räder	4 Räder	4 Räder	4 Räder
4 Räder	4 Räder	Hinterräder	Getriebe	
Stahlblechscheiben	Stahlblechscheiben	Stahlblechspeichen	Stahlblechscheiben	Stahlblechscheiben
775x145	6,00–18	5,25–18	6,00–20	6,00–20
1200	1420	1420	1440	1420
2800	3170	2810	2840	3100
185		190	180	
3800x1500x1790	4600x1720x1850	4060x1680x1800	4200x1700x1500	4600x1720x1750
1540	1850	1650	2200	2150
400	500	400	350	500
4	4	4	4	4
10	15	17	S=18/G=25	14
40	54	45	70	
Fahrgestell Nr. 1928 20001–20100 1929 20101–22819 1930 22820–24138 1931 24139–24872 1932 24873–25070 1933 25071–25188 1934 25189–26350 1935 26351–26892 1936 27941–27942		1507 Fahrzeuge für die Reichswehr gebaut	199 Fahrzeuge für die Reichswehr gebaut	800 Fahrzeuge für die Reichswehr gebaut

Personenkraftwagen (mittlere)

Herstellungsland	Deutschland	Deutschland	Deutschland	Deutschland
Hersteller	Daimler-Benz	Auto-Union, Werk Horch	Daimler-Benz	Wanderer
Typ	200 (W 21)	830	290 (W 135)	W 11-12/60
Baujahr	1933–1936	1933–1935	1934–1935	1935–1940
Informationsquelle	D 600 vom 9. 11. 1935	Auto-Union Unterlagen	Daimler-Benz Unterlagen	Auto-Union Unterlagen
Motor: Hersteller/Typ	Daimler-Benz M 21	Horch 3 l	Daimler-Benz M 18 MIL	Wanderer 12/60 PS
Zylinderzahl/Anordnung	6, Reihe	8, V-Form, 66°	6, Reihe	6, Reihe
Bohrung/Hub (mm)	70x85	75x85	78x100	75x112
Hubraum (cm³)	1962	2983	2867	2970
Verdichtungsverhältnis	6,6	6	6,5	5,6
Drehzahl normal/maximal	3200	3600	3650	3400
Höchstleistung (PS)	40	70	68	65
Ventilanordnung	stehend	liegend	stehend	hängend
Kurbelwellenlager	4 Gleit-	3 Gleit-	7 Gleit-	7 Gleit-
Vergaser	1 Solex 35 BFLV	1 Solex Doppel-Fallstrom	1 Solex 35 BFVLS	1 Solex
Zündfolge	1-5-3-6-2-4	1-8-3-6-4-5-2-7	1-5-3-6-2-4	1-5-3-6-2-4
Anlasser	Bosch CG	Bosch BJH 1,4/12	Bosch BIH 1,4/12	Bosch
Lichtmaschine	Bosch RJH 90/6-1100	Bosch RJH 90/12–1100	Bosch RIG 90/12–1100	Bosch
Batterie: Zahl/Volt/Ah	1/6/75	2/6/60	2/6/60	1/12/45
Kraftstofförderung	Pumpe	Pumpe	Pumpe	
Kühlung	Flüssigkeit	Flüssigkeit	Flüssigkeit	Flüssigkeit
Kupplung	Einscheiben, tr.	Einscheiben, tr.	Einscheiben, tr.	Einscheiben, tr.
Wechselgetriebe	Schubvorgelege	ZF Aphon-	Daimler-Benz Spezial-	Schubvorgelege
Anzahl der Gänge: V/R	4/1	4/1	5/1	4/1
Treibende Räder	hinten	hinten	hinten	hinten
Triebachsenübersetzung 1:	6,1	5,45	5,77	4,4
Höchstgeschwindigkeit (km/h)	S=45–50/G=30	110	100	105
Fahrbereich (km)	S=300/G=150	S=300/G=150	500	400
Vorderachse	Einzelrad	Starrachse	Einzelrad	Starrachse
Art der Lenkung	Schnecken-	Schnecken-	Schrauben-	Schnecken-
Wendekreisdurchmesser (m)	10,4	12,0	11,3	
Federung: vorne/hinten	Halbfeder, quer/Schrauben	Halbfedern, längs	Schrauben/Halbfedern, quer	Halbfedern, längs
Fahrgestellschmierung	Zentral, Vogel	Zentral, Vogel	Zentral, Vogel	Zentral
Bremsanlage: Hersteller	A. Teves	Horch bzw. A. Teves	Daimler-Benz	A. Teves
Wirkungsweise	hydraulisch	mech. bzw. hydraulisch	mechanisch	hydraulisch
Bremsart	Innenbacken	Innenbacken	Innenbacken	Innenbacken
Fußbremse wirkt auf	4 Räder	4 Räder	4 Räder	4 Räder
Handbremse wirkt auf	Antriebswelle	Hinterräder	Hinterräder	Hinterräder
Art der Räder	Stahlblechscheiben	Stahlblechscheiben	Stahlblechscheiben	Stahlblechscheiben
Reifengröße: vorne/hinten	6,00–20	6,00–18	6,00–20	6,00–18
Spurweite: vorne/hinten (mm)	1370/1390	1440/1470	1435/1480	1420
Radstand (mm)	2700	3200	2880*	3100
Bodenfreiheit (mm)	210	190	210	
Länge x Breite x Höhe (mm)	4200x1600x1900	4800x1800x1850	4460x1730x1662	5000x1720x1650
zul. Gesamtgewicht (kg)	1450	2400	1920	
Nutzlast (kg)		550	450	
Sitzplätze	4	4	4	4
Kraftstoffverbrauch (l/100 km)	S=18/G=25–35	S=18/G= bis 35	16,2	15
Kraftstoffvorrat (l)	33	65	80	60
Bemerkungen		ab Fahrgestell Nr. 83001	* Versuchsfahrzeuge mit längerem Radstand. 90 Fahrzeuge wurden gebaut	Fahrgestell Nr. 1935 26893–27217 1936 27308–27940 1937 27943–28382 1937 ab 25350 Kübelsitz 1938 28383–29000 1939 29001–30099 1940 30100 –

	Personenkraftwagen			
	(schwere)	(geländegängig)		
Deutschland	Deutschland	Deutschland	Deutschland	Deutschland
Hanomag	Auto-Union, Werk Horch	Daimler-Benz	Horchwerke	Selve
Sturm	600	G 1 (W 103)	Gelände	M Lizenz Voran
1934–1939	1931–1933	1926–1928	1926–1927	1926–1929
verschiedene	D 600 vom 10. 4. 1940	Daimler-Benz Unterlagen	L. Betz Band III 1931	RDA Typenbuch 1929
Hanomag 23 K 1	Horch 6 I	Daimler-Benz M 03	Horch 4 I	Basse & Selve S 6/12
6, Reihe	12, V-Form, 75°	6, Reihe	8, Reihe	6, Reihe
71x95	80x100	76x110	73x118	74x120
2257	5990	3079	4180	3096
5,7 oder 6,2	5,2	5,1	5,2	5,2
3200/3700	3200	3000	3000/3500	3000
57	120	50	80	53
hängend	liegend	stehend	hängend	stehend
4 Gleit-	7 Gleit-	7 Gleit-	5 Gleit-	7 Gleit-
1 Solex 35 BFLV	1 Solex Doppel-Fallstrom	1 Zenith-Gelände	1 Solex-Gelände	1 Solex 35 MOV
1-5-3-6-2-4	1-12-5-8-3-10-6-7-2-11-4-9	1-5-3-6-2-4	1-6-2-5-8-3-7-4	1-5-3-6-2-4
Bosch CJ 0,8/6	Bosch BJH 1,4/12	Bosch	Bosch BJ 1,2/12	Bosch AI 6 V
Bosch RJH 90/6–1800	Bosch RKC 130/12-825	Bosch	Bosch K 100/12-850	Bosch IMU 6 V
1/6/75	2/6/75	1/6/	2/6/75	1/6/60
Pumpe	Pumpe	Unterdruck	Unterdruck	Pumpe
Flüssigkeit	Flüssigkeit	Flüssigkeit	Flüssigkeit	Flüssigkeit
Einscheiben, tr. F&S PR	Einscheiben, tr.	Mehrscheiben, tr.	Trockenlamellen	Einscheiben, tr.
ZF AKS 20	ZF Aphon-	Schubvorgelege	Schubvorgelege	ZF Kb 35
4/1	4/1	4/1	4/1 mit Zusatz-	4/1 mit Zusatz-
hinten	hinten	4 Hinterräder	4 Hinterräder	6 Räder
4,1	4,45 bzw. 5,1		5,55	6,25
111	130	60	70	67,6
380	S=330		400	S=400/G=230
Einzelrad	Starrachse	Starrachse	Starrachse	Starrachse
Schnecken-	Schnecken-	Schrauben-	Schrauben-	Schrauben-
12,0	16,5		14,0	
Halbfeder quer, längs	Halbfedern, längs	Halbfedern, längs	Halbfedern, längs	Blattfedern quer, längs
Zentral, Vogel	Zentral	Zentral	Hochdruck	Hochdruck
A. Teves	Lockheed-Dewandre	Daimler-Benz	Horch	Selve
hydraulisch	hydr. mit Saugluft	mechanisch	mechanisch	mechanisch
Innenband	Innenband	Innenbacken	Innenbacken	Innenbacken
4 Räder	4 Räder	6 Räder	4 Hinterräder	6 Räder
Hinterräder	Hinterräder	mittlere Achse	4 Hinterräder	4 Hinterräder
Stahlblechscheiben	Stahlblechscheiben*	Stahlblechscheiben	Stahlblechscheiben	Stahlblechscheiben
6,00–18	7,00–17	775x145/ x2	32x6,00/ x2	33x6,20/ x2
1350	1434/1470	1600	1410/1575	1500/1650
3150	3750	2365+950*	2300+870	2535+950
220	200	232		235
4650x1620x1620	5600x1850x1800		4900x2000x2100	4700x1860x2100
1850	3180	2200	4680	3300
440	700	1000	2000	1500
4	bis 7	6	6	6
14	28	S=24/G=30	19	18
54	100		90	115
	* auch Draht- bzw. Holzspeichenräder ab Fahrgestell Nr. 60 001	* auch mit 2353+985 mm Radstand. Insgesamt 7 Stück gebaut	1926 waren 5 Stück vorhanden	

	Personenkraftwagen (geländegängig)		**Lastkraftwagen** (handelsüblich)	
Herstellungsland	Deutschland	Deutschland	Deutschland	Deutschland
Hersteller	Auto-Union, Werk Horch	Daimler-Benz	Komnick	MAN
Typ	Horch-Argus	G 4 (W 31)	3 W	3 1/2 t
Baujahr	1933–1935	1933–1934	1924–1932	1927–1932
Informationsquelle	D 600, Blatt 56	Daimler-Benz Unterlagen	RDA Typenbuch 1925	RDA Typenbuch 1927
Motor: Hersteller/Typ	Horch 5 l	Daimler-Benz M 24	Komnick V 110/155	MAN 1580 A
Zylinderzahl/Anordnung	8, Reihe	8, Reihe	4, Reihe	4, Reihe
Bohrung/Hub (mm)	87 x 104	86 x 108	110x155	115x180
Hubraum (cm^3)	4911	5018	5890	7478
Verdichtungsverhältnis	5,2	6	5,3	4,85
Drehzahl normal/maximal	3600	3400	1200	1050/1200
Höchstleistung (PS)	100	100	60	70
Ventilanordnung	hängend	hängend	hängend	hängend
Kurbelwellenlager	10 Gleit-	9 Gleit-	3 Gleit-	3 Gleit-
Vergaser/Einspritzpumpe	1 Solex Doppel-	1 DB Spezial-	1 Pallas	1 Pallas SAD 5
Zündfolge	1-4-7-3-8-5-2-6	1-6-3-5-8-3-7-4	1-3-4-2	1-3-4-2
Anlasser	Bosch BJH 1,4/12	Bosch BJG 1,5/12	Bosch BJ 1,2/12	Bosch BND
Lichtmaschine	Bosch RKC 130/12-825	Bosch RKVG 130/12	Bosch	Bosch LL
Batterie: Zahl/Volt/Ah	2/6/75	1/12/60	1/12/	1/12/
Kraftstofforderung	Pumpe	Pumpe	Unterdruck	Unterdruck
Kühlung	Flüssigkeit	Flüssigkeit	Flüssigkeit	Flüssigkeit
Kupplung	Einscheiben, tr.	Einscheiben, tr.	Lederkonus	Konus
Wechselgetriebe	ZF Aphon	Schubvorgelege	Schubvorgelege	Schubvorgelege
Anzahl der Gänge: V/R	4/1 mit Zusatz-	4/1 mit Zusatz-	4/1	4/1
Treibende Räder	Allrad	4 Hinterräder	hinten	hinten
Triebachsenübersetzung 1:				6,26
Höchstgeschwindigkeit (km/h)	60	65	35	36
Fahrbereich (km)	S=310/G=250	S=530/G=380		300–350
Vorderachse	Starrachse	Starrachse	Starrachse	Starrachse
Art der Lenkung	Schnecken-	Schraubenspindel	Spindel-	Schnecken-
Wendekreisdurchmesser (m)	17,0	17,0		
Federung: vorne/hinten	Halbfedern, längs	Halbfedern, längs	Halbfedern, längs	Halbfedern, längs
Fahrgestellschmierung	Zentral, Vogel	Zentral	Hochdruck	Hochdruck
Bremsanlage: Hersteller	A. Teves/Lockheed	Daimler-Benz	Komnick	Poulet, Knorr-Dewandre
Wirkungsweise	hydr. mit Saugluft	hydraulisch	mechanisch	mech. Druckluft-Saugluft
Bremsart	Innenbacken	Innenbacken	Außenbacken	Außenband/Innenband
Fußbremse wirkt auf	4 Räder	6 Räder	Getriebe	Getriebe
Handbremse wirkt auf	Hinterräder	Mittelachse	Hinterräder	Hinterräder
Art der Räder	Stahlblechscheiben	Stahlblechscheiben	Stahlblechscheiben	Stahlblechscheiben
Reifengröße: vorne/hinten	6,00–18 x2	7,50–15	930x120/1030/140 x2	38x7/ x2
Spurweite: vorne/hinten (mm)	1450/1930	1620/1570	1580/1550	1800/1640
Radstand (mm)	3470	3100+950	4220	4200 bzw. 4500
Bodenfreiheit (mm)	240	233		210
Länge x Breite x Höhe (mm)	5100x2100x2150	5400x1890x1900	6900x2150x2630	6400x2200x2100
zul. Gesamtgewicht (kg)	3400	4300	8450	7600
Nutzlast (kg)	600	800	bis 4000	3500
Kraftstoffverbrauch (l/100 km)	6	8	30	30
Kraftstoffvorrat (l)	S=30/G=38	S=26/G=36		
Bemerkungen	100	140 57 Fahrzeuge gebaut		

Deutschland	Deutschland	Deutschland	Deutschland	Deutschland
Büssing	Komnick	Komnick	Phänomen	Daimler-Benz
VG	K 1	K 2	Granit 25	L 4000
1927–1931	1928–1930	1928–1930	1929–1939	1931
Büssing Unterlagen	RDA Typenbuch 1928	RDA Typenbuch 1928	RDA Typenbuch 1935	DB Prospekt 8459.5
Büssing C 46	Komnick V 110/155	Komnick V 110/155	Phänomen Granit 25	Daimler-Benz M 36 F
6, Reihe	4, Reihe		4, Reihe	6, Reihe
115x150	110×155		85×110	105×150
9348	5890		2497	7793
5,6	5,3		5,3	5,5
1000	1000/1200		2000/2500	2000
85	60		40	110
hängend	hängend		stehend	stehend
4 Gleit-	3 Gleit-		1 Kugel-, 2 Rollen-	7 Gleit-
2 Büssing-Spezial	1 Pallas SA 4		1 Solex 30 BFLV	1 Pallas HID 3
1-5-3-6-2-4	1-3-4-2		1-2-4-3	1-5-3-6-2-4
Bosch BP 2,8/12	Bosch BJ 1,2/12		Bosch AJB 1,2/12	Bosch BNE
Bosch Q 225/12-700	Bosch KMU 4 A 100/12		Bosch RJVE 90/12-1100	Bosch LL
1/12/150	1/12		1/12/62,5	1/12
Gefälle und Unterdruck	Unterdruck		Gefälle	Pumpe
Flüssigkeit	Flüssigkeit		Luft, Gebläse	Flüssigkeit
Konus	Konus		Einscheiben, tr.	Mehrscheiben, tr.
Schubvorgelege	Schubvorgelege		Prometheus AGN 8	Schubvorgelege
4/1	4/1		4/1	4/1
hinten	hinten		hinten	hinten
5,3	3,9	5,56	6,88	6,8
35	45	45	55	55
			370	400
Starrachse	Starrachse	Starrachse	Starrachse	Starrachse
Schnecken-	Schnecken-	Schnecken-	Schneck.-ZF Ross Typ 180	Schauben-
			13,5	
Halbfedern, längs	Halbfedern, längs	Halbfedern, längs	Halbfeder quer/längs	Halbfedern, längs
Klappoler	Hochdruck	Hochdruck	Zentral, Vogel	Hochdruck
Büssing	Komnick	Komnick	Phänomen	DB/Bosch-Dewandre
Saugluft	mechanisch	mechanisch	mechanisch	Saugluft
siehe unten	Innenbacken	Innenbacken	Innenbacken	Innenbacken
Getriebe=Außenbacken	Hinterräder	Hinterräder	4 Räder	4 Räder
Hinterräder=Innenbacken	Hinterräder	Hinterräder	Getriebe	Hinterräder
Stahlgußscheiben*	Stahlgußscheiben	Stahlgußscheiben	Stahlblechscheiben	Stahlblechscheiben
1010x200/ x2	32x6/ x2	36x6/ x2	7,00–20	38x7/ x2
1825/1890	1675/1585	1675/1594	1532	1720/1705
4200	4350	4400	3250	4200
185	240	240	220	255
7030x2100x2620	6500x200x2300	6700x2050x2350	5100x2000x2300	6800x2230x2635
11 800	6200	6750	3800	8900
5000	2500	3000	1700	4000
35	23	26	14	35
150			53	145
Fahrzeug auch mit Luftbereifung 40x8			Maßangaben für Ausführung Heer/Post	

Lastkraftwagen (handelsüblich)

Herstellungsland	Deutschland	Deutschland	Deutschland	Deutschland
Hersteller	Büssing-NAG	Magirus	Magirus	Hansa-Lloyd
Typ	150	M 30	M 15	Merkur III D
Baujahr	1932 – 1936	1932 – 1937	1934 – 1935	1934 – 1935
Informationsquelle	RDA Typenbuch 1935	RDA Typenbuch 1935	RDA Typenbuch 1934	RDA Typenbuch 1935
Motor: Hersteller/Typ	Büssing-NAG Z	Magirus S 88	Magirus V 88 R	KHD F 6 M 313
Zylinderzahl/Anordnung	4, Reihe	6, Reihe	4, Reihe	6, Reihe
Bohrung/Hub (mm)	90x125	88x125	88x125	100x130
Hubraum (cm^3)	3181	4562	3041	6126
Verdichtungsverhältnis	5,1	5,5	19,5	18
Drehzahl normal/maximal	2200	1800/2000	2200	2000/2100
Höchstleistung (PS)	40	65	45	80
Ventilanordnung	hängend	hängend	hängend	hängend
Kurbelwellenlager	3 Gleit-	7 Gleit-	3 Gleit-	7 Gleit
Vergaser/Einspritzpumpe	1 Büssing MV 36	1	Diesel-Bosch PE 4	Diesel Deutz
Zündfolge	1-3-4-2	1-5-3-6-2-4	1-2-4-3	1-4-5-6-3-2
Anlasser	Bosch AJB	Bosch	Bosch BNG	Bosch BNG 4/24
Lichtmaschine	Bosch RJVA	Bosch	Bosch RKC	Bosch RKC 130/12–825
Batterie: Zahl/Volt/Ah	1/6	2/6/105	1/12/105	2/12/100
Kraftstofforderung	Gefälle	Gefälle	Gefälle	Pumpe
Kühlung	Flüssigkeit	Flüssigkeit	Flüssigkeit	Flüssigkeit
Kupplung	Einscheiben, tr.	Einscheiben, tr.	Einscheiben, tr.	Mehrscheiben, tr.
Wechselgetriebe	Büssing-NAG W, Schub-	ZF K 40	ZF K 30	Prometheus LG 35
Anzahl der Gänge: V/R	3/1	4/1	4/1	4/1
Treibende Räder	hinten	hinten	hinten	hinten
Triebachsenübersetzung 1:	6,857	6,14	5,43	6,57
Höchstgeschwindigkeit (km/h)	70	60	60	50
Fahrbereich (km)		270		420
Vorderachse	Starrachse	Starrachse	Starrachse	Starrachse
Art der Lenkung	Schrauben-	Schrauben-	Schrauben-	Schrauben-
Wendekreisdurchmesser (m)	13,4	15,5	14,5	16,0
Federung: vorne/hinten	Halbfedern, längs	Halbfedern, längs	Halbfedern, längs	Halbfedern, längs
Fahrgestellschmierung	Hochdruck	Hochdruck	Hochdruck	Hochdruck
Bremsanlage: Hersteller	Deutsche Perrot	Magirus	Magirus	ATE-Lockheed
Wirkungsweise	mechanisch	mechanisch	mechanisch	hydraulisch
Bremsart	Innenbacken	Innenbacken	Innenbacken	Innenbacken
Fußbremse wirkt auf	4 Räder	4 Räder	4 Räder	4 Räder
Handbremse wirkt auf	Getriebe	Hinterräder	Hinterräder	Getriebe
Art der Räder	Stahlblechscheiben	Stahlblechscheiben	Stahlblechscheiben	Stahlblechscheiben
Reifengröße: vorne/hinten	7,00–20 Tr	7,25–20/ x2	6,00–20 Tr./x2	8,00–20/ x2
Spurweite: vorne/hinten (mm)	1540/1490	1675/1610	1610/1502	1730/1610
Radstand (mm)	3670	4500	3500	4500
Bodenfreiheit (mm)	210	240	230	230
Länge x Breite x Höhe (mm)	5600x1850x2250	7075x2350x3100	5500x2030x2445	6870x2250x2195
zul. Gesamtgewicht (kg)	3650	6400	3600	8100
Nutzlast (kg)	1500	3000	2000	4000
Kraftstoffverbrauch (l/100 km)	21	24	16	25
Kraftstoffvorrat (l)		65		100
Bemerkungen		1933–34 auch mit Dieselmotor		Fahrgestell Nr. 1934 67101–67175 1935 67176–67461

Lastkraftwagen
(geländegängig)

Deutschland	Deutschland	Deutschland	Deutschland	Deutschland
Magirus	Henschel	Magirus	Daimler-Benz	Henschel
M 45	4 D 4	M 10	G 3 (WG 09 I)	33 B 1
1934–1936	1934–1935	1935–1936	1928	1928–1934
RDA Typenbuch 1935	Henschel Hefte 1935	RDA Typenbuch 1935	DB Beschreibung 1932	RDA Typenbuch 1928
Magirus S 110 R	Henschel Dampfanlage	ILO P-2/335	Daimler-Benz M 09	Henschel B
6, Reihe	nach dem „Doble"-	2, Reihe	6, Reihe	4, Reihe
110x130	Prinzip unter Ver-	73x80	80x115	120x160
7412	wendung flüssiger	670	3468	7188
18,7	Kraftstoffe	5,8	5,45	4,8
1800	1200/1250	3000	2800	1250
110	120	18	60	65
hängend	–	ohne – Zweitakt	stehend	hängend
7 Gleit-	–	4 Kugel-	7 Gleit-	3 Rollen-
Diesel – Bosch PE 6	–	1 Solex 26 FHL	1 Zenith-Gelände	1
1-5-3-6-2-4	–	1-2	1-5-3-6-2-4	1-3-4-2
Bosch BPC	–	Noris- Dynastart	Bosch	Bosch BJ 1,2/12
Bosch FQA	Bosch 12 V	siehe Anlasser	Bosch 110 W	Bosch KMU 4 A-12/100
2/12/105	1/12	1/6/75	1/12/60	1/12/60
Gefälle	–	Gefälle	Pumpe	Unterdruck
Flüssigkeit	Flüssigkeit	Luft, Gebläse	Flüssigkeit	Flüssigkeit
Einscheiben, tr.	ohne	Einscheiben, tr.	Mehrscheiben, tr.	Mehrscheiben
ZF K 45	ohne	Hurth G 34 T	Daimler-Benz G 3	Schubvorgelege
4/1 mit Zusatz-	3/1 Schaltstufen	3/1	4/1 mit Zusatz-	5/1
hinten	hinten	hinten	Hinterräder	Hinterräder
6,54 und andere		8,5	6,12	4,8
54	50	50	60	50
	200		S=400/G=230	
Starrachse	Starrachse	Starrachse	Starrachse	Starrachse
Schrauben-	Schnecken-	Schrauben-	Schraubenspindel-	Schnecken-
18,8		10,0	19,5	
Halbfedern, längs	Halbfedern, längs	Halbfedern, längs	Halbfedern, längs	Halbfedern, längs
Hochdruck	Hochdruck	Hochdruck	Zentral	Hochdruck
Magirus	Knorr/Westinghouse	Deutsche Perrot	ATE/Lockheed	Henschel
mechanisch	Unterdruck	mechanisch	hydraulisch	mechanisch
Innenbacken	Innenbacken	Innenbacken	Innenbacken	Innenbacken
4 Räder	4 Räder	4 Räder	6 Räder	Hinterräder
Hinterräder	Hinterräder	4 Räder	Mittelachse	Hinterräder
Stahlblechscheiben	Stahlgußspeichen	Stahlblechscheiben	Stahlblechscheiben	Stahlblechscheiben
40x8 ex/ x2	40x8/ x2	5,25–18	32x6 oder 6,00–20/ x2	38x9, auch 7,25–20/ x2
1750/1688	1850/1715	1250/1280	1620/1600	1800/1690
5300	4435	2400	3200+950	3500+1200
300	315	190	265	270
8200x2450x2300	7065x2350x3000	3850x1520x1785	5600x2050x2650	6350x2220x2690
	11 300	1775	4000	9000
4500	5000	850	1500	3000
32	60–75	13	S=28/G=50	22 kg
	150		100	
	Reichsbahn Nr. u. a. DR 55004	auch als fahrbare Feldküche	89 Stück hergestellt, davon 4 mit Radstand 3200+950, der Rest mit 3000+950 mm Radstand	

Lastkraftwagen (geländegängig)

Herstellungsland	Deutschland	Deutschland	Deutschland	Deutschland
Hersteller	Henschel	Daimler-Benz	Hansa-Lloyd	Krupp
Typ	33 D 1	G 3a (WG 09 II)	III Lo	L 3 H 63
Baujahr	1928–1938	1929–1935	1930	1931–1935
Informationsquelle	D 600, Blatt 138	Techn. Beschreibung	Borgward Unterlagen	Krupp Unterlagen
Motor: Hersteller/Typ	Henschel D	Daimler-Benz M 09	Hansa-Lloyd 6 M 645	Krupp M 11
Zylinderzahl/Anordnung	6, Reihe	6, Reihe	6, Reihe	6, Reihe
Bohrung/Hub (mm)	120x160	82,5x115	105x125	90x160
Hubraum (cm^3)	10 860	3689	6449	6108
Verdichtungsverhältnis	5,5	5,45	5,5	5,4
Drehzahl normal/maximal	1250/1400	2700/2900	1800/2000	1500/1700
Höchstleistung (PS)	100	68	85	90
Ventilanordnung	hängend	stehend	stehend	hängend
Kurbelwellenlager	4 Gleit-	7 Gleit-	7 Gleit-	7 Gleit-
Vergaser/Einspritzpumpe	2 Pallas SAD 4	1 Solex 40 FHRS	1	2 Pallas HJD 3 h
Zündfolge	1-5-3-6-2-4	1-5-3-6-2-4	1-5-3-6-2-4	1-5-3-6-2-4
Anlasser	Bosch BNF	Bosch	Bosch	Bosch BNE
Lichtmaschine	Bosch F/QMU	Bosch 300 W	Bosch	Bosch RKE 130/12-825
Batterie: Zahl/Volt/Ah	1/12/122	1/12/105	1/12/105	1/12/100
Kraftstofforderung	Pumpe	Pumpe	Pumpe	Pumpe
Kühlung	Flüssigkeit	Flüssigkeit	Flüssigkeit	Flüssigkeit
Kupplung	Mehrscheiben, tr.	Einscheiben, tr.	Einscheiben, tr.	Einscheiben, tr.
Wechselgetriebe	Schubvorgelege	ZF Aphon G 35	Schubvorgelege	ZF Aphon Gb 45 L
Anzahl der Gänge: V/R	5/1	4/1 mit Zusatz-	3/1 mit Zusatz-	4/1 mit Zusatz-
Treibende Räder	Hinterräder	Hinterräder	Hinterräder	Hinterräder
Triebachsenübersetzung 1:	4,8	6,66		6,33
Höchstgeschwindigkeit (km/h)	45	65	50	42
Fahrbereich (km)	S=300/G=200	S=250/G=200		S=400/G=250
Vorderachse	Starrachse	Starrachse	Starrachse	Starrachse
Art der Lenkung	Schnecken-	Schraubenspindel-	Schnecken-	Schrauben-
Wendekreisdurchmesser (m)	19,0	19,5		15,4
Federung: vorne/hinten	Halbfedern, längs	Halbfedern, längs	Halbfedern, längs	Halbfedern, längs
Fahrgestellschmierung	Hochdruck	Zentral	Hochdruck	Hochdruck
Bremsanlage: Hersteller	Knorr	ATE/Lockheed	Hansa-Lloyd/Lockheed	ATE-Lockheed
Wirkungsweise	Druckluft	hydraulisch	mech., hydr. unterstützt	hydraulisch
Bremsart	Innenbacken	Innenbacken	Innenbacken	Innenbacken
Fußbremse wirkt auf	6 Räder	6 Räder	6 Räder	Hinterräder
Handbremse wirkt auf	Hinterräder	Mittelachse	Mittelachse	Hinterräder
Art der Räder	Stahlgußspeichen	Stahlblechscheiben	Stahlblechscheiben	Stahlgußspeichen
Reifengröße: vorne/hinten	9,00–20/ x2	6,00–20/ x2		7,50–20/ x2
Spurweite: vorne/hinten (mm)	1800/1740	1600		1740/1729
Radstand (mm)	5000+1200	3000+950	5000+	4200+1100
Bodenfreiheit (mm)	270	250		265
Länge x Breite x Höhe (mm)	7050x2250x2500	5750x2100x2350		6900x2200x2750
zul. Gesamtgewicht (kg)	10 200	5610	8600	6950
Nutzlast (kg)	4500	S=1700/G=1200	4000	2000
Kraftstoffverbrauch (l/100 km)	40	28		30
Kraftstoffvorrat (l)	120	105		150
Bemerkungen			nur Prototypen	

Deutschland	Deutschland	Deutschland	Deutschland	Deutschland
Daimler-Benz	Krupp	Büssing-NAG	Büssing-NAG	Magirus
G 3 B	L 2 H 43	G 31	III GL 6	M 206
1932	1933–1936	1933–1935	1933	1934–1937
Techn. Beschreibung	RDA Typenbuch	Techn. Beschreibung	D 600, Blatt 150	Magirus Nachrichten
Daimler-Benz OM 59	Krupp M 302	Büssing-NAG G	Büssing-NAG C 4	Magirus S 88
4, Reihe	4, Boxer	4, Reihe	6, Reihe	6, Reihe
100x120	90x130	98x130	115x150	88x125
3770	3308	3922	9348	4562
17	5,4	5,3	5,6	5,8
2000	2500/2600	2000	1000/1250	2200
55	60	65	90	70
hängend	hängend	hängend	hängend	stehend
3 Gleit-	2 Gleit-	3 Gleit-	7 Gleit-	7 Gleit-
Diesel – Bosch PE 4	1 Pallas HI 40	1 Solex 40 FVSL	1 Pallas SA III	1 Solex 40 BFLH
1-3-4-2	1-3-2-4	1-2-4-3	1-5-3-6-2-4	1-5-3-6-2-4
Bosch BNG 4/24	Siemens Lichtanlasser	Bosch AJB 1,2/12	Bosch BPD 3/12	Bosch BJH 1,4/12
Bosch RKC 200/24–1300	siehe Anlasser	Bosch RK 130/12-600 u. a.	Bosch GT 400/12-800	Bosch FQA 300/12
2/12/75	1/12/75	1/12/60	1/12/150	1/12/105
Pumpe	Gefälle	Pumpe	Pumpe	Pumpe
Flüssigkeit	Luft, Gebläse	Flüssigkeit	Flüssigkeit	Flüssigkeit
Einscheiben, tr.	Einscheiben, tr.	Einscheiben, tr.	Konus	Einscheiben, tr.
ZF Aphon G 35	ZF Aphon Gb 35 L	Büssing-NAG	Büssing-NAG III Schub-	ZF K 40
4/1 mit Zusatz-	4/1 mit Zusatz-	3/1 mit Zusatz-	5/1	4/1 mit Zusatz-
Hinterräder	Hinterräder	Hinterräder	Hinterräder	Hinterräder
5,8	5,25	6,25	5,14	7,66
60	70	50	45	62
600	570	S=250/G=200	S=300/G=200	S=250/G=200
Starrachse	Starrachse	Starrachse	Starrachse	Starrachse
Schraubenspindel-	Schnecken-	Schraubenspindel-	Schnecken-	Schrauben-
19,5	10,0	13,5	23,0	11,6
Halbfedern, längs	Halbfedern/Schrauben	Halbfedern, längs	Halbfedern, längs	Halbfedern, längs
Zentral	Hochdruck	Hochdruck	Hochdruck	Hochdruck
ATE-Lockheed	ATE-Lockheed	Teves	Knorr	Magirus
hydraulisch	hydraulisch	hydraulisch	Druckluft	mechanisch
Innenbacken	Innenbacken	Innenbacken	Innenbacken	Innenbacken
6 Räder	Hinterräder	6 Räder	Hinterräder	Hinterräder
Mittelachse	Getriebe	Hinterräder	Getriebe	Getriebe
Stahlblechscheiben	Stahlblechscheiben	Stahlblechscheiben	Stahlblechscheiben	Stahlblechscheiben
6,00–20/ x2	6,00–20	6,00–20/ x2	7,20–20/ x2	6,00–20/ x2
1600	1580/1555	1535/1592	1800/1700	1695/1640
3000+950	2370+860	2715+950	3900+1250	2715+950
230	255	250	330	240
5500x2100x2350	5100x1960x1930	5700x2100x2760	7100x2300x2800	5350x2250x2350
4960	3000	4600	9500	5230
1700	1000	S=1500/G=1000	3000	1500
17	18	40	40	40
110	110	125	120	110
nur Prototypen				

Lastkraftwagen (geländegängig)

Herstellungsland	Deutschland	Deutschland	Deutschland	Deutschland
Hersteller	Henschel	Daimler-Benz	Daimler-Benz	Daimler-Benz
Typ	33 G 1*	LG 3000	LG 65/2	LG 65/3
Baujahr	1934–1941	1934–1937	1934–1935	1934–1935
Informationsquelle	D 669/25 v. 4. 5. 1941	Daimler-Benz Archiv	Daimler-Benz Unterlagen	Daimler-Benz Unterlagen
Motor: Hersteller/Typ	Henschel G	Daimler-Benz OM 67	Daimler-Benz OM 65/4	Daimler-Benz OM 67
Zylinderzahl/Anordnung	6, Reihe	6, Reihe	4, Reihe	6, Reihe
Bohrung/Hub (mm)	110x160	110x130	105x140	110x130
Hubraum (cm^3)	9123	7413	4849	7413
Verdichtungsverhältnis	13,8	17	21,5	17
Drehzahl normal/maximal	1500	2000	2000	2000
Höchstleistung (PS)	100	95	70	90
Ventilanordnung	hängend	hängend	hängend	hängend
Kurbelwellenlager	4 Gleit-	4 Gleit-	5 Gleit-	7 Gleit-
Vergaser/Einspritzpumpe	Diesel – Bosch PE 6	Diesel – Bosch PE 6	Diesel – Bosch PE 4	Diesel – Bosch PE 6
Zündfolge	1-5-3-6-2-4	1-5-3-6-2-4	1-3-4-2	1-5-3-6-2-4
Anlasser	Bosch BPD 6/24	Bosch BNG	Bosch BNG 4/24	Bosch BNF 4/24
Lichtmaschine	Bosch GTL 600/12-1200	Bosch FQA	Bosch RKC 300/12-1300	Bosch FQA 300/24-1200
Batterie: Zahl/Volt/Ah	2/12/122	2/12/105	2/12/75	2/12/120
Kraftstofforderung	Pumpe	Pumpe	Pumpe	Pumpe
Kühlung	Flüssigkeit	Flüssigkeit	Flüssigkeit	Flüssigkeit
Kupplung	Mehrscheiben, tr.	Mehrscheiben, tr.	Einscheiben, tr.	Mehrscheiben, tr.
Wechselgetriebe	Henschel 33 G 1	ZF Faks 45	Daimler-Benz Schub-	ZF Aphon-
Anzahl der Gänge: V/R	5/1	5/1 mit Zusatz-	4/1 mit Zusatz-	5/1 mit Zusatz-
Treibende Räder	Hinterräder	Hinterräder	Allrad	Allrad
Triebachsenübersetzung 1:	4,8	6		
Höchstgeschwindigkeit (km/h)	55	56	60	60
Fahrbereich (km)	S=400/G=270	S=340/G=290		
Vorderachse	Starrachse	Starrachse	Einzelrad	Einzelrad
Art der Lenkung	Schnecken-	Schraubenspindel-	Schraubenspindel-	Schraubenspindel-
Wendekreisdurchmesser (m)	18,0	17,5	17,0	15,5
Federung: vorne/hinten	Halbfedern, längs	Halbfedern, längs	Schrauben	Schrauben
Fahrgestellschmierung	Hochdruck	Hochdruck	Zentral	Zentral
Bremsanlage: Hersteller	Knorr	ATE-Lockheed	ATE-Lockheed	ATE-Lockheed
Wirkungsweise	Druckluft	hydraulisch	hydraulisch	hydr./Druckluft
Bremsart	Innenbacken	Innenbacken	Innenbacken	Innenbacken
Fußbremse wirkt auf	6 Räder	6 Räder	4 Räder	6 Räder
Handbremse wirkt auf	Hinterräder	Hinterräder	Getriebe	Hinterräder
Art der Räder	Stahlgußspeichen	Stahlblechscheiben	Stahlblechscheiben	Stahlblechscheiben
Reifengröße: vorne/hinten	7,25–20/ x2	7,25–20/ x2	9,00–20	7,25–20
Spurweite: vorne/hinten (mm)	1850/1740	1715/1665	1610	1610
Radstand (mm)	3750+1100	3900+1050	3800	2950+1100
Bodenfreiheit (mm)	250	265	325	300
Länge x Breite x Höhe (mm)	7050x2250x2500	7100x2500x2800	Fahrgestell 6450	Fahrgestell 5720
zul. Gesamtgewicht (kg)	9800	8450	5400	7000
Nutzlast (kg)	3000	S=4300/G=3300	S=2600/G=2000	S=3250/G=2250
Kraftstoffverbrauch (l/100 km)	30	28	20	
Kraftstoffvorrat (l)	120	122		
Bemerkungen	* als Typ 33 D 1 auch mit Ottomotor		2 Prototypen	150 Stück gebaut

Deutschland	Deutschland	Deutschland	Deutschland	Deutschland
Daimler-Benz	Hanomag	Hanomag	Daimler	Daimler
LG 65/4	HL 3,5–4	HL 5-6	DZVR	KDO/DZO
1934–1935	1934–1935	1934	1919–1930	1919
Daimler-Benz Unterlagen	RDA Typenblatt 1934	Hanomag Unterlagen	Daimler-Benz Beschreibg.	Zeichnung A 11758
Daimler-Benz OM 67/3	Hanomag HL 15	Hanomag H 6	Daimler M 1574	Daimler M 12554
6, Reihe	4, Reihe (Unterflur)	6, Reihe	4, Reihe	4, Reihe
105x140	105x150	125x150	150x170	125x150
7274	5200	10980	12020	7400
17	17	17	4,5	4,5
2000	1500	1600/1800	1200	1200
100	55	120	100	70
hängend	hängend	liegend	E=hängend/A=stehend	hängend
4 Gleit-	3 Gleit-	5 Kugel-	3 Gleit-	3 Gleit-
Diesel – Bosch PE 6	Diesel – Hanomag	Diesel – Bosch PE 6	1 Mercedes-Kolben-	1 Mercedes-Kolben-
1-5-3-6-2-4	1-2-4-3	1-5-3-6-2-4	1-3-4-2	1-3-4-2
Bosch BNG 6/24	Bosch BNF 4/24	Bosch 12 V	Bosch R 2 a	Bosch R 2 a
Bosch FQA 300/24-1200	Bosch RKC 130/12	Bosch 12 V	Bosch D 4 130 W	Bosch
2/12/105	2/12	1/12/105	1/12	1/6
Pumpe	Gefälle	Gefälle	Druckluft	Druckluft
Flüssigkeit	Flüssigkeit	Flüssigkeit	Flüssigkeit	Flüssigkeit
Mehrscheiben, tr.	Einscheiben, tr.	Mehrscheiben, tr.	Doppelkonus	Doppelkonus
Daimler-Benz Schub-	Hanomag Schub-	Hanomag Schub-	Daimler Schub-	Daimler Schub-
4/1 mit Zusatz-	4/1	4/1	4/1 mit Zusatz-	6/1
Allrad	Allrad	Allrad	Allrad	Allrad
	6,25 bzw. 7,5	5		
60	50	60	35	25
		500	S=230/G=150	
Einzelrad	Starrachse	Starrachse	Starrachse	Starrachse-Pendela.
Schraubenspindel-	Schnecken-	Schnecken-	Schraubenspindel-	Schraubenspindel-
18,0	12,0	13,0	12,6	8,0
Schrauben	Halbfedern, längs	Halbfedern, längs	Halbfedern, längs	Halbfedern quer/längs
Zentral	Zentral	Zentral	Zentral	Hochdruck
ATE-Lockheed	Hanomag	Hanomag	Daimler	Daimler
hydr./Druckluft	hydraulisch	hydraulisch	mechanisch	mechanisch
Innenbacken	Innenbacken	Innenbacken	siehe unten	siehe unten
8 Räder	4 Räder	4 Räder	Getriebe=Außenbacken	Getriebe=Außenbacken
Hinterräder	Hinderräder	Getriebe	Hinterräder=Innenbacken	Hinterräder=Innenb.
Stahlblechscheiben	Stahlblechscheiben	Stahlblechscheiben	Holzspeichen	Holzspeichen
7,25–20	36x6 u. a./ x2	11,25–20 bzw. 12,00–20	1130x180/ x2	1200x150/1200x250
1735	1645/1590	1840	1670/1676	1650/1530
1000+2250+1000	3400 u. a.	4200 u. a.	3750	2800
300	240	300	400	400
Fahrgestell 6200	5700x2150x2530	6500x2350x	6700x2200x3000	4990x1900x2700
8750	8250	12 000	11 250	5400
S=4250/G=3250	4000	5500	3400	2000
	22	28	S=100/G=150	
		160	200	150
nur Prototypen	nur Prototypen	nur Prototypen	Geschützkraftwagen 19 (Sd. Kfz. 1)	nur zwei Prototypen

Rad-Zugmaschinen

Herstellungsland	Deutschland	Deutschland	Deutschland	Italien
Hersteller	Maffei	Maffei	Maffei	Fiat/Pavesi
Typ	Frankonia B 10	MSZ 10	MSZ 201	L 140
Baujahr	1928–1929	1928–1939	1930–1931	1931–1933
Informationsquelle	Maffei Nr. 131 7.28	RDA Typenbuch 1930	Maffei Zeichnung	verschiedene
Motor: Hersteller/Typ	Chenard & Walcker		Magirus V 100	Fiat L 20
Zylinderzahl/Anordnung	4, Reihe		4, Reihe	4, Reihe
Bohrung/Hub (mm)	80x150		100x150	75x130
Hubraum (cm³)	3020		4712	3998
Verdichtungsverhältnis	4,45		5,38	4,8
Drehzahl normal/maximal	1800/2000		1800	1500
Höchstleistung (PS)	36		60	33,5
Ventilanordnung	stehend		stehend	hängend
Kurbelwellenlager	2 Gleit-		3 Gleit-	2 Rollen + 1 Gleit-
Vergaser/Einspritzpumpe	1 Solex DV		1 Orkan U 40	1 Zenith 36 UDH
Zündfolge	1-3-4-2		1-2-4-3	1-2-4-3
Anlasser	Bosch BJG 1,2/12		Bosch BIG 1,2/12	von Hand
Lichtmaschine	Bosch AJB 90/12-		Bosch RK 100/12-700	6 Volt
Batterie: Zahl/Volt/Ah	1/12		1/12/122	ohne
Kraftstofforderung	Gefälle		Gefälle	Unterdruck u. Gefälle
Kühlung	Flüssigkeit		Flüssigkeit	Flüssigkeit
Kupplung	Innenkonus		Mehrscheiben, tr.	Einscheiben, tr.
Wechselgetriebe	Schubvorgelege	Maffei MSZ 10 Schub-	Maffei Schub + Maybach	Schubvorgelege
Anzahl der Gänge: V/R	8/2	5/1	5/1	4/1
Treibende Räder	hinten	hinten	hinten	Allrad
Triebachsenübersetzung 1:		6,82	8,87	
Höchstgeschwindigkeit (km/h)	45	42	32,7 mit Schnellg. 51,7	38,4
Fahrbereich (km)	200	200		
Vorderachse	Starrachse	Starrachse	Starrachse	Einzelrad
Art der Lenkung	Schnecken-	Schraubenspindel-	Schraubenspindel-	Ritzel-
Wendekreisdurchmesser (m)	5,5	12,0	12,8	8,25
Federung: vorne/hinten	Halbfedern, längs	Halbfedern, längs	Halbfedern, längs	ohne – Drahtspeichen
Fahrgestellschmierung	Hochdruck	Hochdruck	Hochdruck	Hochdruck
Bremsanlage: Hersteller	Maffei	Bosch-Dewandre	Bosch-Dewandre	Pavesi
Wirkungsweise	mechanisch	mech./Saugluft	Saugluft	mechanisch
Bremsart	Innenband	Innenbacken	Innenbacken	Außenband
Fußbremse wirkt auf	Getriebe	Hinterräder	Hinterräder	Getriebewelle
Handbremse wirkt auf	Hinterräder	Hinterräder	Hinterräder	Gelenkwelle
Art der Räder	Stahlblechscheiben	Stahlgußspeichen	Stahlblechscheiben	Drahtspeichen
Reifengröße: vorne/hinten	895x135/ x2	32x6, bzw. 7,25–20/ x2	32x6/ x2	1086x80
Spurweite: vorne/hinten (mm)	1400/1420	1455/1424	1455/1424	1450
Radstand (mm)	2300	2400	2870	2250
Bodenfreiheit (mm)	190	216	235	510
Länge x Breite x Höhe (mm)	3850x1740x2360	4050x1800x2190	4550x2000x2320	4050x1800x2180
zul. Gesamtgewicht (kg)	1920	5545	5420	3150
Nutzlast (kg)	Aufsattellast bis 10 t	Anhänger 7500	1000	500
Kraftstoffverbrauch (l/100 km)	32	38	38	
Kraftstoffvorrat (l)	55	75		50+13=63
Bemerkungen	Lizenz Chenard & Walcker			versuchsweise bei der Verskraft Kummersdorf

Halbketten-Zugmaschinen

Deutschland	Deutschland	Deutschland	Deutschland	Deutschland
Büssing-NAG	Büssing-NAG	Krauss-Maffei	Daimler-Benz	Daimler-Benz
BN l 4	BN l 5	KM m 8	ZD 5	DB s 7
1934	1934–1935	1934–1935	1931–1932	1934–1935
D 606/1 v. 29. 10. 1935	D 606/4 v. 1. 4. 1938	D 607/3 v. 1. 11. 1935	Daimler-Benz Unterlagen	D 608/2 v. 1. 2. 1940
Maybach NL 35 Spezial	Maybach NL 35 Spezial	Maybach HL 52 TU	Maybach DSO 8	Maybach DSO 8
6, Reihe	6, Reihe	6, Reihe	12, V-Form 60°	12, V-Form 60°
90x90	90x90	100x110	92x100	
3435	3435	5184	7973	
5,6	5,6	6,3	6,3	
2800	3000	2600	2300	
85	90	115	150	
hängend	hängend	hängend	hängend	
8 Gleit-	8 Gleit-	8 Gleit-	8 Gleit-	
1 Solex	1 Solex	2 Solex 40 MMOVS	2 Solex 35 MOV	
1-5-3-6-2-4	1-5-3-6-2-4	1-5-3-6-2-4	1-12-5-8-3-10-6-7-2-11-4-9	
Bosch BJH 1,4/12	Bosch BJH 1,4/12	Bosch BNF 2,5/12	Bosch BNE 2/12	
Bosch RKC 130/12	Bosch RKC 130/12	Bosch RKC 130/12	Bosch TDV 6 400/12-800	
1/12/75	1/12/75	1/12/105	1/12/105	
Pumpe	Pumpe	Pumpe	Pumpen	
Flüssigkeit	Flüssigkeit	Flüssigkeit	Flüssigkeit	
Zweischeiben, tr.	Mehrscheiben, tr.	Mehrscheiben, tr.	Mehrscheiben, tr.	
ZF Schubvorgelege	ZF Schubvorgelege	ZF ZG 55	Maybach DSG 110	Daimler-Benz Schub-
4/1 mit Zusatz-	4/1 mit Zusatz-	4/1 mit Zusatz-	5/1	4/1 mit Zusatz-
Ketten, vorne	Ketten, vorne	Ketten, vorne	Ketten, hinten	Ketten, vorne
		5,25	3,9	
50	50	50	38	50
320	250	250	200	
Starrachse	Starrachse	Starrachse	Schwinghebel	Starrachse
Schnecken- + Cletrac-	Schnecken- + Cletrac-	Schnecken- +Cletrac-	Schrauben- + Cletrac-	Schnecken- + Cletrac-
		14,0	10,6	
Halbfeder quer/längs	Halbfedern quer/längs	Halbfedern quer/längs	Kegelfedern	Halbfedern quer/längs
Hochdruck	Hochdruck	Hochdruck	Hochdruck	Hochdruck
Deutsche Perrot	Deutsche Perrot	Krauss-Maffei	Knorr	Knorr
mech./Saugluft	mech./Saugluft	Druckluft	Druckluft	Druckluft
Außenband	Außenband	Außenband	Innenbacken	Innenbacken/Außenband
Triebräder	Triebräder	Triebräder	Triebräder	Triebräder
Triebräder	Triebräder	Triebräder	Triebräder	Triebräder
Stahlgußspeichen	Stahlblechscheiben	Stahlgußspeichen	Stahlblechscheiben	Stahlgußspeichen
7,50–20	7,50–20	7,50–20	150x670	9,00–20
1825/1700	1825/1700	1940/1750	2000/1800	1900/1850
	–	–	–	–
400	400	410	340	400
	6020x2200x2500	6690x2350x2760	6245x2360x2350	6800x350x2200
8000	8800	11 000	9300	14 400
1500	1500	1500		1800
50	50	70	100	100
160	120+40=160	100+100=200	175+25=200	
von J. A. Maffei entwickelt (Fahrgestell Nr. 21 501–21 508) Anhängelast 5 t	Kettentyp Zgw 46/320/160 Fahrgestell Nr. 22 006–22 189 Anhängelast 5 t	Kettentyp Zgw 46/360/180 Anhängelast 8 t	Kettentyp Kgw 68/350/150 nur Prototypen gebaut Anhängelast 10 t	Kettentyp Zgw 46/400/200 Anhängelast 12 t

Vollketten-Zugmaschinen

Herstellungsland	Deutschland	Deutschland	Deutschland
Hersteller	Hanomag	Linke-Hofmann-Werke	Krupp
Typ	Z 50	LHW, Bauart Stumpf	M. L.
Baujahr	1926–1930	1927–1931	1928–1930
Informationsquelle	RDA Typenbuch 1928	RDA Typenbuch 1927	Krupp Unterlagen
Motor: Hersteller, Typ	Hanomag WD	Kämper	Maybach OS 5
Zylinderzahl, Anordnung	4, Reihe	4, Reihe	6, Reihe
Bohrung/Hub (mm)	130x155	103x166	94x168
Hubraum (cm^3)	8000	5536	6995
Verdichtungsverhältnis	4,5	4,5 bis 6 je nach Kraftst.	5,7
Drehzahl (1/min)	850	1250	1900
Höchstleistung (PS)	50	50	100
Ventilanordnung	stehend	hängend	liegend
Kurbelwellenlager	3 Kugel-	3 Gleit-	4 Gleit-
Vergaser	1 Graetzin	1	1 Maybach
Zündfolge	1-2-4-3	1-2-4-3	1-5-3-6-2-4
Anlasser	von Hand	von Hand	Bosch BND
Lichtmaschine	Eisemann 12 V	ohne	Bosch QMU 12 V
Batterie: Anzahl/Volt/Ah	1/12	ohne	1/12/105
Kraftstofförderung	Gefälle	Gefälle	Pumpe
Kühlung	Flüssigkeit	Flüssigkeit	Flüssigkeit
Kupplung	Konus	Konus	Einscheiben, tr.
Wechselgetriebe	Schubvorgelege	Schubvorgelege	Soden Verwähl-
Anzahl der Gänge: V/R	3/1	3/1	4/1
Kettentriebräder	hinten	hinten	hinten
Vorgelegeübersetzung			
Höchstgeschwindigkeit	6	14	40
Fahrbereich (km)			
Art der Lenkung	Kupplungs-	Differential-	Cletrac-
Wendekreis ∅ (m)			
Federung	Schrauben	Schrauben	Kegelstumpf
Fahrgestellschmiersystem	Hochdruck	Hochdruck	Hochdruck
Bremsanlage: Hersteller	Hanomag	LHW	Teves
Wirkungsweise	mechanisch	mechanisch	hydraulisch
Bremsart	Außenband	Innenbacken	Außenband
Fußbremse wirkt auf	Antrieb	Kupplung	Antrieb
Handbremse wirkt auf	Antrieb	Antrieb	Antrieb
Laufwerkauslegung	Lauf- und Stützrollen	Lauf- und Stützrollen	Lauf- und Stützrollen
Spurweite (mm)	1500	1245	
Kettenauflagelänge (mm)		1700	2600
Kettenbreite (mm)	400	300	
Bodenfreiheit (mm)	400	210	300
Länge x Breite x Höhe (mm)	4400x1900x2300	2900x1500x2000	4200x2280x1580
Bodendruck (kg/cm^2)	0,5	0,3	
zul. Gesamtgewicht (kg)	6000	2900	7880
Nutzlast/Zugkraft (kg)		2300	1050
Sitzplätze	5	2–3	3–5
Kraftstoffverbrauch		260 g/PS/h	
Kraftstoffvorrat (l)			
Verwendung als	Prototyp für leichte Selbstfahrlafette (7,7-cm-FK 96/16)	Prototyp für leichte Selbstfahrlafette (3,7-cm-Tak L/65)	Prototyp für leichte Selbstfahrlafette (3,7-cm-Tak L/45)

Gepanzerte Radfahrzeuge

Herstellungsland	Deutschland	Deutschland	Deutschland
Hersteller	Hanomag	Daimler	Benz
Typ	2/10 PS *	DZR	VP 21
Baujahr	1925–1928	1919–1920	1921–1922
Informationsquelle	RDA Typenbuch 1927	Betriebsanleitung	Daimler-Benz Archiv
Motor: Hersteller, Typ	Hanomag 2/10 PS	Daimler M 1574	Benz S 140 N
Zylinderzahl, Anordnung	1	4, Reihe	4, Reihe
Bohrung/Hub (mm)	80x100	150x170	140x200
Hubraum (cm^3)	502	12020	12300
Verdichtungsverhältnis	6	4,5	4,5
Drehzahl (1/min)	2700	1200	1200
Höchstleistung (PS)	10	100	100
Ventilanordnung	hängend	E=hängend, A=stehend	stehend
Kurbelwellenlager	2 Kugel-	4 Kugel-	3 Kugel-
Vergaser	1 Pallas S.A.O.	1 Mercedes-Kolben-	1 Zenith
Zündfolge	1	1-3-4-2	1-3-4-2
Anlasser	ohne	Bosch R 2 a	Bosch
Lichtmaschine	Bosch	Bosch D 4/130 W	Bosch 12 V/225 W
Batterie: Anzahl/Volt/Ah	1/6	1/12/	1/12/
Kraftstofförderung	Gefälle	Druckluft	Unterdruck
Kühlung	Flüssigkeit	Flüssigkeit	Flüssigkeit
Kupplung	Einscheiben, tr.	Doppelkonus	Stahllamellen, naß
Wechselgetriebe	Schubvorgelege	Daimler Spezial-	Benz Spezial-Wende-
Anzahl der Gänge: V/R	3/1	4/1 mit Zusatz-	6/6
Treibende Räder	hinten	Allrad	Allrad
Achsübersetzung	2		
Höchstgeschwindigkeit (km/h)	60	36, rückwärts 8,5	60
Fahrbereich (km)		150	350
Vorderachse	Einzelrad	Starrachse	Starrachse
Art der Lenkung	Schnecken-	2 Schrauben-	2 Schraubenspindel-
Wendekreis ∅ (m)		12,6	12,0
Federung: vorne/hinten	Doppelquer-/Schrauben-	Halbfedern, längs	Halbfedern, längs
Fahrgestellschmiersystem	Hochdruck	Zentral	Hochdruck
Bremsanlage: Hersteller	Hanomag	Daimler	Benz
Wirkungsweise	mechanisch	mechanisch	mechanisch
Bremsart	siehe unten	siehe unten	siehe unten
Fußbremse wirkt auf	Hinterräder=Innenbacken	Getriebe=Außenbacken	Getriebe=Außenbacken
Handbremse wirkt auf	Hinterräder=Außenband	Hinterräder=Innenbacken	Hinterräder=Innenbacken
Art der Räder	Holzspeichen	Holzspeichen, gepanzert	Stahlblechscheiben
Reifengröße vorne/hinten	27x31/2	1200x180/1400x180/ x2	1220x160/ x2
Spurweite vorne/hinten (mm)	1040/910	1650	1680/1580
Radstand (mm)	1920	3800	3600
Bodenfreiheit (mm)	180	400	300
Länge x Breite x Höhe (mm)	2780x1180x1600	5900x2100x3100	5950x2600x3320
Gefechtsgewicht	630	11 000	11 000
Besatzung	2	8	5
Kraftstoffverbrauch (l/100 km)	4	150 kg	275 g/PS/h
Kraftstoffvorrat (l)		200	100+135+35=270
Panzerung	Alu-Attrappe, 0,4 mm	7–9 mm rundum	7–12 mm rundum
Bewaffnung	ohne	MG, je nach Verwendung	MG, je nach Verwendung
Bemerkung	* auch als „Kommißbrot“ bekannt	40 Stück gebaut	25 Stück gebaut

Gepanzerte Radfahrzeuge

Herstellungsland	Deutschland	Deutschland	Deutschland
Hersteller	Daimler	Ehrhardt	Daimler-Benz
Typ	DZVR	21	ARW (MTW I)
Baujahr	1921–1922	1921–1922	1927–1929
Informationsquelle	DB Beschreibung Nr. 8241	Schmitt: Sonderwagen	DB Beschreibung
Motor: Hersteller, Typ	Daimler M 1574	Ehrhardt 8,5 l	Daimler-Benz
Zylinderzahl, Anordnung	4, Reihe	4, Reihe	6, Reihe
Bohrung/Hub (mm)	150x170	136x160	105x150
Hubraum (cm³)	12020	8490	7793
Verdichtungsverhältnis	4,5	4,5	5,2
Drehzahl (1/min)	1200	1300	2000/2350
Höchstleistung (PS)	100	80	105
Ventilanordnung	E=hängend, A=stehend	stehend	stehend
Kurbelwellenlager	3 Kugel-	3 Gleit-	7 Gleit-
Vergaser	1 Mercedes-Kolben-	1 Pallas	2 Pallas HID 4
Zündfolge	1-3-4-2	1-2-4-3	1-5-3-6-2-4
Anlasser	Bosch R 2 a	Bosch BP 2,5/12	Bosch BND 2/12
Lichtmaschine	Bosch D 4/130 W	Bosch QVA 225 W/12 V	Bosch T 400/12-800
Batterie: Anzahl/Volt/Ah	2/12	1/12/100	1/12/105
Kraftstofförderung	Druckluft	Unterdruck und Gefälle	Pumpen (elektrisch)
Kühlung	Flüssigkeit	Flüssigkeit	Flüssigkeit
Kupplung	Doppelkonus	Lamellen, naß	Mehrscheiben, tr.
Wechselgetriebe	Daimler Schub, Wende-	Ehrhard, Schub, Wende-	DB Schub, Wende-
Anzahl der Gänge: V/R	5/5	6/6	5/5
Treibende Räder	Allrad	Allrad	Allrad
Achsübersetzung			6,66
Höchstgeschwindigkeit (km/h)	50	56	65
Fahrbereich (km)	300	350	250
Vorderachse	Starrachse	Starrachse	Pendelachse
Art der Lenkung	2 Schraubenspindel-	2 Schrauben-	2 Schrauben-
Wendekreis ∅ (m)	12,6	13,0	14,4
Federung: vorne/hinten	Halbfedern, längs	Halbfedern, längs	Halbfedern, längs
Fahrgestellschmiersystem	Zentral	Hochdruck	Zentral
Bremsanlage: Hersteller	Daimler	Ehrhardt	Daimler-Benz
Wirkungsweise	mechanisch	mechanisch	hydraulisch
Bremsart	siehe unten	siehe unten	Innenbacken
Fußbremse wirkt auf	Getriebe=Außenbacken	Getriebe=Außenbacken	4 innere Räder
Handbremse wirkt auf	Hinterräder=Innenbacken	Hinterräder=Innenbacken	Getriebe
Art der Räder	Holzspeichen	Stahlgußspeichen	Stahlblechscheiben
Reifengröße vorne/hinten	1220x160/ x2	1220x160/ x2	40x8 auch 1060x200
Spurweite vorne/hinten (mm)	1670/1700	1600	1800
Radstand (mm)	3750	3900	1550+1160+1550
Bodenfreiheit (mm)	340	360	300
Länge x Breite x Höhe (mm)	5950x2000x2725	6500x2410x3450	5450x2280x2135
Gefechtsgewicht	12 000	11 000	7800
Besatzung	6	6	5
Kraftstoffverbrauch (l/100 km)	90 kg	60	70
Kraftstoffvorrat (l)	250	250	170
Panzerung	7–12 mm rundum	7–12 mm rundum	13,5 mm rundum
	MG, je nach Verwendung	MG, je nach Verwendung	1 3,7-cm-Tak+1 MG
Bewaffnung	31 Stück gebaut	30 Stück gebaut	2 Prototypen gebaut

Deutschland	Deutschland	Deutschland	Deutschland
Adler	Büssing-NAG	Daimler-Benz	Magirus
12 N-RW	G 31 P	G 3 a/P	M 206 P
1930–1934	1933–1935	1930–1934	1934–1935
D 600, Blatt 402	D 640 v. 20. 12. 1935	D 640 v. 20. 12. 1935	D 640 v. 20. 12. 1935
Adler Standard 6	Büssing-NAG G	Daimler-Benz M 09	Magirus S 88
6, Reihe	4, Reihe	6, Reihe	6, Reihe
75x110	98x130	82,5x115	88x125
2916	3922	3663	4562
5,3	5,3	5,45	5,8
3000/3200	2000	2900	2200
60	60	68	70
stehend	hängend	stehend	stehend
7 Gleit-	3 Gleit-	7 Gleit-	7 Gleit-
1 Pallas SAD 3	1 Solex 40 FVSL	1 Zenith-Gelände	1 Solex 40 BFLH
1-5-3-6-2-4	1-2-4-3	1-5-3-6-2-4	1-5-3-6-2-4
Bosch AJ 0,8/6	Bosch AJB 1,2/12	Bosch	Bosch BJH 1,4/12
Bosch RJVC 90/6-1100	Bosch FQA 300/12-600	Bosch FQA 300/12-600	Bosch FQA 300/12-600
1/6/140	1/12/105	1/12/105	1/12/105
Unterdruck	Pumpe	Pumpe	Pumpe
Flüssigkeit	Flüssigkeit	Flüssigkeit	Flüssigkeit
Einscheiben, tr.	Einscheiben, tr.	Einscheiben, tr.	Einscheiben, tr.
Schubvorgelege	Büssing-NAG, Wende-	DB, Wende-	ZF Wende-
4/1	3/2 mit Zusatz-	5/2 mit Zusatz-	4/1 mit Zusatz-
hinten	Hinterräder	Hinterräder	Hinterräder
6,1	6,25	6,66	7,66
50	70, rückwärts 32	70, rückwärts 32	62 in beiden Richtungen
240	300	300	250
Starrachse	Starrachse	Starrachse	Starrachse
Schnecken-	2 Schraubenspindel-	2 Schraubenspindel-	2 Schrauben-
15,0	16,0	14,0	13,0
Halbfedern, längs	Halbfedern, längs	Halbfedern, längs	Halbfedern, längs
Zentral	Hochdruck	Zentral	Hochdruck
ATE-Lockheed	Teves	Teves	Magirus
hydraulisch	hydraulisch	hydraulisch	mechanisch
Innenband	Innenbacken	Innenbacken	Innenbacken
4 Räder	6 Räder	6 Räder	beide Hinterachsen
Getriebe	Hinterräder	Mittelachse	Getriebe
Stahlblechscheiben	Stahlblechscheiben	Stahlblechscheiben	Stahlblechscheiben
7,00–20	6,00–20/ x2	6,00–20/ x2	6,00–20/ x2
1440	1550/1590	1600/1600	1690/1640
2840	2700+950	3000+950	2500+900
210	285	300	240
4200x1700x1500	5570x1820x2250	5570x1820x2250	5570x1820x2250
2200	5350	5700	6000
2	4	4	4
S=18/G=25	35	35	40
70	90	105	110
8 mm rundum	14,5 mm vorne, sonst 8 mm	14,5 mm vorne, sonst 8 mm	14,5 mm vorne, sonst 8 mm
1 MG 13	1 2-cm-KwK+1 MG 13	1 2-cm-KwK+1 MG 13	1 2-cm-KwK+1 MG 13

Gepanzerte Räder-Kettenfahrzeuge

Herstellungsland	Deutschland	Schweden
Hersteller	Gutehoffnungshütte	Landsverk
Typ	GKF – M 28	L 30
Baujahr	1928–1929	1931–1937
Informationsquelle	Bundesarchiv	Landsverk Katalog 1936
Motor: Hersteller/Typ	Benz 16/50 PS*	Maybach DSO 8
Zylinderzahl/Anordnung	4, Reihe	12, V-Form 60°
Bohrung/Hub (mm)	80x138	92x100
Hubraum (cm³)	4160	7978
Verdichtungsverhältnis	4,75	6,3
Drehzahl normal/maximal	1950	3200
Höchstleistung (PS)	52	200
Ventilanordnung	stehend	hängend
Kurbelwellenlager		8 Gleit-
Vergaser		2 Solex 35 MMOVS
Zündfolge	1-3-4-2	1-12-5-8-3-10-6-7-2-11-4-9
Anlasser	Bosch 12 V	Bosch BNE 2/12
Lichtmaschine	Bosch 12 V, 100 W	Bosch TDV
Batterie: Zahl/Volt/Ah	4/12/zusammen 240	12 Volt
Kraftstofförderung	elt. Pumpe	Pumpen
Kühlung	Flüssigkeit	Flüssigkeit
Kupplung	Lederkonus	Scheiben
Wechselgetriebe	ZF K 45	Schubvorgelege
Anzahl der Gänge: V/R	2/2 mit Zusatz-	6/2
Antriebsräder	hinten	hinten
Vorgelegeuntersetzung	Rad 4,58/Gleiskette 5,4	
Höchstgeschwindigkeit (km/h)	Rad 46/Gleiskette 23	Rad 75/Gleiskette 35
Fahrbereich (km)	Rad 180/Gleiskette 80	Rad 300/Gleiskette 150
Art der Lenkung		Doppelkonus/Planeten-
Wendekreisdurchmesser (m)		
Federung	Rad Ausleger/Gleiskette Halbelliptik	Halb- und Viertelfedern
Fahrgestellschmierung	Hochdruck	Hochdruck
Bremsanlage: Wirkungsweise	mechanisch	mechanisch
Bremsart	siehe unten	siehe unten
Fußbremse wirkt auf	4 Räder=Innenbacken	4 Räder=Innenbacken
Handbremse wirkt auf	Getriebe=Außenband	
Laufwerk	Lauf- und Stützrollen	Laufrollen
Art der Räder	Stahlblechscheiben	Stahlblechscheiben
Reifengröße	975 x 225 bzw. 36 x 8	
Spurweite (mm)	Rad 2360.Gleiskette 1400	
Radstand (mm)	2800	
Kettenauflagelänge (mm)	3120	
Kettenbreite (mm)	200	220
Kettenglieder pro Gleiskette	66	
Bodenfreiheit (mm)	150	Rad 650/Gleiskette 400
Länge x Breite x Höhe (mm)	4380x2600x1480 (ohne Aufbau)	5200x2450x2480 Rad/2200 Kette
Bodendruck (kg/cm²)	0,85	
Gefechtsgewicht (kg)	7000	11 500
Zuladung (kg)		
Besatzung	4	3–4
Kraftstoffverbrauch (l/100 km)	Rad 55/Gleiskette 130	Rad 60/Gleiskette 160
Kraftstoffvorrat (l)	70 (bei Büssing-Motor 85)	200
Panzerung: Wanne vorne (mm)		14 (rundum)
seitlich (mm)		
hinten (mm)		
Turm vorne (mm)		
seitlich (mm)		
hinten (mm)		
Bewaffnung		
Wert in () Munition Haupt	1 3,7-cm-Kanone (200)	1 3,7-cm-Kanone (100)
Neben	2 MG 13 (Dreyse) (2000)	2 MG (3000)
Leistungen steigt		30°
klettert (m)		750
watet (mm)		1200
überschreitet (mm)		1800
Bemerkungen	* 6 Fahrzeuge gebaut, davon die Fahrzeuge 4–6 mit Büssing-D7PL-Motor (77 PS), Entwicklung zu Landsverk, Schweden, verlegt	Umstellung von Gleisketten auf Räder während der Fahrt innerhalb von 20 Sekunden

Gepanzerte Vollkettenfahrzeuge

Herstellungsland	Deutschland	Deutschland	Deutschland
Hersteller	Daimler-Benz	Krupp	Rheinmetall
Typ	G.T. I	M.18 „Großtraktor"	Gr. Tr.
Baujahr	1927–1929	1927–1929	1927–1929
Informationsquelle	Daimler-Benz Archiv	Dipl.-Ing. W. Esser	Dipl.-Ing. W. Esser
Motor: Hersteller/Typ	Daimler-Merced. D IV b*	BMW Va**	
Zylinderzahl/Anordnung	6, Reihe	6, Reihe	
Bohrung/Hub (mm)	182 x 200	160 x 190	
Hubraum (cm^3)	31 200	22 920	
Verdichtungsverhältnis	4,5	5,5	
Drehzahl normal/maximal	1400	1400	
Höchstleistung (PS)	255	250	
Ventilanordnung	hängend	hängend	
Kurbelwellenlager	8 Gleit-	8 Gleit-	
Vergaser	2 Mercedes-Pallas	2 Zenith oder Solex	
Zündfolge	1-5-3-6-2-4	1-5-3-6-2-4	
Anlasser	DKW 2-takt, 2-Zyl. 10 PS	Druckluft und von Hand	
Lichtmaschine	Bosch	Bosch	
Batterie: Zahl/Volt/Ah	2/12/110	2/12/110	
Kraftstofförderung	A.M. Pumpen	A.M. Pumpen	
Kühlung	Flüssigkeit	Flüssigkeit	
Kupplung	ohne	ohne	Einscheiben, tr.
Wechselgetriebe	hydr. Planeten-	Federband, Druckluft	Vorwähl-, elektrisch
Anzahl der Gänge: V/R	3 mit Zusatz-/2	3 mit Zusatz-/1	4 mit Zusatz-/2
Antriebsräder	hinten	hinten	hinten
Vorgelegeuntersetzung	3,2	1	1,17
Höchstgeschwindigkeit (km/h)	40	37,5	40
Fahrbereich (km)	150	150	150
Art der Lenkung	hydraulisch, Planeten-	Differential-	Kupplungs-
Spurkreisdurchmesser (m)	4,45	4,45	9,60
Federung	Blattfedern	Schrauben	Schrauben
Fahrgestellschmierung	Einzel	Einzel	Einzel
Bremsanlage: Wirkungsweise	Drucköl	Druckluft	mechanisch
Bremsart	Außenbacken	Bandbr.	Außenband
Fußbremse wirkt auf	Getriebe	Antrieb	Antrieb
Handbremse wirkt auf	Lenkbremse	Antrieb	Antrieb
Laufwerk	Lauf- und Stützrollen	Lauf- und Stützrollen	Lauf- und Stützrollen
Spurweite (mm)	2220	2200	2230
Kettenauflagelänge (mm)	4000	4000	4250
Kettenbreite (mm)	380	370	370
Kettenglieder pro Gleiskette	85	88	91
Bodenfreiheit (mm)	400	360	410
Länge x Breite x Höhe (mm)	6650x2780x2450	6420x2760x2300	6500x2600x2300
Bodendruck (kg/cm^2)	0,52	0,52	0.52
Gefechtsgewicht (kg)	16 000	16 400	17 600
Zuladung (kg)	2000	2000	2000
Besatzung	6	6	6
Kraftstoffverbrauch	225 g/PS/h	220 g/PS/h	220 g/PS/h
Kraftstoffvorrat (l)	400	150+105+105=360	480
Panzerung: Wanne vorne (mm)	14	14	14
seitlich (mm)	10+4	10+4	10+4
hinten (mm)	14	14	14
Turm vorne (mm)	10	10	10
seitlich (mm)	10	10	10
hinten (mm)	10	10	10
Bewaffnung			
Wert in () Munit. Haupt	1 7,5-cm-Kan. L/24 (100)	1 7,5-cm-Kan. L/24 (102)	1 7,5-cm-Kanone L/24 (104)
Neben	3 sMG (6000)	3 sMG (6000)	3 sMG (6000)
Leistungen steigt	30°	30°	30°
klettert (mm)	1000	1000	1000
watet (mm)	1000	1000	1000
überschreitet (mm)	2000	2000	2000
Bemerkungen	2 Fahrzeuge gebaut * Flugmotor M 18 2206	2 Fahrzeuge gebaut ** Flugmotor	2 Fahrzeuge gebaut

Gepanzerte Vollkettenfahrzeuge

Herstellungsland	Deutschland	Deutschland	Deutschland
Hersteller	Krupp	Rheinmetall	Rheinmetall + Krupp
Typ	Le.Tr.	Le.Tr.	Nb.Fz.
Baujahr	1929–1930	1929–1930	
Informationsquelle	Dipl.-Ing. W. Esser	Dipl.-Ing. W. Esser	Rheinmetall Unterlagen
Motor: Hersteller/Typ	Daimler-Benz M 36	Daimler-Benz M 36	BMW Va
Zylinderzahl/Anordnung	6, Reihe	6, Reihe	6, Reihe
Bohrung/Hub (mm)	105x150	105x150	160x190
Hubraum (cm^3)	7793	7793	22 920
Verdichtungsverhältnis	5,2	5,2	5,5
Drehzahl normal/maximal	2000/2350	2000/2350	1400
Höchstleistung (PS)	100	100	250
Ventilanordnung	stehend	stehend	hängend
Kurbelwellenlager	7 Gleit-	7 Gleit-	8 Gleit-
Vergaser	2 Pallas HID 4	2 Pallas HID 4	2 Zenith oder Solex
Zündfolge	1-5-3-6-2-4	1-5-3-6-2-4	1-5-3-6-2-4
Anlasser	Bosch BND 2/12	Bosch BND 2/12	Schwungkraftanlasser
Lichtmaschine	Bosch T 400/12–800	Bosch T 400/12–800	Bosch 1 kW, 12 V
Batterie: Zahl/Volt/Ah	1/12/105	1/12/105	4/6/100
Kraftstofförderung	2 elektrische Pumpen	2 elektrische Pumpen	A.M. Pumpen
Kühlung	Flüssigkeit	Flüssigkeit	Flüssigkeit
Kupplung	4-Scheiben, tr.	4-Scheiben, tr.	2-Scheiben- tr.
Wechselgetriebe	ZF Aphon-	ZF Aphon-	ZF SFG 280
Anzahl der Gänge: V/R	4/1 mit Zusatz-	4/1 mit Zusatz-	6/1
Antriebsräder	hinten	hinten	hinten
Vorgelegeuntersetzung	1,8	1,64	4,2
Höchstgeschwindigkeit (km/h)	37	35	30
Fahrbereich (km)	150	150	120
Art der Lenkung	Cletrac-	Cletrac-	Wilson, Planeten-
Spurkreisdurchmesser (m)	7,62	6,70	4,78
Federung	Schrauben	Blattfedern	Schrauben
Fahrgestellschmierung	Einzel	Einzel	Einzel
Bremsanlage: Wirkungsweise	mechanisch	mechanisch	mechanisch
Bremsart	Außenband	Außenband	Außenband
Fußbremse wirkt auf	Triebräder	Triebräder	Triebräder
Handbremse wirkt auf	Lenkgetriebe	Lenkgetriebe	Lenkgetriebe
Laufwerk	Lauf- und Stützrollen	Lauf- und Stützrollen	Lauf- und Stützrollen
Spurweite (mm)	1810	1800	2390
Kettenauflagelänge (mm)	2580	2740	4460
Kettenbreite (mm)	270	270	380
Kettenglieder pro Gleiskette	72	72	118
Bodenfreiheit (mm)	305	290	450
Länge x Breite x Höhe (mm)	4350x2370x2350	4320x2260x2270	6650x3000x2900
Bodendruck (kg/cm^2)	0,73	0,73	0,58
Gefechtsgewicht (kg)	8700	8960	19 500
Zuladung (kg)			
Besatzung	4	4	6
Kraftstoffverbrauch			220 g/PS/h
Kraftstoffvorrat (l)	140	110	240+217=457
Panzerung: Wanne vorne (mm)	13 rundum	13 rundum	20
seitlich (mm)			13
hinten (mm)			13
Turm vorne (mm)			15
seitlich (mm)			15
hinten (mm)			15
Bewaffnung			
Wert in () Munit. Haupt	1 3,7-cm-Kanone L/45 (150)	1 3,7-cm-Kanone L/45 (150)	1 7,5-cm-Kanone L/24 (75)
Neben	1 MG (3000)	1 MG (3000)	1 3,7-cm-Kan. (37), 3 MG (6000)
Leistungen steigt	30°	30°	30°
klettert (mm)	600	600	1000
watet (mm)	600	600	1200
überschreitet (mm)	1000	1000	2200
Bemerkungen	2 Fahrzeuge gebaut	2 Fahrzeuge gebaut	5 Fahrzeuge gebaut (2 von Rheinmetall, 3 von Krupp)

Deutschland	Deutschland	Deutschland
Krupp	Krupp u. a.	MAN u. a.
Kl.Tr.	LaS	LaS 100
	1933–1935	1934–1936
Krupp Unterlagen	D 650/1 v. 20. 9. 1938	D 651/1 v. 31. 3. 1938
Krupp M 302	Krupp M 305	Maybach HL 57 TR
4, Boxer	4, Boxer	6, Reihe
90 x130	92x130	100x120
3308	3460	5698
5,4	5,2	6,3
2500/2600	2500	2600
57	60	130
hängend	hängend	hängend
2 Gleit-	2 Gleit-	8 Gleit-
1 Pallas HI 40	2 Solex 40 JFP	1 Solex 40 JFF II
1-3-2-4	1-3-4-2	1-5-3-6-2-4
SSW Lichtanlasser	SSW Lichtanlasser LAK 300	Bosch BNF 2,5/12
siehe Anlasser	siehe Anlasser	Bosch RKC 130/12–825
1/12/75	1/12/105	1/12/60
Gefälle	Pumpe	Pumpe
Luft, Gebläse	Luft, Gebläse	Flüssigkeit
Einscheiben, tr.	Mehrscheiben, tr.	Mehrscheiben, tr.
ZF Aphon-	ZF Aphon FG 35	ZF SSG 45
4/1 mit Zusatz-	5/1	6/1
hinten	vorne	vorne
3,0	1,305	9,1
45	37	40
200	S=145/G=100	S=210/G=160
Cletrac-	Kupplungs-	Planeten-
2,0	2,1	4,8
Schrauben	Schrauben, Viertelfedern	Blattfedern, längs
Zentral	Hochdruck	Hochdruck
hydraulisch	mechanisch	mechanisch
Innenbacken	Außenband	Außenband/Innenbacken
Triebräder	Lenkbremsen	Lenkbremsen
Lenkgetriebe	ohne	Lenkbremsen
Lauf- und Stützrollen	Lauf- und Stützrollen	Lauf- und Stützrollen
	1676	1780
1550	2470	2426
200	260	300
	84	108
320	295	300
3460x1820x	4020x2060x1720	4380x2140x1945
0,47	0,39	0,5
3500	5400	7600
410	340	400
2–3	2	3
80	105	150
160	146	102+68=170
13	13 mm rundum	13 mm rundum
13		
10		
–		
–		
–		
1 2-cm-Kanone	2 MG 13	1 2-cm-KwK+1 MG 34
–		
35°	30°	30°
500	370	420
500		
	600	920
1500	1400	1800
1 Fahrzeug gebaut	Panzerkampfwagen I A	Panzerkampfwagen II a1

5.1 Entwicklung von Panzerkampfwagen in der Reichswehr (1927-1935)

(Zusammenstellung durch Dokumentation Kraftfahrwesen e. V., Fachausschuß Wehrtechnik Oberst a.D. Dipl.-Ing. Th. Icken). Die technischen Daten der Großtraktoren, Leichttraktoren und Neubaufahrzeuge hat Oberst a. D. Dipl.-Ing. Esser zur Verfügung gestellt.

		Großtraktor			Leichttraktor		Neubaufahrzeug		LaS, M.G. Kpfw. (Vs.Kfz.617)
Entwicklungsfirma		Daimler-Benz	Krupp	Rheinmetall	Krupp	Rheinmetall	Krupp	Rheinmetall	Krupp
Zahl der gefertig. Prototypen		2	2	2	2	2	3	2	21
Nummer der Fahrzeuge		41, 42	43, 44	45, 46	37, 38	39, 40	–	–	–
Zusammenbau		Unterlüß	Meppen	Unterlüß	Meppen	Unterlüß	Essen	Unterlüß	Essen
Beginn der Erprobung		Juli 1929 (in Kama)	Juli 1929 (in Kama)	Juli 1929 (in Kama)	Mai 1930 (in Kama)	Juni 1930 (in Kama)	1934 (in Meppen)	1934 (in Unterlüß)	1932 (in Meppen und Kummersdorf)
Besatzung	Mann	6	6	6	4	4	6	6	2
Sitzanordnung	Fahrer		links im Fahrgestell	links im Fahrgestell	Fahrer und Funker im Bug		Fahrer vorne links	Fahrer vorne links	Fahrer vorne links
							Hauptturm: Kommand., Richt- und Ladeschütze in den 2 MG-Türmen je 1 MG-Schütze		Schütze im Turm
	Funker (zugl. MG-Schütze)		Mitte	rechts	Kommand. u. Richtsch. im Turm				
	Kommandant		rechts	Mitte					
1. Gewichte und Abmessungen									
Gefechtsgewicht	t	16,0	16,4	17,6 (18,25)	8,7	8,96	19,5	19,5	5,4
Lage des Antriebs		Heck	Heck	Heck	Heck	Heck	Heck	Heck	Front
Länge	m	6,65	6,42	6,50	4,35	4,32	6,65	6,65	4,02
Breite	m	2,78	2,76	2,60	2,37	2,26	3,00	3,00	2,06
Höhe	m	2,45 o. Turm 1,75	2,30 o. Turm 1,75	2,30 o. Turm 1,75	2,35	2,27	2,90	2,90	1,72
Spurweite	m	2,22	2,22	2,23	1,80	1,80	2,39	2,39	1,67
Lenkverhältnis (Gleiskettenauflagelänge / Spurweite)		1,8	1,8	2,0	1,4	1,5	1,8	1,8	1,5
Kraftstoffvorrat	l (kg)	400 (300)	360 (270) 3 Behälter	480 (360)	140 (105)	110 (83)	500 (375) 2 Behälter	500 (375) 2 Behälter	146 (110) 2 Behälter
Kraftstoffvorrat / Gefechtsgewicht	l/t	25	22	27 (26)	16	12	26,6	25,6	27
Bodenfreiheit	mm	400	360	410 (445)	305	290	450	450	295
2. Leistungsangaben									
		5,2	5,2 (6,7)	5,2 (6,7)	7,3	7,3	5,8	5,8	3,9
Höchstgeschw.	km/h	40	37,5	40	37	35	30	30	37
spez. Bodendruck	N/cm²	Wasser 4	Wasser 4	Wasser 4					
Höchstgeschwindigkeit		(Antrieb durch 2 Schrauben)							
im 1. Gang	km/h	3,0	3,0 (4,3)	3,1 (4,5)	3,0	2,7	3,9	3,9	4,2
Dauergeschw. (Straße)	km/h	25	25	25 () = nach erfolgtem Umbau im Jahre 1931	25	25	25	25	25

Entwicklungsfirma		Daimler-Benz	Krupp	Rheinmetall	Krupp	Rheinmetall	Krupp	Rheinmetall	Krupp
Leistungsgewicht	kW/t(PS/t)	11,7 (15,9)	11,2 (15,2)	10,4 (14,2) 10,1 (13,7)	8,5 (11,5)	8,2 (11,2)	9,4 (12,8)	9,4 (12,8)	8,2 (11,1)
Fahrbereich (Straße)	km	250	220	273 (262)	161	122	256	256	247 (Gelände 90)
Kraftstoffverbrauch (Straße) geschätzt	l/100 km	160	164	176 (183)	87	90	195	195	59 (Gelände 165)
Kraftstoffverbrauch (Straße) geschätzt	l/100 km	10	10	10	10	10	10	10	11
Steigfähigkeit	°	30	30	30	30	30	30	30	30
Kletterfähigkeit	m	1,00	1,00	1,00	0,60	0,60	1,00	1,00	0,37
Grabenüberschreitfähigkeit	m	2,00	2,00	2,00			2,20	2,20	1,40
Watfähigkeit	m	1,00	1,00	1,00	0,60	0,60	1,20	1,20	0,60
Umwerfvermög. (Baum) Durchmesser	m	0,40	0,40	0,40	0,10	0,10			0,15
Schwimmfähigkeit (n. Konstruktion) (im Versuch)		ja (nicht nachgewiesen)	ja (nicht nachgewiesen)	ja (nicht nachgewiesen)	nein	nein	nein	nein	nein* *Überlegungen schwimmfähige Prototypen

3. Hauptwaffe

Entwicklung u. Hersteller des Turmes	Rheinmetall	Krupp	Rheinmetall	Krupp	Rheinmetall	Krupp	Rheinmetall	Entwicklung Daimler-Benz Berlin-Marienfelde
Turmbesatzung Mann	2	2	2	2	2	3 (Kommandant, Richtschütze, Ladeschütze)	3	1
Turmgewicht einschl. Turmschwenkwerk und MG kg	ca. 2200	ca. 2200	ca. 2200	975	975			
Feuerhöhe m	2,12	2,18	2,12	1,90	1,87	2,24	2,24	1,50
Kaliber mm	75	75	75	37	37	37+75 nebeneinander	37+75 übereinander	2 MG 13 K, 7,92 (Dreyse)
Verschluß	Seitenkeilverschluß	Fallblockverschluß	Seitenkeilverschluß			Fallblockverschluß	Seitenkeilverschluß	Unbestrich. Raum: Kreis mit 8,10 m ∅ um den Schützen
Kaliberlänge	24	24	24	45	45	75 L/24 37 L/45	75 L/24 37 L/45	
Schußfolge Schuß/min	15	15	15			15	15	
Größte Schußweite m	8500	8500	8500			8500	8500	

3.1 Leistungsangaben der Munition

Mündungsgeschwindigkeit m/s	428	400	428	760	760	428/760	428/760	850
Munitionsvorrat Stück	100	102	104	150	150	75/37	75/37	1525 (61 Magazine)

Entwicklungsfirma	Daimler-Benz	Krupp	Rheinmetall	Krupp	Rheinmetall	Krupp	Rheinmetall	Krupp
4. Sekundärwaffe								
Zahl der vorhandenen MG	3 (davon 1 in Kanonenblende des Hauptturmes, 1 in Heckturm, 1 im Bug in Kugelblende)	3	3	1 (achsparallel zur Kanone im Turm)	1	3 (1 im Hauptturm achsparallel zu den Kanonen, je 1 in 2 MG-Türmen vorne rechts und hinten links)	3	
Typ	Dreyse	Dreyse	Dreyse	Dreyse	Dreyse	Dreyse	Dreyse	
Kaliber mm	7,92	7,92	7,92	7,92	7,92	7,92	7,92	
Mündungsgeschwindigkeit m/s	850	850	850	850	850	850	850	
Schußfolge Schuß/min	600	600	600	600	600	600	600	
Mitgeführte MG-Munition Schuß	6000	6000	6000	3000	3000	6000	6000	

5. Richt-, Ziel- und Beobachtungsmittel

								Eine Umdrehung des Handrades = 4°30' Erhöhung
Höhenrichtanlage	mechanisch	mechanisch	mechanisch	mechanisch	mechanisch	mechanisch	mechanisch	mechanisch
Seitenrichtanlage	Sachsenwerk, elektr. Nachlaufsteuerung und von Hand	Leonard-Schaltung und von Hand	Sachsenwerk, elektr. Nachlaufsteuerung und von Hand	mechanisch	mechanisch	elektr. Turmdrehung 0,1 bis 2,5 1/min	elektr. Turmdrehung 0,1 bis 2,5 1/min	mechanisch Innenverzahnung 390 Zähne, Modul 2.5 Turmkugellager Außen-∅ 1006 mm Eine Umdrehung mit Hand = 6° Turmdrehung
Zielfernrohr	3 Optische Zielfernrohre Zeiss, s.Z.F. 2	3 Optische Zielfernrohre Zeiss, s.Z.F. 2	3 Optische Zielfernrohre Zeiss, s.Z.F. 2	Optisches Zielfernrohr Zeiss, s.Z.F. 2	Optisches Zielfernrohr Zeiss s.Z.F. 2	Optisches Zielfernrohr Zeiss s.Z.F. 2	Optisches Zielfernrohr Zeiss s.Z.F. 2	T.Z.F. Zeiss Austrittspupille ∅ 5 mm
Richtbereich	–5°, +60°	–5°, +60°	–5°, +60°	–10°, +30°	–10°, +30°	–10°, +22°	–10°, +22°	Vergrößerung 2,5
Beobachtung im Turm	Rundblick-*) fernrohr	Rundblickfernrohr	Rundblickfernrohr	Rundblickfernrohr	Rundblickfernrohr	Rundblickfernrohr	Rundblickfernrohr	
Beobachtung im Bug	Stroboskop	Stroboskop	Stroboskop					Gesichtsfeld 28° = 498 m auf 1000 m Entfernung
links	Fahrer	Fahrer	Fahrer	Fahrer	Fahrer			
rechts		Kommandant	Funker	Funker	Funker			Höhenrichtbereich –10°, +20°
später (etwa ab 1931)		Rundblickkuppel mit auswechselbaren Prismengläsern (Kinon-Mehrschichtenglas)		wie Gr. Tr.	wie Gr. Tr.	wie Gr. Tr.	wie Gr. Tr.	Aufsatzwinkel-Einstellung durch Rasten für 200, 400, 600 u. 800 m Schußentfernung

*) zu Rundblickfernrohr (gilt für alle Firmen für Gr. Tr. sowie L. Tr.) Zeiss-Turmrundblickfernrohr –T.R.F. 3 –

6. Motor

Entwicklung	Daimler-Benz	BMW	BMW	Daimler-Benz	Daimler-Benz	BMW	BMW	Krupp
Hersteller	Daimler-Benz	BMW	BMW	Daimler-Benz	Daimler-Benz	BMW	BMW	Germania-Werft, Kiel

		Großtraktor			Leichttraktor		Neubaufahrzeug		LaS, M.G. Kpfw. (Vs.Kfz.617)
Entwicklungsfirma		Daimler-Benz	Krupp	Rheinmetall	Krupp	Rheinmetall	Krupp	Rheinmetall	Krupp
Typ		F 182 206 (D IV B) Flugmotor mit Drehzahlbegrenzungsregler	V a Flugmotor mit Drehzahlbegrenzungsregler	V a Flugmotor mit Drehzahlbegrenzungsregler	M 36 Lkw-Motor	M 36 Lkw-Motor	V a Flugmotor mit Drehzahlbegrenzungsregler	V a Flugmotor mit Drehzahlbegrenzungsregler	M 305 2 Kurbelwellenlager
Arbeitsverfahren		4-Takt Otto-Vergaser	4-Takt Otto-Vergaser	4-Takt Otto-Vergaser	4-Takt Otto-Vergaser	4-Takt Otto-Vergaser	4-Takt Otto-Vergaser	4-Takt Otto-Vergaser	4-Takt Otto-Vergaser
Zylinderzahl/Anordnung		6/Reihe	6/Reihe	6/Reihe	6/Reihe	6/Reihe	6/Reihe	6/Reihe	4/Boxer Leichtmetall-Kurbelgehäuse
Bohrung/Hub	mm	182/200	160/190	160/190	105/150	105/150	160/190	160/190	92/130
Hubraum	l	31,2	22,92	22,92	7,8	7,8	22,92	22,92	3,46
Verdichtungsverhältnis		4,5	5,5	5,5	5,2	5,2	5,5	5,5	5,2
Höchstleistung	kW (PS) 1/min	187 (255) 1400	184 (250) 1400	184 (250) 1400	74 (100) 2000	74 (100) 2000	184 (250) 1400	184 (250) 1400	44 (60) 2500
Drehmoment bei Höchstleistung	Nm (m kg)	1290 (129)	1270 (127)	1270 (127)	360 (36)	360 (36)	1270 (127)	1270 (127)	
Kühlung		Flüssigkeit	Flüssigkeit	Flüssigkeit	Flüssigkeit	Flüssigkeit	Flüssigkeit	Flüssigkeit	Luft, Gebläse
spez. Kraftstoffverbrauch	g/kWh (g/PSh)	306 (225)	300 (220)	300 (220)			300 (220)	300 (220)	
Einlaßventil öffnet	°nach O.T.		4	4			4	4	5
Einlaßventil schließt	°nach U.T.		35	35			35	35	60
Auslaßventil öffnet	°vor U.T.		40	40			40	40	55
Auslaßventil schließt	°nach O.T.		16	16			16	16	20
Ventilspiel	mm		0,2 Einlaß (2 Ventile) 0,3 Auslaß (2 Ventile) 2 Ventilfedern je Ventil	0,2 Einlaß (2 Ventile) 0,3 Auslaß (2 Ventile) 2 Ventilfedern je Ventil			0,2 Einlaß (2 Ventile) 0,3 Auslaß (2 Ventile) 2 Ventilfedern je Ventil	0,2 Einlaß (2 Ventile) 0,3 Auslaß (2 Ventile) 2 Ventilfedern je Ventil	0,3 Einlaß (kalt) 0,3 Auslaß (kalt)
Vergaser		2 Pallas	2 Zenith oder Solex	2 Zenith oder Solex	2 Pallas HID 4	2 Pallas HID 4	2 Zenith oder Solex	2 Zenith oder Solex	2 Solex 40 JFP-Fallstrom
Gewicht des Motors, trocken	kg	450	380	380			380	380	
Leistungsgewicht	kg/kW (kg/PS)	2,39 (1,76)	2,06 (1,52)	2,06 (1,52)			2,06 (1,52)	2,06 (1,52)	
Hubraumleistung	kW/l (PS/l)	6,00 (8,17)	8,00 (10,9)	8,00 (10,9)	9,4 (12,8)	9,4 (12,8)	8,00 (10,9)	8,00 (10,9)	12,8 (17,4)
Kolbenflächenleistung	kW/cm² (PS/cm²)	0,12 (0,163)	0,152 (0,207)	0,152 (0,207)	0,14 (0,19)	0,14 (0,19)	0,152 (0,207)	0,152 (0,207)	0,167 (0,227)
mittlerer eff. Kolbendruck	bar	5,2	7,0	7,0	5,8	5,8	7,0	7,0	6,2
mittlere Kolbengeschwindigkeit	m/s	9,3	8,87	8,87	10,00	10,00	8,87	8,87	11,2
Anlasser		2-Takt-DKW-10 PS-Hilfsmotor mit Bendixritzel und von Hand	Druckluft und von Hand	Druckluft und von Hand	elektrisch Bosch BND 2/12	elektrisch Bosch BND 2/12	Druckluft und Schwungkraftanlasser		elektrisch und von Hand
7. Kraftübertragung **7.1. Querantrieb**	i =	0,82	1,0	1,0					1,305 (Hauptvorgelege)
7.2. Hauptkupplung		nicht vorhand. siehe Getriebe	**a) alt:** keine, siehe Getriebe **b) neu** 4 Trockenscheiben	1 Trockenscheibe	4 Trockenscheiben	4 Trockenscheiben	2 Trockenscheiben	2 Trockenscheiben	2 Trockenscheiben
7.3. Wechselgetriebe									
Entwicklung und Hersteller		Daimler-Benz	**a) alt:** Schwarz & Co Dortmund	ZF	ZF	ZF	ZF	ZF	ZF
Typ		Planetengetriebe mit Bandbremsen und Gruppengetriebe	Triumph-Federband-Kupplung und Gruppengetriebe	Synonchronisiertes Aphongetriebe und Gruppengetriebe	Synchronisiertes Aphongetriebe Handschaltung	Synchronisiertes Aphongetriebe Handschaltung	Synchronisiertes Aphongetriebe SFG 280 Handschaltung	Sychronisiertes Aphongetriebe SFG 280 Handschaltung	Synchronisiertes Aphongetriebe FG 35 Handschaltung
Schaltung		Drucköl	Druckluft (1.Gang mech.)	elektrisch Vorwähl	mechanisch	mechanisch	mechanisch	mechanisch	mechanisch

	Großtraktor					Leichttraktor		Neubaufahrzeug		LaS, M.G. Kpfw. (Vs.Kfz.617)
Entwicklungsfirma	Daimler-Benz	Krupp		Rheinmetall		Krupp	Rheinmetall	Krupp	Rheinmetall	Krupp
Anzahl der Gänge vorw.	3x2	3x2		4x2		4/1	4/1	6/1	6/1	5/1
rückw.	1x2	1		1x2		und Gruppengetriebe	und Gruppengetriebe			2.–5. Gang synchronisiert
		b) **Ab1931(neu)** ZF-Synchronisiertes Aphongetriebe mit 5 Gängen Schaltung mechanisch		**Ab1931(neu)**						
Übersetzung i.d. Gängen		**alt**	**neu**	**alt**	**neu**					
vorwärts 1. Gang	8,0	12,6	8,6	13,0	8,6	5,5 (11,9)	5,5 (13,0)	7,75	7,75	4,66
2. Gang	5,0	7,6	5,0	9,5	5,0	2,96 (6,4)	2,96 (7,8)	4,1	4,1	2,5
3. Gang	2,7	4,5	2,9	6,2	2,9	1,59 (3,4)	1,59 (3,4)	2,62	2,62	1,35
4. Gang	1,7	2,8	1,7	4,5	1,7	1 (2,16)	1 (2,37)	1,75	1,75	1,18
5. Gang	1,1	1,7	1,0	3,0	1,0			1,3	1,3	1,88
6. Gang	0,6	1,0		2,1				1	1	
7. Gang				1,4						
8. Gang				1,0						
davon Gruppengetriebe										
langsamer Gang	2,7	4,5		4,5						
schneller Gang	0,6	1,0		1,0						
gesamter Sprung	4,6	4,5		4,5						
R-Gang	12,7	15,4	7,8	11,7	7,8	7 (15,1)	7 (16,6)	7,75	7,75	5,98
R-Gang	2,7	–	–	2,6						
Geschwindigkeit bei nmot	1320	1400		1400		2000	2000	1400	1400	2500
in den Gängen		**alt**	**neu**	**alt**	**neu**					
vorwärts 1. Gang km/h	3,0	3,0	4,3	3,1	4,5	6,7 (3,0)	6,4 (2,7)	3,9	3,9	4,2
2. Gang km/h	4,5	5,0	7,5	4,2	7,8	12,5 (5,8)	11,8 (5,0)	8,0	8,0	7,8
3. Gang km/h	8,5	8,4	12,8	6,5	13,4	23,3 (10,9)	22,0 (9,2)	12,5	12,5	14,6
4. Gang km/h	13,5	13,5	22,2	9,0	23,0	37,0 (17,0)	35,0 (14,8)	18,8	18,8	23,3
5. Gang km/h	22,0	22,1	37,5	13,7	39,0	() = m. Gruppengetriebe		23,2	23,2	37
6. Gang km/h	40,0	37,5		18,9				30	30	
7. Gang km/h				29,0						
8. Gang km/h				40,0						
R-Gang langsam km/h	3,2	2,4	4,8	3,4	5,0	5,3	5,0	4,2	4,2	3,3
R-Gang schnell km/h	14,5			15,2		(2,5)	(2,1)			
7.4 Fußbremse	zwischen Getriebe u. Kegeltrieb (Außenbackenbremsen)	auf beide Lenkbremsen (Bandbremsen) wirkend		hinter Kegeltrieb (Außenband)		Bandbremsen auf Ritzelwelle der Seitenvorgelege (mech.)	Außenbackenbremsen 1 Bremsstromm. hinter Wechselgetriebe	Außenbandbremse	Außenbandbremse	Lenk-Bandbremse
Handbremse	auf beide Planetenbremsen wirk. (Bandbremsen)	Innenbackenbremsen i.d. Triebrädern (Öldruck)		Bandbremse auf Ritzelwelle d. Seitenvorgeleges		Bandbremsen auf beide Lenkbremsen wirk. (mech.)	Bandbremsen auf Ritzelwelle der Seitenvorgelege	Außenbandbremse	Außenbandbremse	Lenk-Bandbremse
7.5 Kegeltrieb	3,2	1,0		1,17		1,8	1,64	4,2	4,2	1,615
7.6 Lenkgetriebe Entwicklung	Daimler-Benz	Krupp		Rheinmetall		Krupp	Rheinmetall	Krupp	Rheinmetall	Krupp
Typ	Planetengetr. mit Schneckenbremse, Prinzip Kupplungsl., Drucköl	Planetengetr. m. Bandbremse, Prinzip Kuppl.-lenkung, Druckluftbetätigung		1. Fahrzeug Differentiallenkung m. stufenl. Lenkung d. P.I.V.-Getriebe, Übertragung mech. 2. Fahrzeug Schneckengetriebe Prinzip Kupplungslenkung, Übertragung mechanisch. Nach Umbau beide Cletrac-Lenkgetriebe mit Kegelrädern		Cletrac-Stirnrad m. nassen Bandbremsen (in Öl)	Cletrac Kegelrad m. trockenen Bandbremsen	Wilson (Kupplungslenkung)	Wilson (Kupplungslenkung)	Kupplungslenkgetriebe
Betätigung	Lenkrad	Lenkrad		Lenkrad		Lenkrad	Lenkrad	Lenkrad, ersetzbar durch Lenkknüppel		Lenkknüppel
kleinster Spurkreis-Durchmesser (Innenkette) (theor.) m	0	0		nach Umbau 5,60		4,0	3,10	0	0	0

		Großtraktor			Leichttraktor		Neubaufahrzeug		LaS, M.G. Kpfw. (Vs.Kfz.617)
Entwicklungsfirma		Daimler-Benz	Krupp	Rheinmetall	Krupp	Rheinmetall	Krupp	Rheinmetall	Krupp
kleinster Spurkreis-Durchmesser (Außenkette) (theor.)	m	4,45	4,45	9,60 vor Umbau 1. PIV-Lenkung (a) links 3,56 rechts 1,63 (b) links 7,56 rechts 5,63 2. Schnecken-lenkung (a) li. u. re. 9,16 (b) li. u. re. 13,16	7,62	6,70	4,78	4,78	2,10
7.7. Seitenvorgelege		3,2	1.48	4.9	4.25	4,5	4,2	4,2	6,5
8. Laufwerk									
Art des Laufwerks		4 Gruppen mit je 4 Laufrollen u. hydraulischem Ausgleich 4 Abstützungen der Wanne	1. Fahrzeug: 2 Gruppen mit Hebelausgleich und Druckstaffelung zur Lenkerleichterung, 2x6 Rollenpaare 2Abstützung. der Wanne 2. Fahrzeug 3 Gruppen mit Hebelausgleich, 3x4 Rollenpaare 2Abstützung. der Wanne	1. Fahrzeug: 6 Rollenpaare ohne Druckausgleich, 6 Abstützungen der Wanne 2. Fahrzeug: 2 Gruppen mit je 2x4 Rollenpaaren, in jeder Gruppe 2x4 Rollenpaare mit hydraulisch. Ausgleich, 4 Abstützungen der Wanne	2-4-2-1 Laufrollen je Feder	4 Laufrollen je Feder	5 Rollenpaare, je Feder 2 Rollen	5 Rollenpaare, je Feder 2 Rollen	1 Schraubenfeder und 2 Schwingarme
Art der Federung		Blatt	Schrauben	Schrauben	Schrauben	Blatt	Schrauben	Schrauben	1 Schrauben
Laufrollen je Feder		4	2 (2)	4 (2) 4×4 (6×2)	1×2, 1×4, 1×2, 1×1	3×4	2	2	2 Doppel-Viertelblattfedern
Anzahl der Stützpunkte je Seite				4 (6)	4	3	5	5	
Federweg (Laufrollenausschlag)	mm		150 (nur Feder)				150+100 (oben) (unten)	150+100 (oben) (unten)	
Stoßdämpfer/Seite		keine	keine	keine	keine	keine	keine	keine	1 (Boge)
Achshöhe des Triebrades	m	0,80	0,80	0,78	0,50	0,56			0,53
Achshöhe des Leitrades	m	1,20	1,20	1,20	0,68	0,69	1,10	1,10	0,33
Laufrollen / Seite		16	12 (12) + 1 starr	16(12) +1 starr	9	12	10 zwischen erster Laufrolle und Leitrad eine ungefederte Rolle	10	4 (mit dem Leitrad 5)
statischer Laufrollendruck	kg	500	1. 260-350 2. 342-415	275 (380)	234/233	179	488	488	540
Laufrollendurchmesser	mm	300	280 (11 Rollen) 330 (1Rolle)	260 (320)	1 Rolle 400 1 Rolle 320 7 Rollen 260	210	320	320	530
Laufrollenbreite	mm	90		120 (110)x2	95x32	85x32			80
Liniendruck	kg/cm	56		22,9 (34,5)	25,4	22			64,5
Stützrollen	je Seite	3	3	3	2	2	4	4	3 (190×85)
Triebradteilkreisdurchmesser	mm	731 (14 Zähne)	830	870 (815) (16 Zähne)	615	640	858	858	620 (20 Zähne)
Gleiskette	Art	Gliederkette, gepreßtes Stahlblech	Gummikette mit Drahtseil	Gummikette mit eingelegter Gliederkette	Stahl-Mittelzahn-Gliederkette mit Nadellagerung (geschmiert); teils m. Stahlbuchsen (geschmiert)		Einstegführung, geschmierte Kettenbolzen, Kette mit eingesetzten Gummipolstern, später trockene Verbinderkette		trockene Verbinderkette
Gleiskette	Typ	Mk6/380/160	Einstegführung ab 1931 geschmierte Gliederketten mit Mittelzahnführung. Triebräder mit auswechselbaren Triebrollen. Leit- und Triebräder mit Gummibandagen	Doppelstegführ.					Kgs 57/260/70 Moorburger Treckerwerke Hamburg-Moorburg
Gleiskette Gewicht	kg	887	550	960 (900)	446	446			221,6
	kg/m	61,3		67,4 (62)	47,7	47,7	53	53	27,7

	Großtraktor			Leichttraktor		Neubaufahrzeug		LaS, M.G. Kpfw. (Vs.Kfz.617)
Entwicklungsfirma	Daimler-Benz	Krupp	Rheinmetall	Krupp	Rheinmetall	Krupp	Rheinmetall	Krupp
Zahl der Glieder je Seite	85	88	95 (91)	72	72	118	118	84
Gleiskettenauflagelänge m	4,00	4,00	4,25 (4,46)	2,58	2,74	4,46	4,46	2,47
Kettenteilung mm	164	160	150 (160)	130	130	100	100	70
Gleiskettenbreite mm	380	370 (350)	370 (350)	270	270	380	380	260 (Bolzenlänge 275)
Schwerpunktlage vor (+) u. hinter (–) Mitte Kettenauflage mm		–410	+130 (–100)	–0,15	–0,14			
9. Elektrische Anlage								
Lichtmaschine	Bosch*)	keine*)	keine			1 kW, 12 V	1 kW, 12 V	Bosch 600 W, 12 V
Anlasser	2-Takt, 2 Zylinder DKW 10 PS bei 3000 1/min	Druckluft und von Hand	Druckluft und von Hand	elektrisch Bosch BND 2/12	elektrisch Bosch BND 2/12	Druckluft und Schwungkraftanlasser		elektrisch und von Hand
Zündkerzen je Zylinder	2	2 Glimmerkerzen	2 Glimmerkerzen	1	1	2 Glimmerkerzen	2 Glimmerkerzen	1
Zündfolge	1-5-3-6-2-4	1-5-3-6-2-4	1-5-3-6-2-4	1-5-3-6-2-4	1-5-3-6-2-4	1-5-3-6-2-4	1-5-3-6-2-4	1-3-4-2
Zündung ° vor O.T.		26–28	26–28			26–28	26–28	
Magnetzünder Zahl		2	2	1	1	2	2	1
Fabrikat und Typ		Bosch G F 6	Bosch G F 6					Bosch
Batterie	24 V, 110 Ah, zusätzlich 100 Ah für Funkanlage	24 V, 110 Ah, zusätzlich 100 Ah für Funkanlage	24 V, 110 Ah, zusätzlich 100 Ah für Funkanlage	12 V, 105 Ah	12 V, 105 Ah	4x6 V, 100 Ah	4x6 V, 100 Ah	2 x 12 V, 105 Ah
	*) Generator für die gesamte Stromversorg. vorhanden							
10. Panzerschutz								
Art		(unlegiertes Stahlblech)			(unlegiertes Stahlblech)	Von den 5 hergestellten Fahrzeugen 3 (Bauart Krupp) in Panzerstahl gefertigt		Hersteller der Panzergehäuse Deutsche Edelstahlwerke Hannover-Linden Panzerstahl selbsttragende Panzerwanne
Wanne u. Panzerkastenobert.						Panzerstahl	Flußstahl	
Front, Seite u. Heck mm	14	14	14	Gesamt 13	Gesamt 13	Front 16–22	Seite 13	13
Decke mm	10	10	10					13
Boden mm	6–8	6–8	6–8					13
Turm, rundum mm	10	10	10					13, Neigung 70° Panzerfestigkeit 180 kg/mm²

Literatur-Verzeichnis

T. Benoist.-Méchin, Auf dem Weg zur Macht 1925-1937. Oldenburg 1965

Erfurth, Waldemar, Die Geschichte des deutschen Generalstabes 1918-1945, Göttingen, 1960

Görlitz, Walter, Der deutsche Generalstab, Frankfurt/M., 1953

Görlitz, Walter, Der deutsche Generalstab, Geschichte und Gestalt, 1657-1945, Frankfurt/M., 1951

Guderian, Heinz, Erinnerungen eines Soldaten, Göttingen, 1950

Heigl, Friedrich, Taschenbuch der Tanks, Ausgabe 1926 u. a., München, 1926

Hermann, Carl-Hans, Deutsche Militärgeschichte, Frankfurt/M., 1968

Keilig, Wolf, Das Deutsche Heer 1939-1945, Bad Nauheim

Kniepkamp, H. E., Der Kraftzug im Heerwesen, ZVDI 1936

Meier-Welcker, Hans, Seeckt, Frankfurt/M., 1967

Militärgeschichtliches Forschungsamt (Herausg.), Beiträge zur Militär- und Kriegsgeschichte;

Die Generalstäbe in Deutschland 1871-1945, Stuttgart, 1962

Mueller-Hillebrand, Burghart, Das Heer, 1933-1945, Darmstadt, 1954 Nehring,

Walther, K., Die Geschichte der deutschen Panzerwaffe 1916-1945, Stuttgart, 1974

Oswald, Werner, Kraftfahrzeuge und Panzer der Reichswehr, Wehrmacht und Bundeswehr, Stuttgart, 1970

Philipps, W., Deutscher Maschinengewehr-Panzerkampfwagen, ZVDI 1937

Rabenau, Friedrich von (Herausg.), Hans von Seeckt – Aus seinem Leben 1918-1936, Leipzig, 1940

Rosinski, Herbert, Die Deutsche Armee, Düsseldorf, Wien, 1970

Schüddekopf, Otto-Ernst, Das Heer und die Republik, Hannover, 1955

Seeckt, Hans von, Gedanken eines Soldaten, Berlin, 1929

Spielberger, Walter J.,

- Die Panzerkampfwagen I und II und ihre Abarten, Stuttgart, 1974
- Der Panzerkampfwagen III und seine Abarten, Stuttgart, 1974
- Die gepanzerten Radfahrzeuge des deutschen Heeres 1905 bis 1945, Stuttgart, 1974
- Der Panzerkampfwagen IV und seine Abarten, Stuttgart, 1975
- Die Halbkettenfahrzeuge des deutschen Heeres 1909 bis 1945, Stuttgart, 1976
- Spezial-Panzer-Entwicklungen des deutschen Heeres, Stuttgart, 1977
- Die Rad- und Vollketten-Zugmaschinen des deutschen Heeres 1870-1945, Stuttgart, 1978
- Kraftfahrzeuge und Panzer des österreichischen Heeres 1896 bis heute, Stuttgart, 1976
- Von der Zugmaschine zum Leopard 2, München, 1978

Stahl, Friedrich, Heereseinteilung 1939, Bad Nauheim

Walde, Karl J., Guderian, Frankfurt/M., Berlin, 1976

Westphal, Siegfried, Der Deutsche Generalstab auf der Anklagebank, Mainz, 1978

Wohlfeil, Rainer / Dollinger, Hans, Die Deutsche Reichswehr, Frankfurt/M., 1972